まなびの
ずかん

Scratch 3.0対応版

親子でかんたん

スクラッチ
プログラミング
の
図鑑

Scratch Programming

松下孝太郎・山本 光 著

技術評論社

はじめに

　スクラッチ（Scratch）は、小学生から大人まで幅広い年齢層で楽しめるビジュアルプログラミング言語です。プログラミングの経験がない人でも、ブロックを並べるだけで手軽にプログラミングを楽しめます。小学校におけるプログラミング必須化でも注目されています。今後、ますます利用範囲が広がることが予想されます。

　スクラッチは無料で使えるフリーソフトウェアです。インターネットにつながっている人はWebブラウザからスクラッチの公式サイト（https://scratch.mit.edu/）にアクセスするだけで、すぐに使用することができます。インターネットにつながっていない人には、パソコンにインストールしてオフラインで使用できるScratchデスクトップがあります。

　本書は、まったく経験のない人、ある程度経験のある人を問わず、楽しくかんたんにスクラッチを学習できるように編集しています。そして、次のような特徴を挙げることができます。

- 家庭や学校などいろいろな環境で楽しく学習できる。
- 初歩から本格的なプログラミングまで幅広く無理なく学べる。
- ステップバイステップ式の記述により、手順に従って作成できる。
- 小学校での教材作成にも利用できる。

　第1章から第3章では、プログラムおよびプログラミングの概念、スクラッチの基本について解説しています。主にスクラッチの基本操作を楽しくかんたんに学ぶことができます。

　第4章から第6章では、スクラッチによるゲームの作成について解説しています。ゲームの作成を通してスクラッチの実用的な使用方法を学ぶことができます。

　第7章では、小学校の各教科で使用する教材の作成について解説しています。小学校のみでなく教材作成について広く学ぶことができます。

　第8章では、スクラッチによるデータ構造やデータ操作について解説しています。基本的なアルゴリズムについて学べるとともに、スクラッチの応用的、学術的な使用方法を学ぶことができます。

　巻末付録では、Scratchデスクトップ用（オフラインエディター）のダウンロードとインストール、さらにスクラッチ作品の参加登録などについて解説しています。

　なお、本書における操作手順や操作画面はスクラッチ3.0により解説していますが、以前のバージョンであるスクラッチ1.4や2.0においても、概ね同様の操作で行うことができます。

　最後に、本書の編集・製作においてご尽力いただいた技術評論社の渡邉悦司氏、編集部および関係各位に深く感謝の意を表します。

2019年7月

著者　松下孝太郎

山本　光

目次

本書の見方・使い方

　本書はスクラッチやプログラミングを基礎から学べるビジュアル図鑑です。全8章で構成され、章ごとにレベルが設定されています。オールカラーのていねいな手順解説で、スクラッチの使い方とプログラミングが段階的に身につくように工夫されています。

　また、7章は教材でもお使いいただけるように各教科別に構成しています。章ごとのレベルや学年の対応については、表をご覧ください。

テーマ

それぞれのページで学ぶタイトル名です。各ページのタイトルには「できること」「わかること」が必ずついていて、スクラッチやプログラミングの習得できる分野がひと目でわかります。

解説

テーマを学ぶために必要なスクラッチの操作やブロックの意味、初歩的なプログラミングの知識について簡潔にわかりやすく解説しています。

98　5　ミニゲームの作り方を学ぼう

3　でたらめを楽しもう

| できること
わかること | ● 乱数の利用した処理
● 乱数、ペン |

● ゲームにおける乱数の利用を知りましょう

　ある範囲の数のなかから、**でたらめな数**を決めるしくみが、どんなプログラミング言語にも用意されています。この「でたらめ」にあらわれる数値のことを**乱数**と呼んでいます。**ランダム**な数ともいいます。たとえば、サイコロは1から6までの数字をランダムに選ぶことができます。

　プログラムでの乱数は、数値の範囲が指定できるサイコロだと思ってもよいです。

　乱数はゲームでは重要です。キャラクターがランダムにあらわれるときや、すごろくのさいころでも使われています。ゲームでは乱数を利用することでおもしろさを演出しているのです。

● 乱数に関するブロック

　乱数のブロックは「演算」のなかにあります。扱う数は基本的に整数ですが、数値の指定に小数が含まれていると、小数で乱数の値が返ってきます。

　「動き」にも乱数と同様なものが利用できるブロックがあります。「どこかの場所へ行く」です。このブロックはスプライトの場所がランダムになります。

ランダム関連のブロック

 演算

 演算

 動き

　乱数を使ったゲームを2つ作ってみましょう。

「不思議な絵ゲーム」のルールと流れ
1) ネコがランダムに動きます。
2) ネコの動きにあわせて線を描きます。
3) その線の色は乱数で決めます。
4) しばらくすると不思議な絵ができあがります。

「風船をおいかけるゲーム」のルールと流れ
1) 風船がランダムな場所にあらわれます。
2) 棒はマウスであやつります。
3) 棒が風船に触れると風船の色が変わります。

■本書サポートページへのアクセス手順

　技術評論社ホームページに本書のサポートページを用意しています。サポートページでは訂正情報のほか、本書で紹介したスクリプトや画像などの素材の一部をダウンロードできます。学習用にご活用ください。

❶ ブラウザで「http://gihyo.jp/book/」にアクセス
❷ 「本を探す」に「スクラッチプログラミングの図鑑」と入力
❸ 本のリンクが表示されるのでクリック
❹ 「本書のサポートページ」をクリック

プログラム作成の手順

スクラッチを使って、実際にプログラムを作ります。画面を見ながら手順通り進めていけば、プログラムを完成させることができます。ここではスクラッチの操作やプログラミングの知識、コンピュータしくみなど、さまざまなことが学べます。

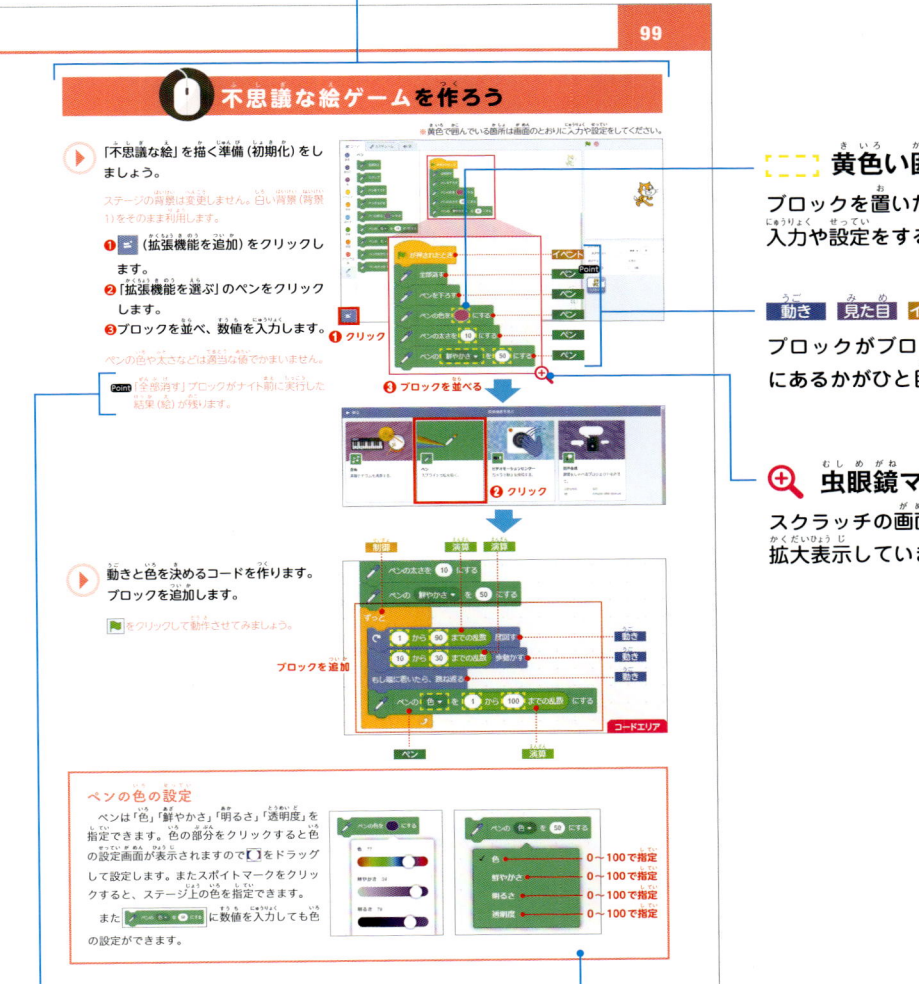

黄色い囲み

ブロックを置いたあとに、入力や設定をする箇所です。

動き **見た目** **イベント**

ブロックがブロックパレットのどこにあるかがひと目でわかります。

虫眼鏡マーク

スクラッチの画面の一部を拡大表示しています。

Point Point

ブロックを作るときのコツや、プログラム処理の大事なところなど、さまざまなポイントがわかります。

コラム

解説ではふれられなかった補足的な内容や、プラスアルファの知識・操作をコラム形式で紹介しています。

■ 各章と内容レベルの対応表

本書では独自に系統だてた段階的な8章構成となっています。ゼロからはじめて、本格的なプログラミングまで、幅広い知識を学べます。各章の内容のレベルと想定する学年については次の通りです。

章とレベル	1章 Lev.1	2章 Lev.2	3章 Lev.2	4章 Lev.3	5章 Lev.3	6章 Lev.4	7章 Lev.4	8章 Lev.5
小学校1年生	◎	◎	◎	○	◎	!!	!!	!!
小学校2年生	◎	◎	◎	○	○	!!	!!	!!
小学校3年生	○	○	◎	○	○	!!	!!	!!
小学校4年生	○	○	○	○	○	!!	!!	!!
小学校5年生	○	○	◎	◎	◎	○	!!	!!
小学校6年生	○	○	○	○	○	○	!!	!!
中学生	○	○	○	○	○	◎	◎	!!
高校生	○	○	○	○	○	◎	◎	!!
大学生、専門学校生	○	○	○	○	○	◎	◎	◎
大人、先生	○	○	◎	○	○	◎	◎	◎

Lev.1：未経験者　　Lev.4：上級者
Lev.2：初心者　　　Lev.5：専門家
Lev.3：中級者

◎：おすすめ
○：読んでみてほしい
!!：チャレンジ

■ 7章を教材としてお使いいただく際の対応表

7章を教材としてお使いいただく際のスクリプトと学習内容の対応表です。

	7章-1（国語）	7章-2（算数）	7章-3（理科）	7章-4（社会）	7章-5（図工）	7章-6（音楽）
小学校1年	簡単な物語をつくる	加法、減法 絵や図を用いた数の表現	―	地域への愛着 公共の意識	―	音楽づくり「きらきら星」
小学校2年	簡単な物語をつくる	乗法	―	情報と交流	―	音楽づくり「きらきら星」
小学校3年	詩や物語をつくる		―	地理的環境と人々の生活	色の感じをもとに自分でイメージする	音楽の構造に気づき、表現する
小学校4年	詩や物語をつくる	―	月の影と位置の変化	地理的環境と人々の生活	色の感じをもとに自分でイメージする	音楽の構造に気づき、表現する
小学校5年	―	―	―	―	世界の美術作品を身近に感じる	―
小学校6年	―	―	月と太陽	―	世界の美術作品を身近に感じる	―

1章 プログラミングとは

この章では、プログラムとプログラミングの意味、スクラッチの概要を学びます。プログラムとプログラミングでは、身の回りで使われているものを知ることにより、理解を深めます。スクラッチは、画面構成と機能、かんたんな操作、作成したプログラムの保存と再開方法について学び、基本事項を理解します。

1　プログラムって何?
　　プログラミングって何?

プログラムやプログラミング、よく聞く言葉ですが、いったい何でしょう。プログラムとプログラミング、言葉は似ていますね。でもそれぞれ意味は違います。その違いを考えながら見ていきましょう。

● プログラムとは

　プログラムとは、コンピュータの世界では**電子機器を動かすための命令**（電子的な手順書）のことです。プログラムはパソコンやスマートフォンのようなコンピュータだけでなく、洗濯機や掃除機、さらには新幹線のような大きなものも動かします。プログラムは私たちの身のまわりに多く存在しています。

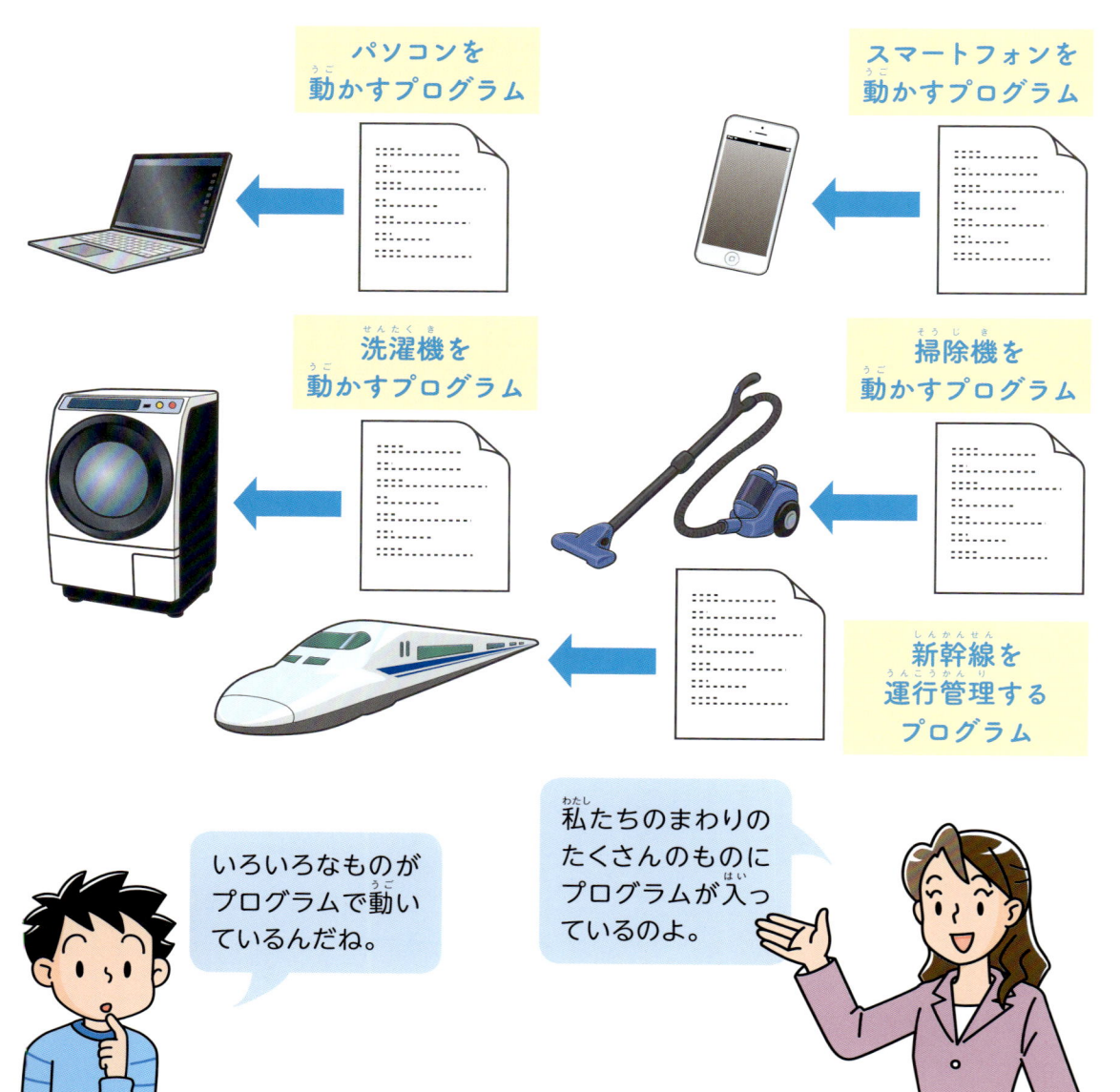

パソコンを
動かすプログラム

スマートフォンを
動かすプログラム

洗濯機を
動かすプログラム

掃除機を
動かすプログラム

新幹線を
運行管理する
プログラム

いろいろなものが
プログラムで動い
ているんだね。

私たちのまわりの
たくさんのものに
プログラムが入っ
ているのよ。

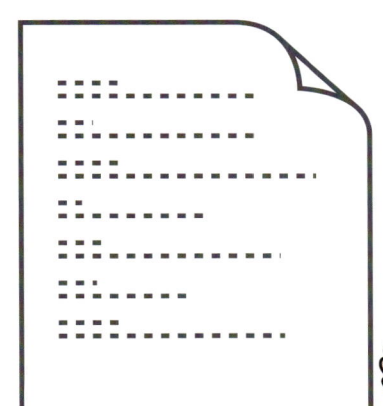

プログラム

プログラムにはいろいろな命令（めいれい）が書（か）いてあるのね。

長（なが）いプログラムもあれば、短（みじか）いプログラムもあるんだよ。銀行（ぎんこう）のATMを動（うご）かすプログラムなどは特（とく）に大（おお）きなプログラムだよ。おおぜいの人（ひと）たちによって作（つく）られているんだよ。

● プログラミングとは

プログラミングとはプログラムを作（つく）るための**作業**（さぎょう）のことです。プログラミングはコンピュータで行（おこな）います。

キーボードやマウスでプログラムを作成（さくせい）するよ!!

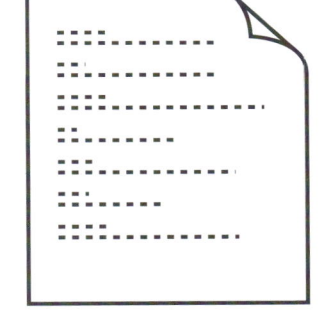

プログラム

プログラミングでプログラムを作成（さくせい）

2　プログラムは何で作るの？

プログラムとプログラミングの意味と違いは1-1（10ページ）でわかりました。では、プログラムは何で作るのでしょうか？ プログラムが何から作られているのかを知りましょう。

● いろいろなプログラミング言語

プログラムは**プログラミング言語**で作られています。多くのプログラミング言語が存在しますが、目的に応じたプログラミング言語を選んで使用します。自分の得意とするプログラミング言語を使用する場合もあります。

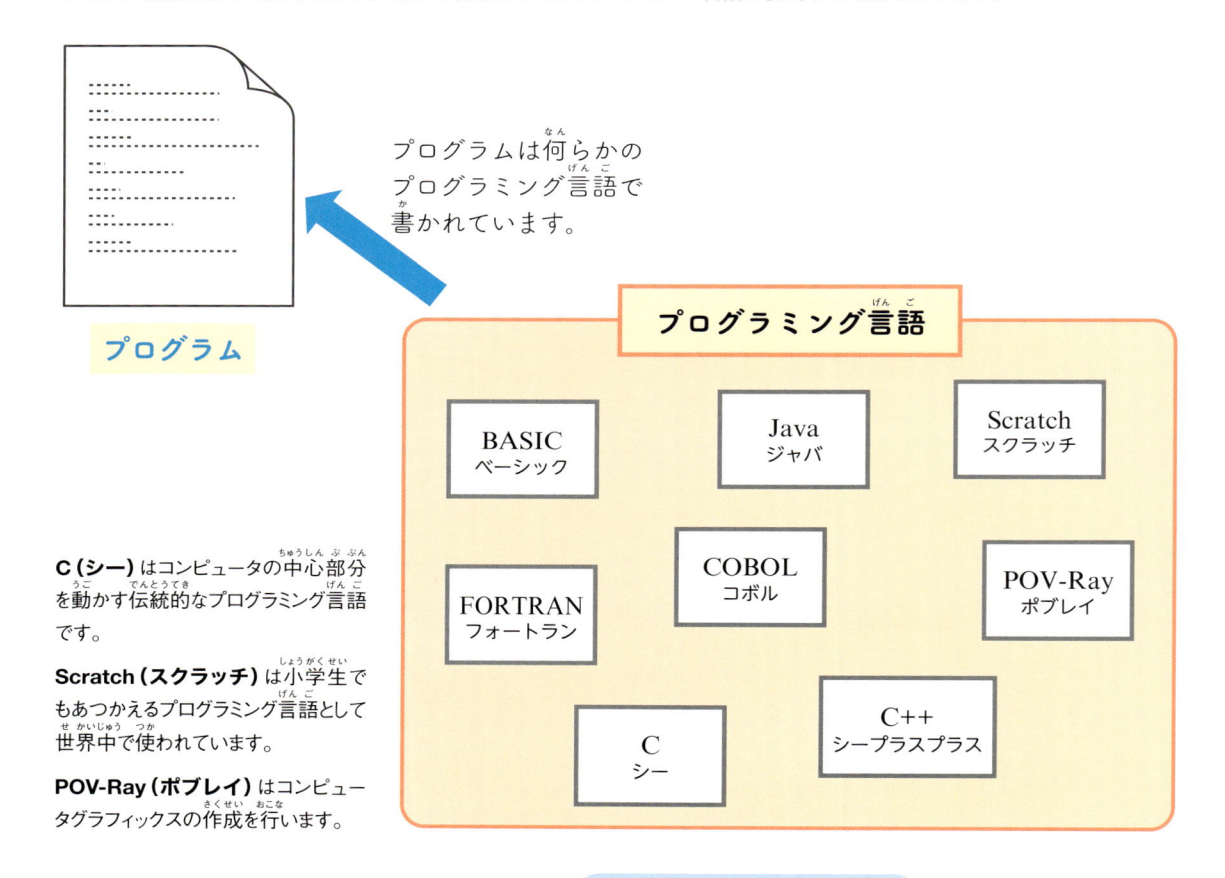

プログラム

プログラムは何らかの
プログラミング言語で
書かれています。

プログラミング言語

BASIC
ベーシック

Java
ジャバ

Scratch
スクラッチ

FORTRAN
フォートラン

COBOL
コボル

POV-Ray
ポブレイ

C
シー

C++
シープラスプラス

C（シー） はコンピュータの中心部分を動かす伝統的なプログラミング言語です。

Scratch（スクラッチ） は小学生でもあつかえるプログラミング言語として世界中で使われています。

POV-Ray（ポブレイ） はコンピュータグラフィックスの作成を行います。

たくさんのプログラミング言語があるのね。

これはほんの一部よ。専門的でむずかしいプログラミング言語もあれば、小学生でもできるやさしいプログラミング言語もあるのよ。

● プログラムの開発画面

プログラムはそのプログラムに適した**ソフトウェア**（エディターなど）により作ります。プログラムを作る画面を**開発画面**（または開発環境）といいます。

C（シー）の開発画面

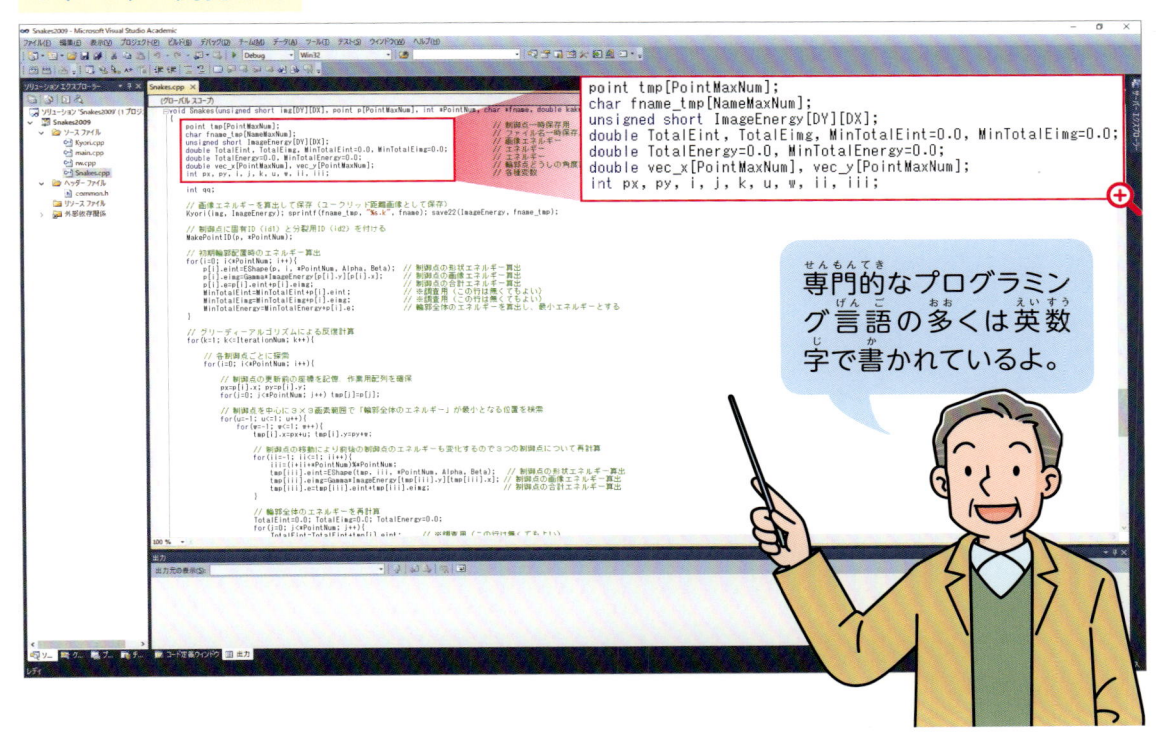

専門的なプログラミング言語の多くは英数字で書かれているよ。

Scratch（スクラッチ）の開発画面

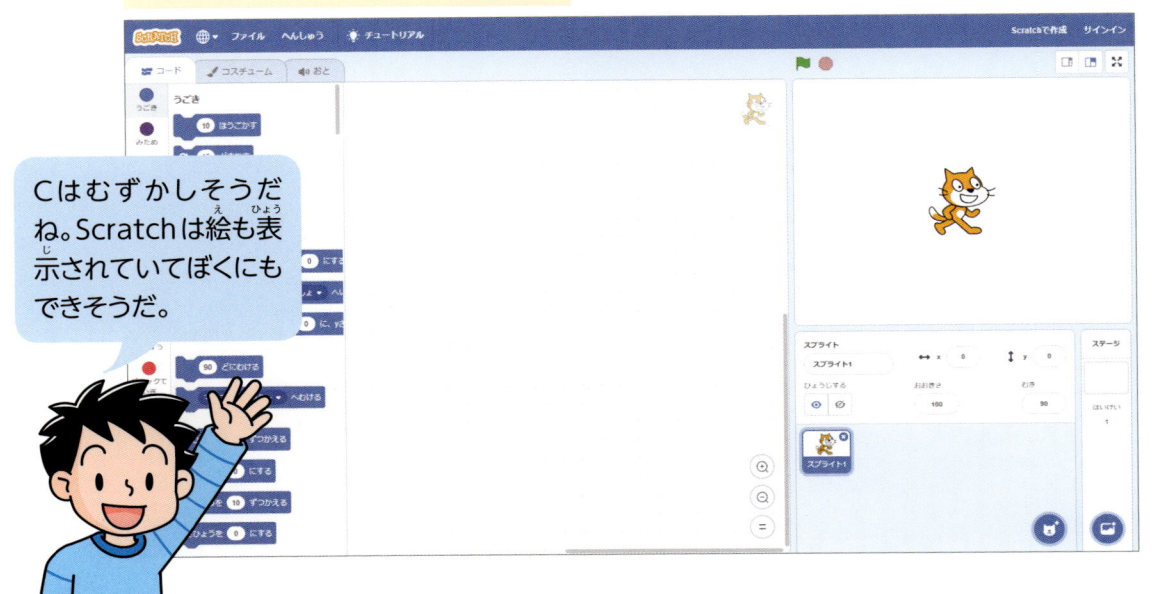

Cはむずかしそうだね。Scratchは絵も表示されていてぼくにもできそうだ。

3　プログラムはどうやって使^{つか}うの？

作成^{さくせい}したプログラムはどうやって使^{つか}うのでしょう。プログラムの使^{つか}い方^{かた}を見^みていきましょう。

● プログラムの使^{つか}い方^{かた}

　作成^{さくせい}したプログラムにはさまざまな使^{つか}い方^{かた}があります。主^{おも}な使^{つか}い方^{かた}として、コンピュータで使用^{しよう}する場合^{ばあい}、電子機器^{でんしきき}に組^くみ込^こんで使用^{しよう}する場合^{ばあい}、システムとして使用^{しよう}する場合^{ばあい}があります。

● コンピュータで使用^{しよう}する場合^{ばあい}

　コンピュータで使用^{しよう}する場合^{ばあい}では、計算^{けいさん}プログラム、コンピュータグラフィックス、パソコンゲームなどが挙^あげられます。また、小学生^{しょうがくせい}にもできるScratch（スクラッチ）もコンピュータでそのまま使用^{しよう}します。学校^{がっこう}や家庭^{かてい}での使用^{しよう}の場合^{ばあい}はほとんどがこのタイプです。

パソコンのゲームは多^{おお}くの人^{ひと}が使^{つか}った経験^{けいけん}があるわね。これらもプログラムで動^{うご}いているんだね。

プログラムを**ソフトウェア**、プログラムを入^いれて動^{うご}かす電子機器^{でんしきき}を**ハードウェア**ともいうのよ。

● 電子機器に組み込んで使用する場合

　専用の装置を使ってプログラムをIC（集積回路）チップに書き込み、それを電子機器に組み込んで使用します。洗濯機、掃除機、電子レンジなど多くの家電製品に使われています。

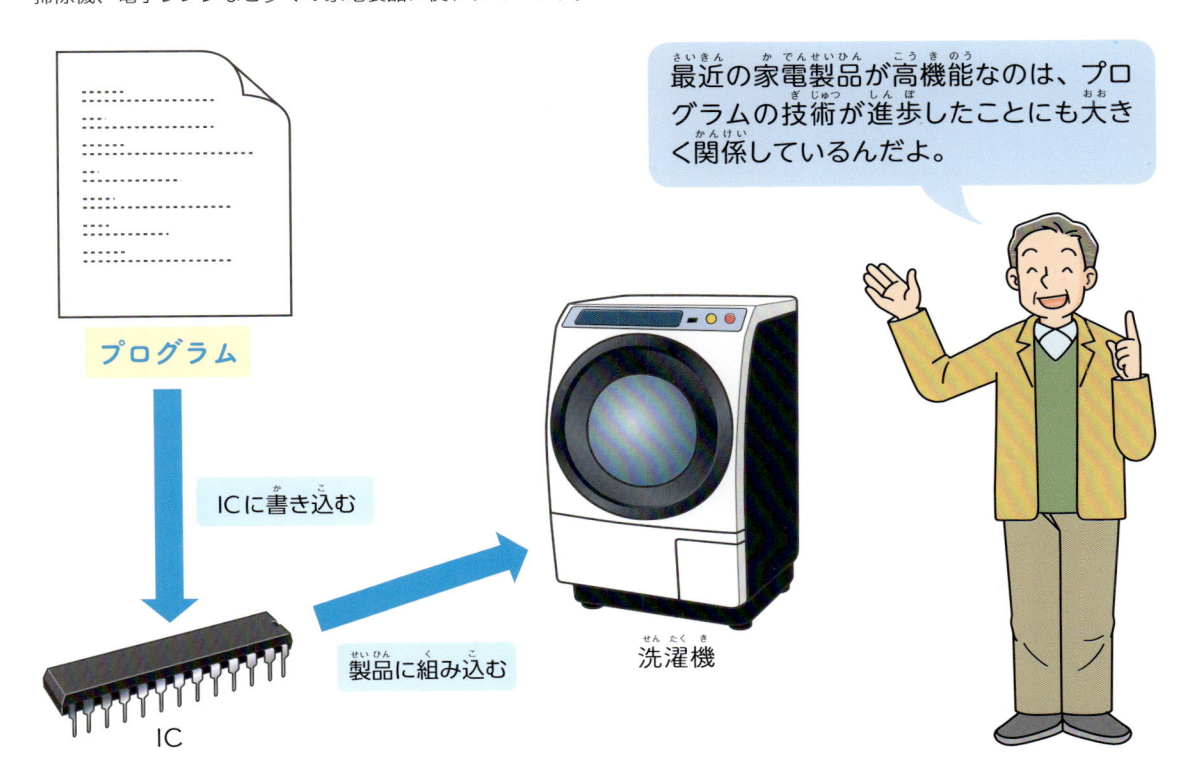

最近の家電製品が高機能なのは、プログラムの技術が進歩したことにも大きく関係しているんだよ。

プログラム

ICに書き込む

製品に組み込む

IC

洗濯機

● システムとして使用する場合

　複数のプログラムを使い、システムとして使用する場合があります。複数のプログラムからできているため、プログラム全体としては大規模なものとなる場合もあります。新幹線の運行管理システム、銀行のATMなどが例として挙げられます。

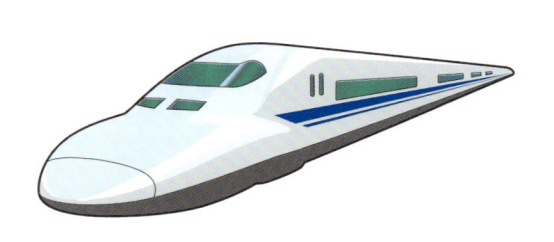

新幹線

新幹線指令室

大規模なプログラムの場合、プログラムを動かすのにもたくさんの人が必要なんだね。

4　スクラッチを知ろう

プログラミングの経験がない人や子供でもできるプログラミング言語がScratch（スクラッチ）です。まずスクラッチについて知りましょう。

● スクラッチはプログラミング言語のひとつ

Scratch（スクラッチ）はアメリカで開発された**プログラミング言語**です。今日では世界中で使われています。一般にプログラムを書くのは、最初はむずかしいですが、スクラッチは命令の書かれた**ブロック**を並べていくだけなので、プログラミングの経験がない人や子供でもかんたんに使用することができます。

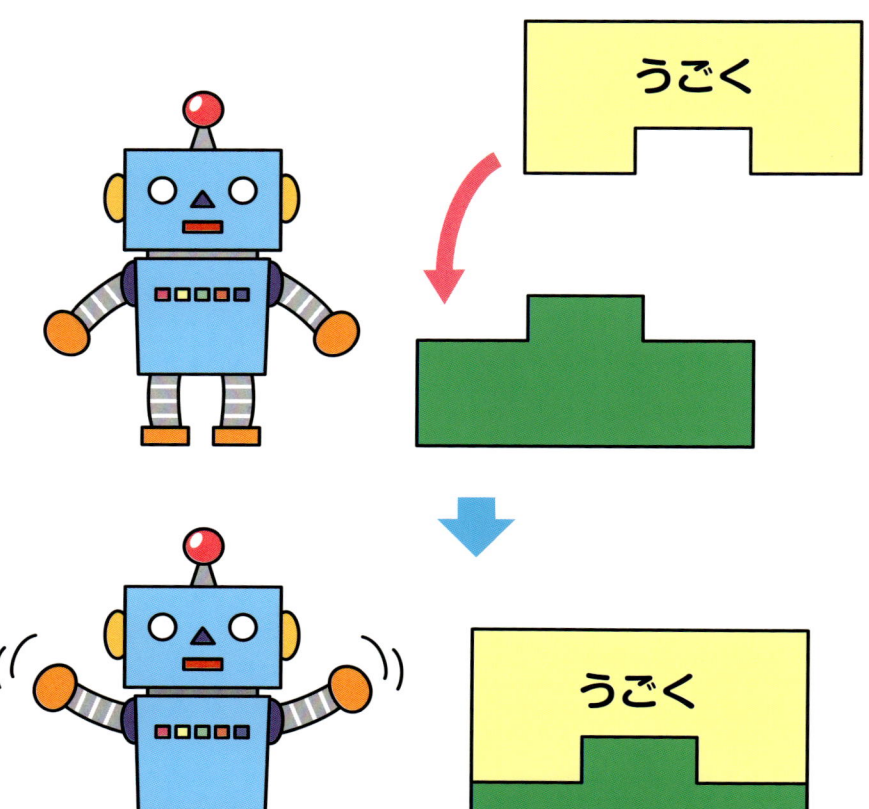

マウスを使ってブロックを並べます。必要に応じてキーボードも使います。

ブロックにはそれぞれ命令が書いてあり、コンピュータがそれらを上から順に解釈し、プログラムが動作します。

ブロックを並べていくだけでプログラムができるなんてすごいね。

ブロックは何度でも並べ替えることができるのよ。

● スクラッチでできるプログラムは？

　スクラッチはパソコンやタブレットなどを使用していろいろなプログラムを作ることができます。みんなで遊べるゲーム、音楽の作成、先生や自分で使って学べる電子教材などを作ることができます。これら以外でも、パソコンを使用するものであれば、工夫しだいでさまざまなプログラムを作ることができます。

スクラッチはいろいろな
プログラムを作ることが
できるのね。

スクラッチも他のプログラミング言語
と同じように練習すればするほどいろ
いろなものが作れるようになるよ。

5　スクラッチの画面を知ろう

スクラッチを使う前に、まずスクラッチの画面について知っておきましょう。

● スクラッチの画面①

　スクラッチの画面は、**ステージ**、**スプライトリスト**、**ブロックパレット**、**コードエリア**などから構成されています。各部はそれぞれの役割を持っています。

それぞれの部分の役割をしっかり覚えることが大切だよ。

コードエリア

　コードは台本のことです。スプライト（キャラクター）を台本にしたがって動作させることができます。

　コードを作成したいスプライトをスプライトリストから選びます。そして、ブロックパレットから必要なブロックをコードエリアに並べることで、コードを完成させていきます。

　スクラッチのプログラミングは、コードエリアにブロックを並べることで行います。

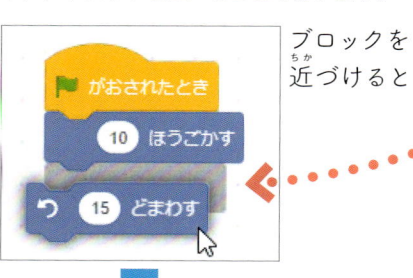

ブロックを近づけると

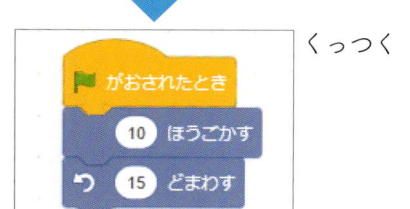

くっつく

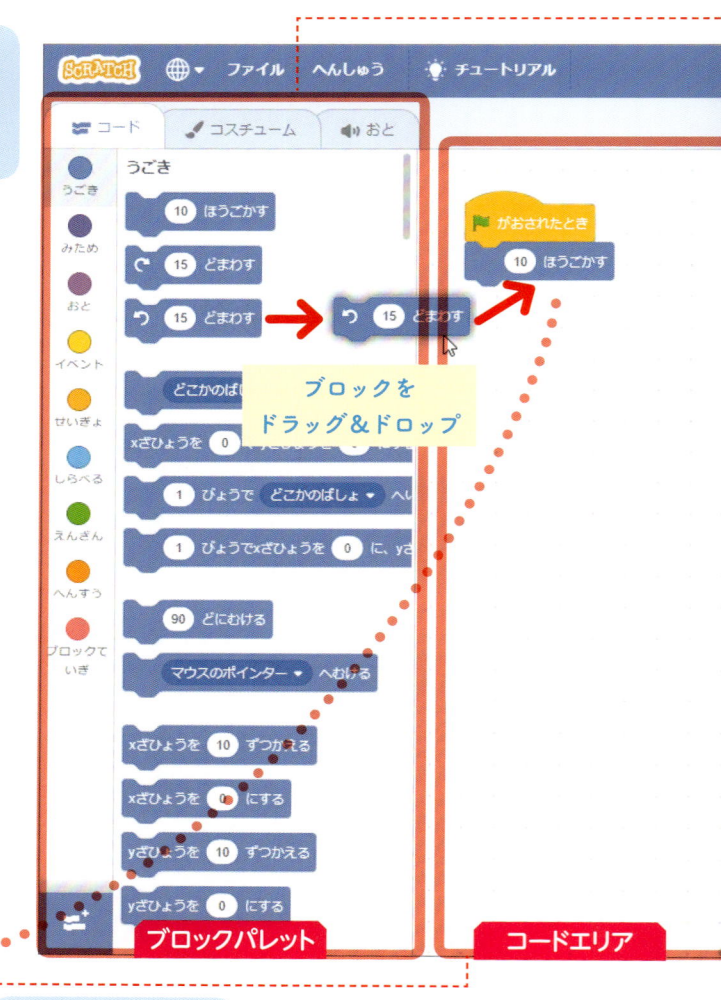

ブロックをドラッグ＆ドロップ

ブロックパレット

コードエリア

スプライトごとにコードを作れるよ。

ブロックパレット

　ブロックパレットにはさまざまな種類の**ブロック**(プログラムの部品)があります。ブロックパレットからブロックを選び、コードエリアに並べることでコード(プログラム)を作成していきます。コードはスプライト(キャラクター)ごとに作成します。

　ブロックパレットではブロックが「うごき」「みため」などに分類されています。さらに、拡張機能のブロックも用意されています。この項目を切り替えながら、いろいろな種類のブロックを選んでいきます。

　また、ブロックパレットの一番上には「コード」「コスチューム」「おと」の**タブ**があり、スプライト(キャラクター)ごとにコードやコスチューム、音を作ることができます。

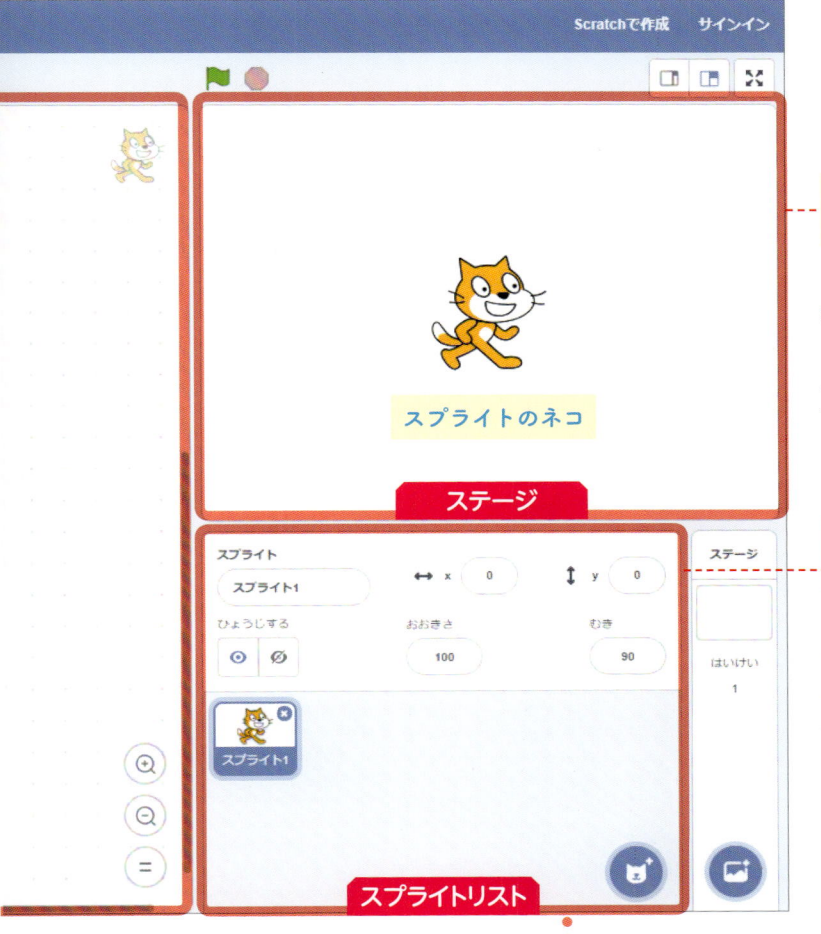

ステージ

　スプライト(キャラクター)が動作する舞台です。いくつものスプライトを表示したり、動かすことができます。また、ステージには背景をつけることもできます。

スプライトリスト

　スプライトはステージで動作するキャラクターのことです。スプライトはネコ以外にもたくさん用意されています。自作することもできます。

　スプライトリストには、ステージで動作するスプライトの一覧が表示されています。複数のスプライトがある場合は、クリックして選択することで、コードエリアの内容が切り替わります。

複数のスプライトがあるときはクリックして切りかえるのよ。

スプライトをクリックすると

連動してコードエリアが切りかわる

● スクラッチの画面②

　スクラッチの画面には、前ページで説明したステージ、スプライトリスト、ブロックパレット、コードエリア以外にも、よく利用する部分があります。しっかりおさえておきましょう。

言語の切り替え

　スクラッチのメニューやブロックがいろいろな言語に変わります。

　「にほんご」を選ぶとメニューやブロックがひらがなで表示されます。「日本語」を選ぶと漢字で表示されます。なお、本書では3章までを「にほんご」表示、4章から「日本語」表示で説明しています。

拡張機能

 をクリックすると、音楽などの拡張機能を選択して使うことができます。

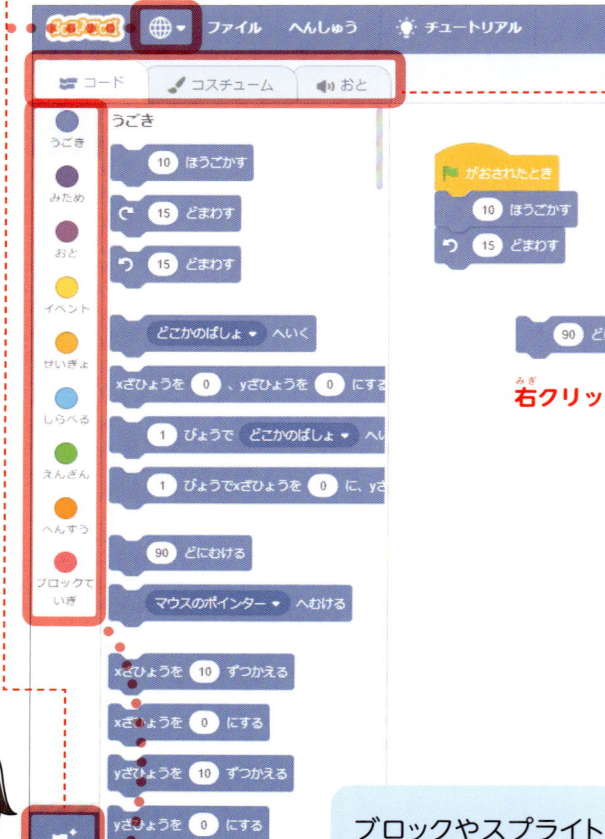

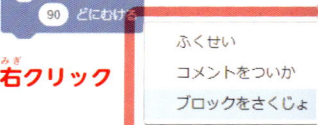

右クリック

「ひらがな」と「漢字」が選べるのね。

ブロックやスプライトを右クリックするとメニューがでるのよ。

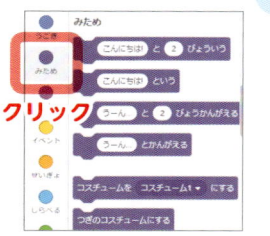
クリック

● や ● をクリックするとブロックの種類を切り替えられるんだね。

クリック

スプライトをえらぶ　┈　はいけいをえらぶ

　アイコンにマウスカーソルを重ねると、上にメニューがポップアップして、選んだり、描いたりできます。

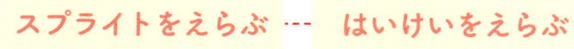

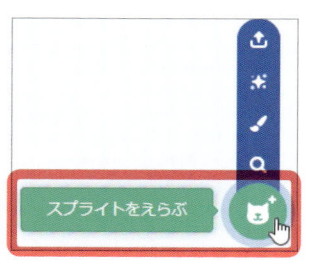

「コード」タブ

「コード」タブをクリックすると、下にコードエリアが表示されます。スプライトリストで選んだキャラクターによって、内容が切り替わります。下にあるブロックリストの「うごき」「みため」などをクリックすると右のブロックの一覧が変わります。

プログラム（コード）の停止

プログラム（コード）の実行

「おと」タブ

「おと」タブをクリックすると、おとエディターが表示されます。スプライト（キャラクター）に音をつけることができます。

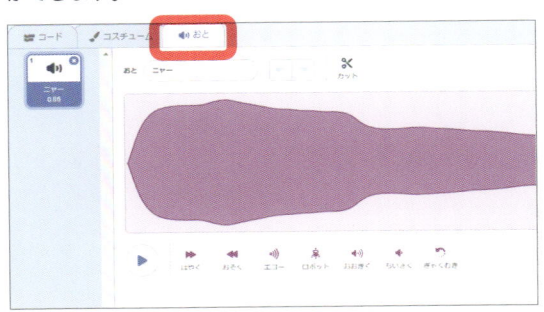

「コスチューム」タブ

「コスチューム」タブをクリックすると、ペイントエディターが表示されます。ここでは、スプライトを作成したり、絵柄を編集することができます。

「はいけい」タブへの切り替え

「ステージ」をクリックすると、「コスチューム」タブが「はいけい」タブに切り替わります。「コスチューム」タブを再び表示したいときは「スプライト」をクリックします。

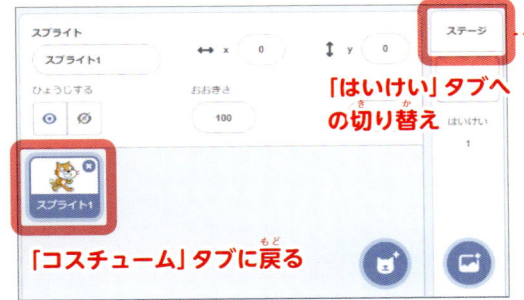

「はいけい」タブへの切り替え

「コスチューム」タブに戻る

「はいけい」タブ

「はいけい」タブをクリックすると、ペイントエディターが表示されます。ここでは、ステージの背景を作成したり、編集することができます。

クリック

6 スクラッチを使ってみよう

スクラッチで思い思いのプログラムを作る前に、まず、スクラッチに触れてプログラミングを体験してみましょう。なお本書は1章から3章までは言語の表示を「にほんご」（ひらがな表示）にしています。言語の切り替えは20ページを参照してください。

● スクラッチへのアクセス

ウェブブラウザーに、スクラッチの公式サイトのアドレス（**https://scratch.mit.edu/**）を入力してアクセスします。スクラッチの公式サイトが表示されたら「つくる」をクリックすると、スクラッチの画面が表示されます。

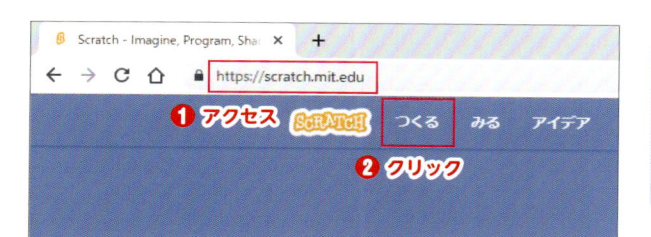

> まず、スクラッチの公式サイト(https://scratch.mit.edu/にアクセスするのよ。

> スクラッチのプログラムを作る準備ができたね。

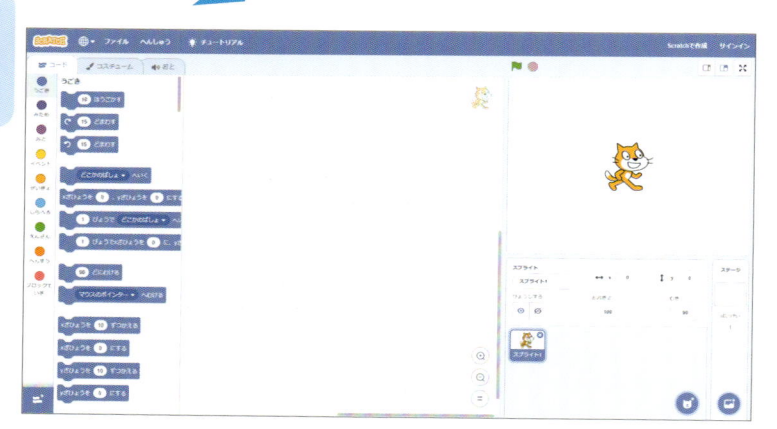

ウェブブラウザー（Web browser）

ウェブブラウザーは、インターネットのホームページなどを見るソフトウェア（アプリ）です。ウェブブラウザーには様々な種類があり、一部はスクラッチに対応していないものもあります。スクラッチに対応しているのは、クローム（Google Chrome）、エッジ（Microsoft Edge）、ファイヤーフォックス（Fire Fox）、サファリ（Safari）などです。

オフラインで使うなら「Scratch デスクトップ」

スクラッチには、**オンライン版**と**オフライン版**の2種類があります。オンライン版はウェブブラウザーから公式サイトにアクセスすれば、すぐに始められますが、インターネットにつながっている必要があります。一方、オフライン版は **Scratch デスクトップ**をダウンロードしてパソコンにインストールするので、インターネットにつながっていなくても使うことができます。詳細は巻末の付録（178ページ）を参照してください。

● プログラムの作成

スクラッチでかんたんなプログラムを作成してみましょう。

ブロックパレットにある　[15 どまわす] をコードエリアの上に**ドラッグ**して置いてみてください。

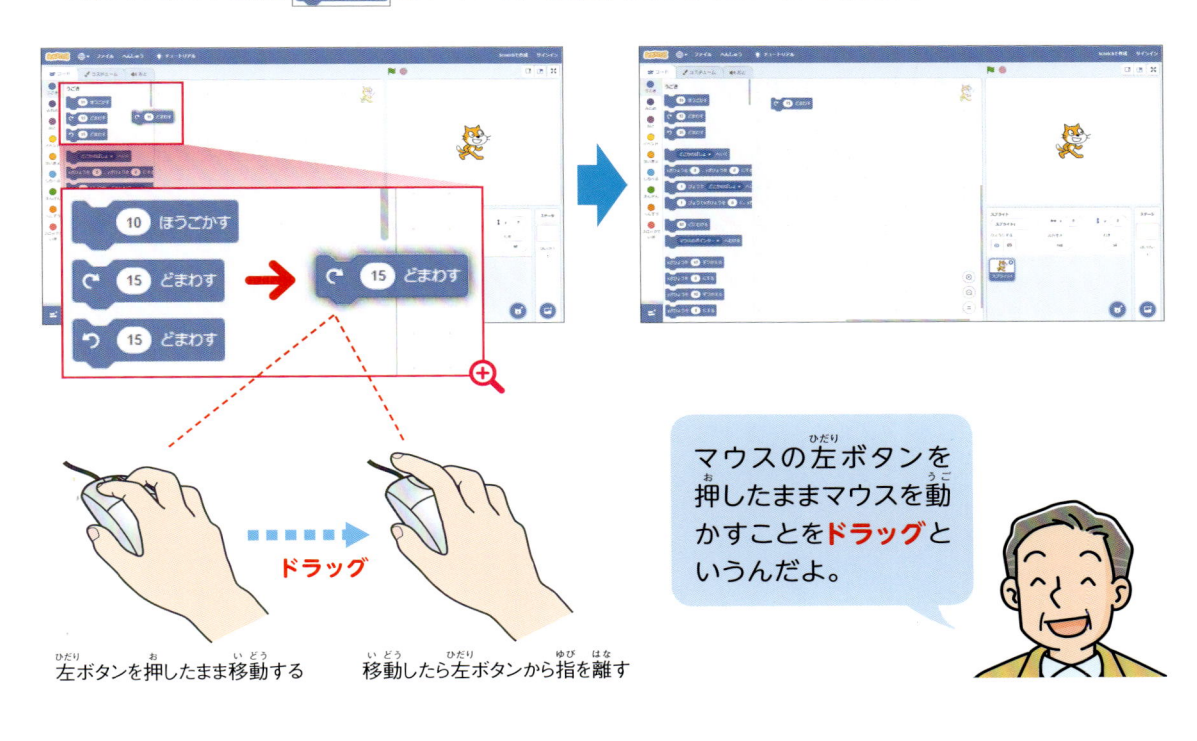

ドラッグ

左ボタンを押したまま移動する　　移動したら左ボタンから指を離す

> マウスの左ボタンを押したままマウスを動かすことを**ドラッグ**というんだよ。

● プログラムの実行

作ったプログラムを動かしてみましょう。

コードエリアにある　[15 どまわす] をマウスでクリックしてください。ネコの向きが変わります。

❶ クリック

❷ 向きが変わる

カチッ

> プログラムは、「スクラッチへのアクセス」→「プログラムの作成」→「プログラムの実行」という順番で動かすのね。

7 作ったプログラムを保存しよう

作ったプログラムを保存しておけば、いつでも使うことができますし、プログラムを書き替えることもできます。プログラムの保存方法を覚えましょう。

● プログラムの保存

一般に作成したプログラムはソフトウェア（ここではスクラッチ）を終了したり、パソコンの電源を切ったりすると消えてしまいます。プログラムを保存しておけば、ソフトウェアを終了しても、パソコンの電源を切っても消えることはありません。

● プログラムの保存方法

プログラムは**フォルダー**と呼ばれるケースに保存します。フォルダーはパソコンの中にある文書やプログラムを保存するための記憶領域です。

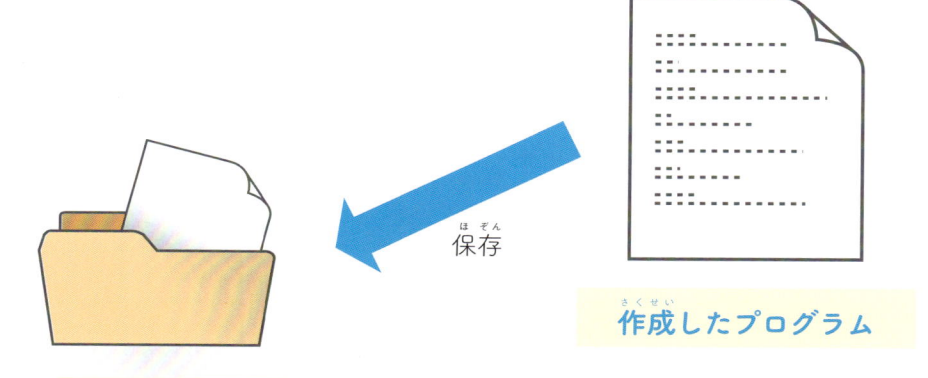

保存

作成したプログラム

フォルダー

保存しておけば停電などでパソコンの電源が切れても安心ね。

個人で作った文書やプログラムを保存しておくことを、**バックアップ**ともいうんだよ。

Windows のフォルダー

Windows には「ドキュメント」や「ダウンロード」、「ピクチャ」といったフォルダーが用意されています。
Windows 10 では基本的な状態ではデスクトップ画面にそれらのフォルダーは表示されていません。キーボードの [Windows] キー（■）を押したまま E キーを押すとエクスプローラーが起動し、クイックアクセスとして、「ドキュメント」や「ダウンロード」のほかによく使用するフォルダーが表示されます。

● プログラムの保存手順

スクラッチで作成したプログラムを保存しましょう。
[ファイル]をクリックして表示されたプルダウンメニューから「コンピューターにほぞんする」を選びましょう。

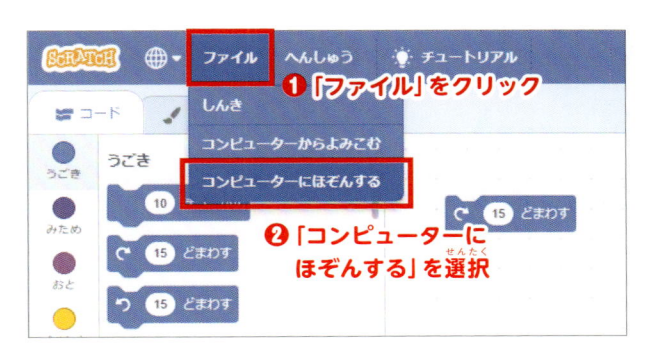

作成したプログラムはファイルとしてパソコンなどに保存するんだね

ファイルが保存されたことを確認し、✕ をクリックします。通常は「ダウンロード」フォルダーに保存されます。

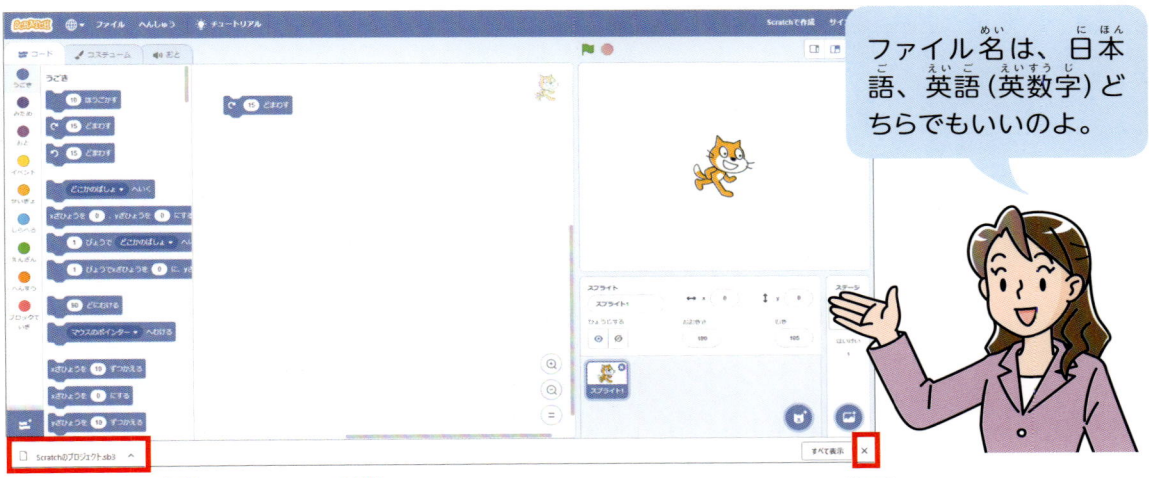

ファイル名は、日本語、英語（英数字）どちらでもいいのよ。

❸ ファイルが保存されたことを確認　　　❹ ✕ をクリック

ウェブブラウザーとファイルの保存先フォルダー

　使用するウェブブラウザーにより、保存画面などが多少異なります。多くのウェブブラウザーでは、「ダウンロード」フォルダーに「Scratchのプロジェクト.sb3」という名前で保存されます。フォルダーやファイル名は保存後に変えることもできます。なお、エッジ（Microsoft Edge）などでは、保存時にファイル名を指定することができます。

保存するときは拡張子に注意！

　保存するときは、ピリオド「.」と**拡張子**「sb3」を付けて保存しましょう（例 sample.sb3）。拡張子に関しては**1-8**（26ページ）も参照してください。
　拡張子を付けないで保存したときは、パソコンの使用環境により、自動的に拡張子「sb3」がファイル名の後に付いて保存される場合と、拡張子が付かないで保存される場合があります。もし、保存したファイルが起動しなかったときは、自分でピリオドと拡張子を付ければ解決します。

8 保存したプログラムを再開しよう

保存したプログラムは再度使用することができます。プログラムを再開する方法を覚えましょう。

● 保存したプログラムの読み込み

　保存したプログラムは再度スクラッチに読み込んで再開できます。やり方は保存のときと反対に、フォルダーからプログラムを読み込んで使用します。

読み込み

保存していたプログラム

フォルダー

読み込んだプログラムはそのまま使うこともできるし、書きかえることもできるんだよ。

保存のときとは反対の操作になるのね。

プログラムとファイル

コンピュータであつかうデータを**ファイル**といいます。スクラッチのプログラムもファイルの一種です。

ファイル名と拡張子

　Windowsに保存されているファイルは、**拡張子**と呼ばれるファイルの種類を区別する文字がファイル名の末尾に付きます。スクラッチ3.0では「sb3」という文字が付いています。拡張子の前にはピリオド「.」が付きます。

　例 sample.sb3

　拡張子はパソコンの設定により、表示される場合と、表示されない場合があります。

● 保存したプログラムの再開手順

　スクラッチで保存したプログラムを再開してみましょう。

　まず、スクラッチ（**https://scratch.mit.edu/**）にアクセスし、「つくる」をクリックします。次に、「ファイル」をクリックして表示されたプルダウンメニューから「コンピューターからよみこむ」を選びましょう。

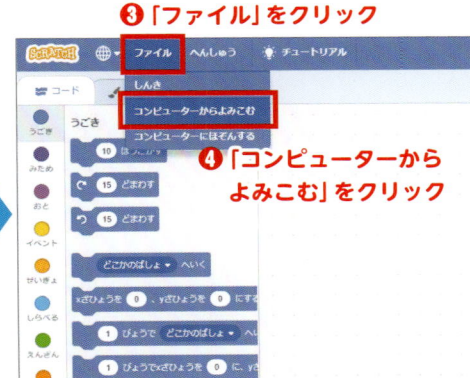

❸「ファイル」をクリック

❹「コンピューターから よみこむ」をクリック

スクラッチを起動させてから、マウスで操作するんだね。

　「ダウンロード」フォルダーが表示されたら、読み込みたいファイルを選び、「開く」をクリックしましょう。読み込みが完了するとスクラッチの画面にプログラムが表示されます。

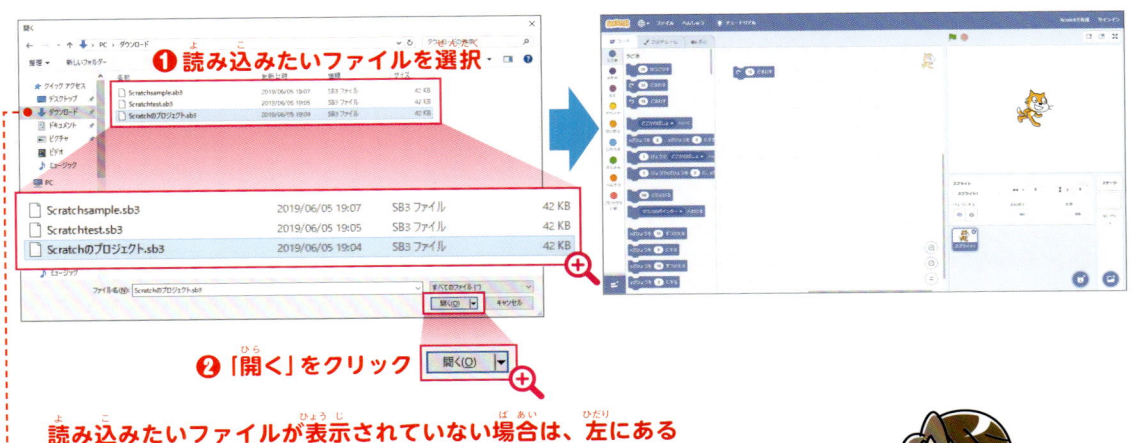

❶ 読み込みたいファイルを選択

❷「開く」をクリック

読み込みたいファイルが表示されていない場合は、左にある「ダウンロード」フォルダーをクリックすると表示されます。

読み込んだプログラムはすぐに再開できますし、読み込んだ状態から書きかえることもできるのよ。

プログラミング言語の変遷　～黎明期から現在まで～

　プログラミング言語は、機械語からはじまり、いまではさまざまな言語が利用されています。プログラミング言語の歴史を見てみましょう。

機械語

　最初期のプログラミング言語は機械語と呼ばれ、0と1、あるいは16進数で表されていました。見ただけでは内容は理解できず、多くの場合、専門家のみがあつかえるものでした。

```
0000 E8 0A 00 E8 CE 00 BF 1E 00 E8 CA
0010 1F BE ED 01 E8 6F 00 83 F9 00 74
0020 F0 E8 7C 00 2E A3 DD 01 BE 00 02
0030 00 74 F5 83 F9 06 73 F0 E8 65 00
0040 13 02 E8 41 00 83 F9 00 74 F5 83
0050 58 00 2E A3 E1 01 BE 26 02 E8 2A
0060 F5 83 F9 05 73 F0 E8 41 00 2E A3
0070 E8 13 00 83 F9 00 74 F5 83 F9 05
0080 40 2E A3 E5 01 C3 BF 02 02 8B 0C
0090 BF 3C 00 E8 40 01 E8 7D 00 BF 52
00A0 BE 02 02 BF 11 00 E8 2D 01 C3 BE
00B0 02 26 89 44 04 26 8B 04 26 89 44
00C0 04 B0 48 26 88 44 01 BF 1D 00 E8
00D0 00 E8 02 01 2E 8E 1E E1 01 2E 8B
```

アセンブリ言語

　機械語に続き、アセンブリ言語が開発されました。プログラムはかんたんな命令と数字などから構成されていました。命令コードなども英語的な表記となり、機械語に比べてプログラムの内容が理解しやすくなりました。

```
INIT:   PUSH    SS
        POP     ES
        PUSH    CS
        POP     DS

INI1:   MOV     SI,OFFSET LINE_MES
        CALL    INIT1
        CMP     CX,0
        JE      INI1
        CMP     CX,6
        JNC     INI1
        CALL    ASC_DEC
        MOV     LINE,AX
```

コンパイル言語

　アセンブリ言語に続き、コンパイル言語が開発されました。多くの命令が用意され、プログラムが作りやすくなりました。また、命令コードなども英語表記であり、書かれたプログラムが読みやすくなりました。

```
#include "stdio.h"

void main(void){
        int i, j;
        int k[9][9];

        for(i=0; i<9; i++){
                for(j=0; j<9; j++){
                        k[i][j]=(i+1)*(j+1);
                }
        }

        for(i=0; i<9; i++){
                for(j=0; j<9; j++){
                        printf("%3d", k[i][j]);
                        if(j==8)printf("\n");
                }
        }
}
```

C

さまざまな言語

　現在では、用途に応じたさまざまな言語が利用されています。オブジェクト指向言語、CG用言語、ビジュアル言語など、さまざまな言語が使われており、すぐれた開発環境も提供されています。

Java
（オブジェクト指向言語）

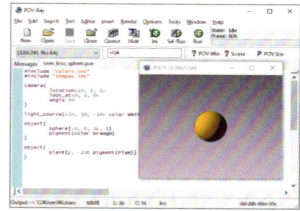

POV-Ray
（CG用言語）

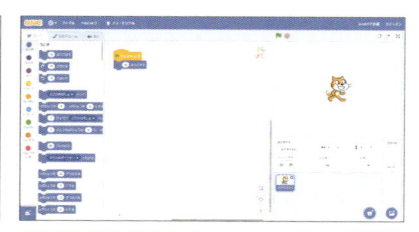

Scratch
（ビジュアル言語）

2章 プログラミングの基本をマスターしよう

この章では、スクラッチの基本操作を学びます。スクラッチで使うキャラクターの属性やブロックの基本操作、さらに動きの組み合わせについて学びます。これらをとおして、プログラミングの考え方や手順についての基礎的な理解を深めていきます。

1　キャラクターを動かしてみよう

できること わかること	● プログラムでキャラクターを動かす
	● マウスの操作

● キャラクターを動かすプログラムを作りましょう

マウスを使ってキャラクターを動かすプログラムを作成してみましょう。

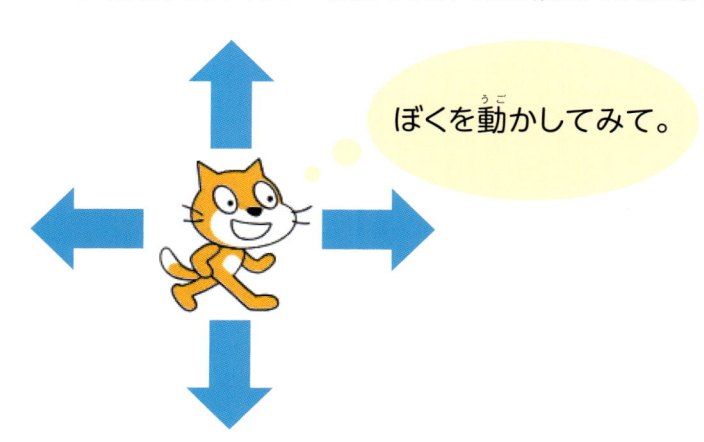

ぼくを動かしてみて。

まずは最もかんたんなプログラミングに挑戦してみましょう。

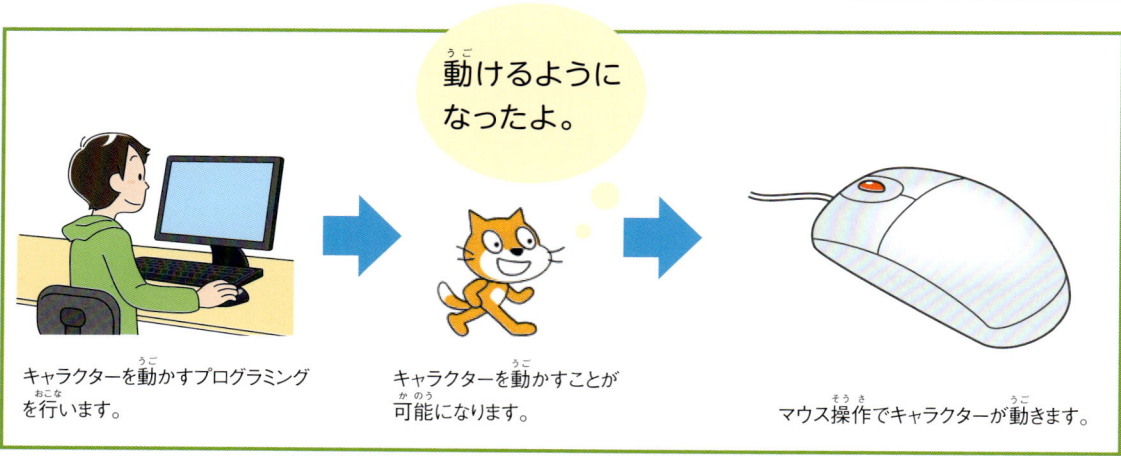

動けるようになったよ。

キャラクターを動かすプログラミングを行います。

キャラクターを動かすことが可能になります。

マウス操作でキャラクターが動きます。

学習を進めていくとだんだんと本格的なプログラムを作れるようになります。

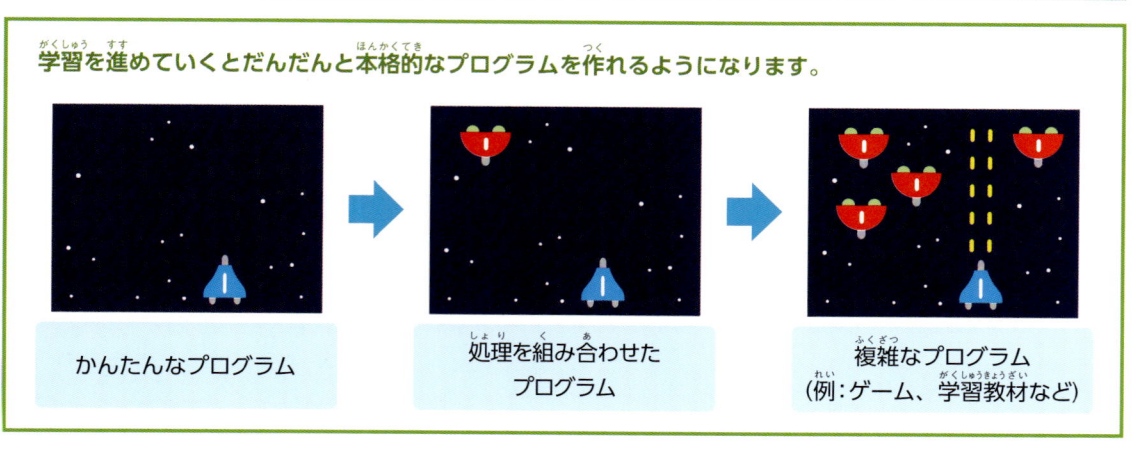

かんたんなプログラム

処理を組み合わせたプログラム

複雑なプログラム（例：ゲーム、学習教材など）

スクラッチでやってみよう

▶ [10 ほうごかす] をコードエリアの上に置きます。

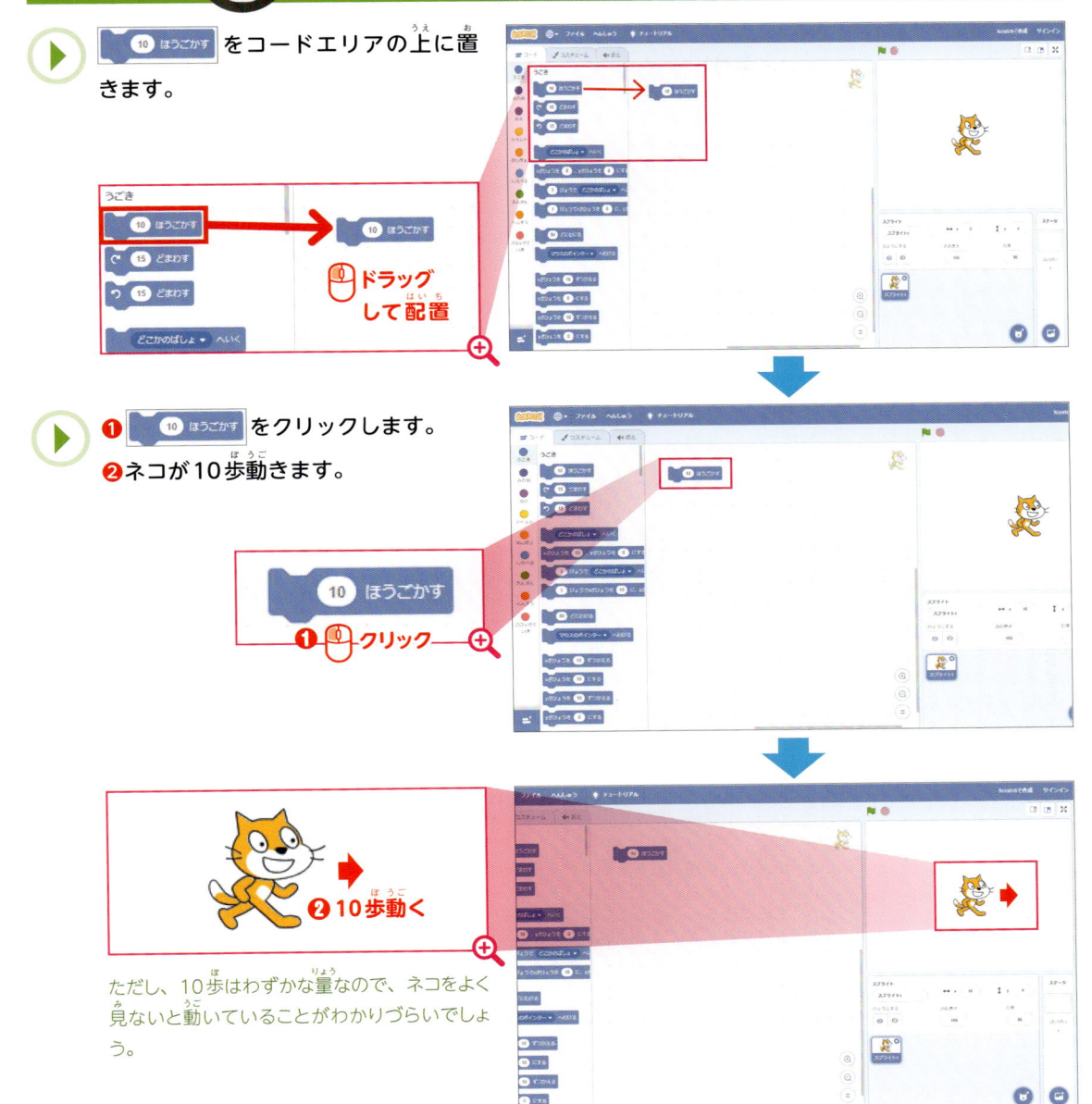

ドラッグして配置

❶ [10 ほうごかす] をクリックします。

❷ ネコが10歩動きます。

❶ クリック

❷ 10歩動く

ただし、10歩はわずかな量なので、ネコをよく見ないと動いていることがわかりづらいでしょう。

現代のプログラムとプログラミング

プログラムというとむずかしい計算などに利用されると思われますが、現代はCGで作成されたキャラクターに動きを与えるといったことにもプログラムが利用されています。ゲームのキャラクターもプログラミングによって動いています。プログラミング自体、従来のようなプログラムコードを書くだけの形式でなく、スクラッチのようにマウス操作でオブジェクト（ブロックなど）を配置する便利なものが登場しています。

2　動かす量を変えてみよう

できること わかること
- プログラムでキャラクターの動く量を変える
- マウスの操作、キーボードの入力操作

● 数値を入力して、キャラクターの動く量を変えてみましょう

　キーボードを使って数値を入力することにより、
キャラクターの移動量を変えることができます。

少しだけ動いたよ。

　短い距離

たくさん動いたよ。

キャラクターを
決めた距離だけ
動かしたいな。

　長い距離

決めた距離を動
くことができる
ようになったよ。

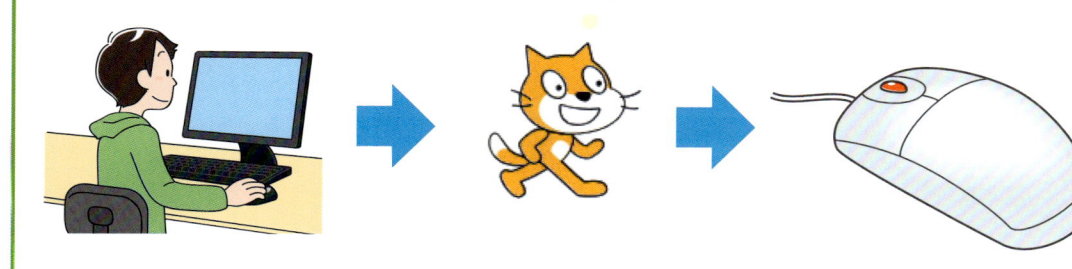

キャラクターを決めた距離だけ動
かすプログラミングを行います。

キャラクターが決めた距離だ
け動くことが可能になります。

マウス操作でキャラクターが動きます。

🖱 スクラッチでやってみよう

▶ [10 ほうごかす] をコードエリアの上に置きます。

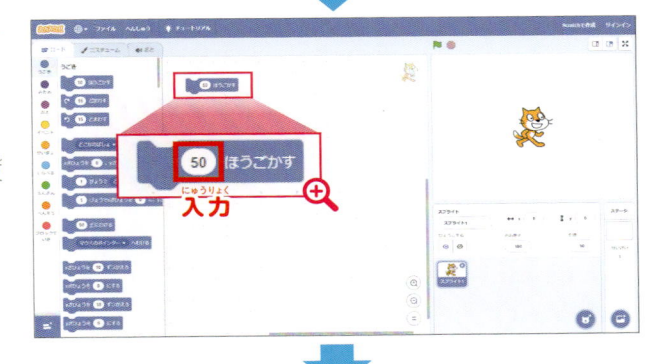

▶ [10 ほうごかす] ブロックの数字の10をクリックし、**50** と入力します。

・数字を消すときは [Back space] キーを押します。
・マイナスの数（例えば、－50）と入力すると、反対方向に動きます。

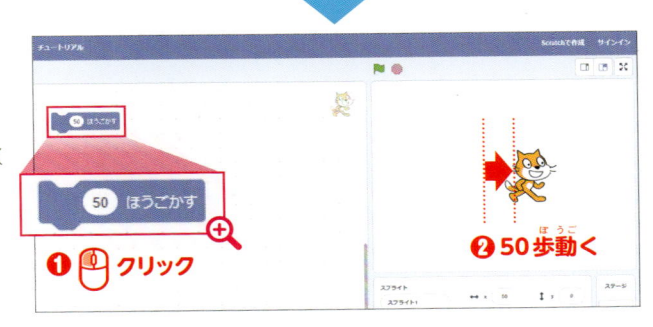

▶ ❶ [50 ほうごかす] をクリックします。
❷ ネコが50歩動きます。

10歩のとき（31ページ）と比べると、ネコがたくさん動いたことがわかります。

[50 ほうごかす] ブロックをクリックするたびに、キャラクターが動きます。

❶ 🖱 クリック ➡ ❷ 🖱 クリック ➡ ❸ 🖱 クリック ➡

確認してみましょう。

3 キャラクターの向きを変えてみよう

できること わかること	● プログラムでキャラクターの向きを変えること ● マウスの操作、キーボードの入力操作

● キャラクターの向きを変えるプログラムを作りましょう

　キャラクターの向きを変えるプログラムを作ります。2-2（32ページ）と同じようにキーボードを使って数値を入力することにより、キャラクターの移動量を変えることができます。

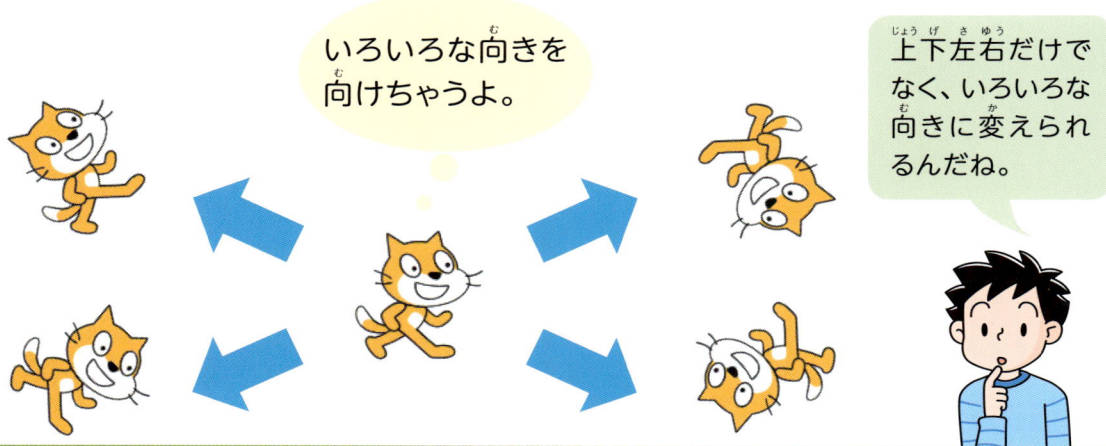

いろいろな向きを向けちゃうよ。

上下左右だけでなく、いろいろな向きに変えられるんだね。

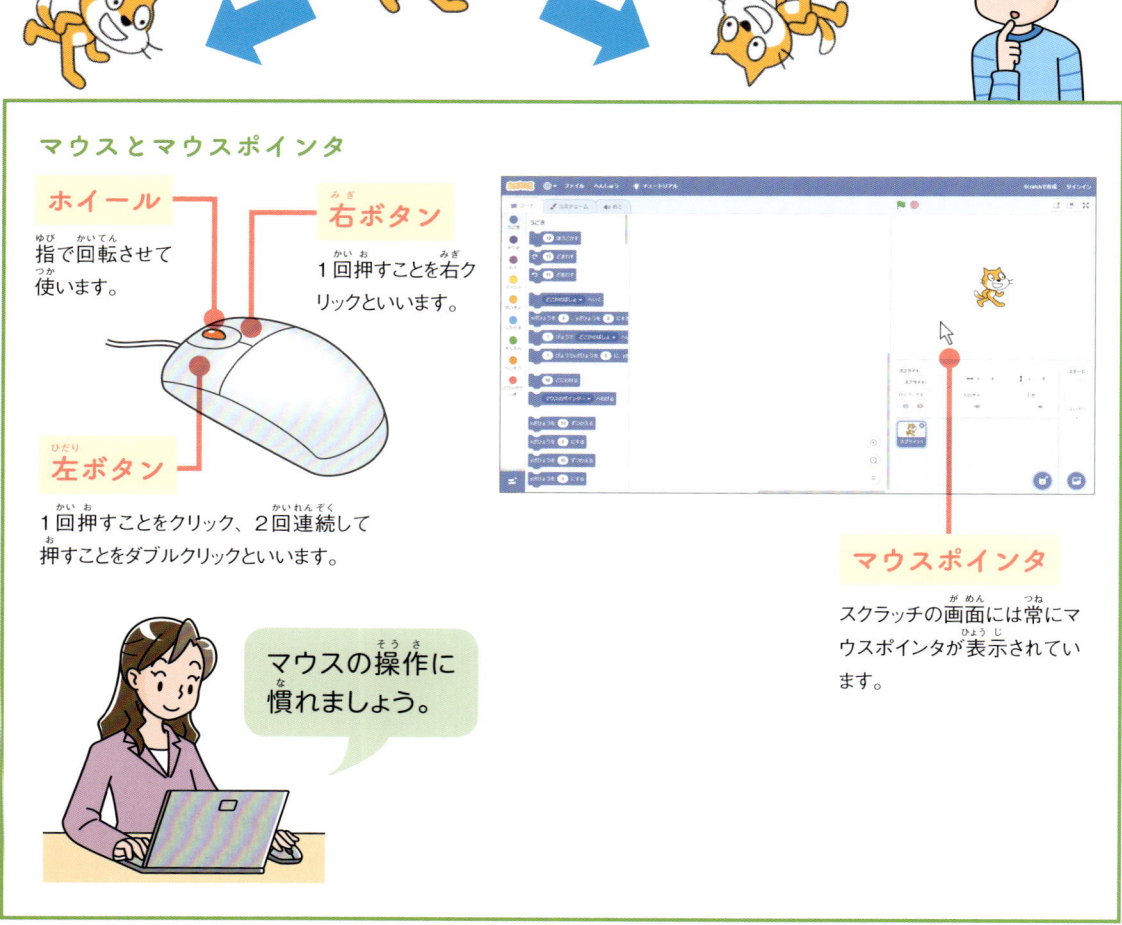

マウスとマウスポインタ

ホイール
指で回転させて使います。

右ボタン
1回押すことを右クリックといいます。

左ボタン
1回押すことをクリック、2回連続して押すことをダブルクリックといいます。

マウスポインタ
スクラッチの画面には常にマウスポインタが表示されています。

マウスの操作に慣れましょう。

スクラッチでやってみよう

▶ 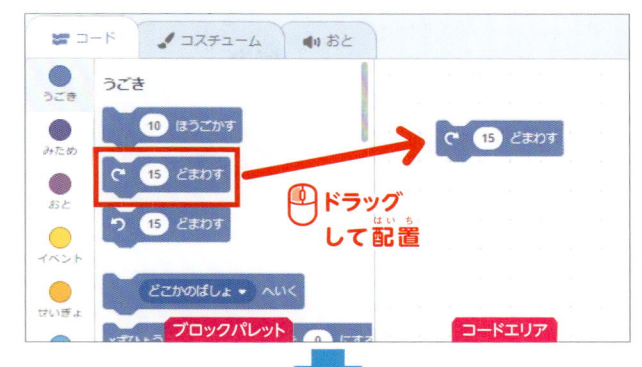 をコードエリアの上に置きます。

▶ ブロックの数字の15をクリックし、**90** を入力します。

・数字を消すときは [Back space] キーを押します。
・マイナスの数（例えば、－90）を入力すると、反対方向に回転します。

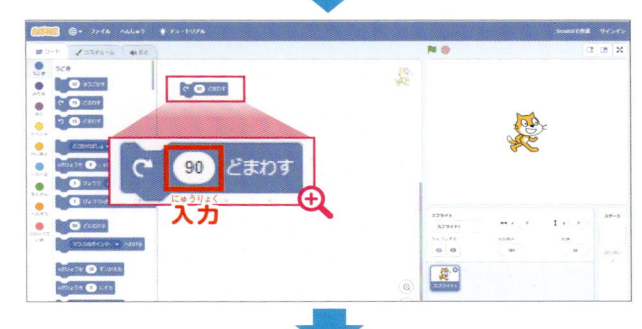

▶ ❶ をクリックします。
❷ネコが90度回転します。

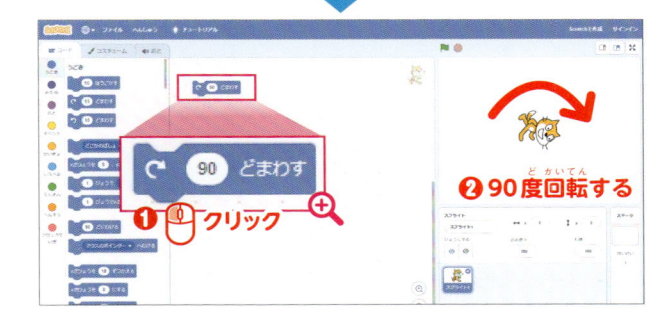

不要なブロックの削除

　コードエリアに配置したブロックの削除は次の2つのやり方があります。

　1つめのやり方は、削除したいブロックの上で右クリックし、表示されたメニューから「ブロックをさくじょ」を選ぶ方法です。
　2つめのやり方は、削除したいブロックをドラッグし、ブロックパレットにドロップする方法です。

削除したいブロックの上で右クリックして「ブロックをさくじょ」を選びます。

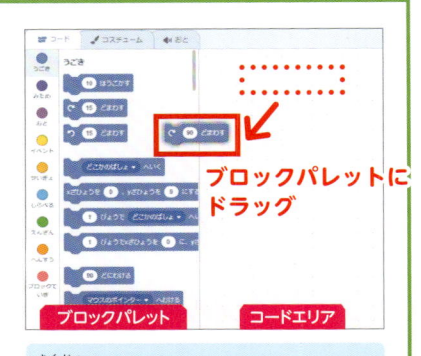

削除したいブロックをブロックパレットにドラッグアンドドロップします。

4　複数の動きを組み合わせてみよう

できること わかること	● 複数の動きを組み合わせて、キャラクターに複雑な動きをさせる ● 処理の組み合わせ、逐次処理（順次実行）

● ブロックを組み合わせてキャラクターを複雑に動かしましょう

　ブロックを組み合わせてキャラクターを複雑に動かすプログラムを作成してみましょう。キャラクターを右に100歩進ませ、右回りに90度方向を変え、100歩進ませます。これら3つの動きをまとめたプログラムを考えてみましょう。

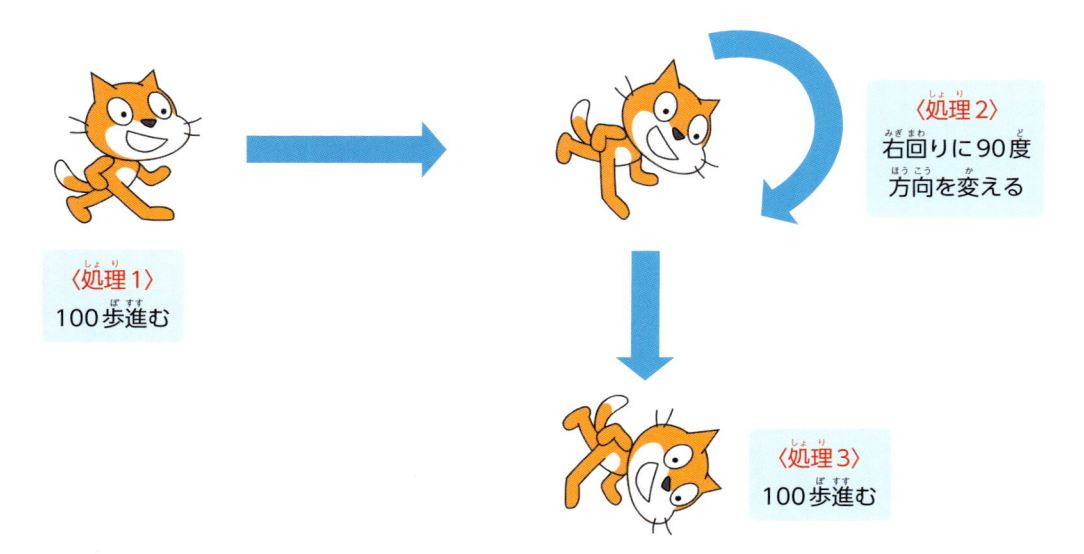

〈処理1〉
100歩進む

〈処理2〉
右回りに90度
方向を変える

〈処理3〉
100歩進む

　どんなに複雑な動きも、もとは1つのシンプルな動きの組み合わせでできています。スクラッチでは1つのブロックに1つの動き（処理）が与えられていますので、複数のブロックを使って複雑な動きを表現します。

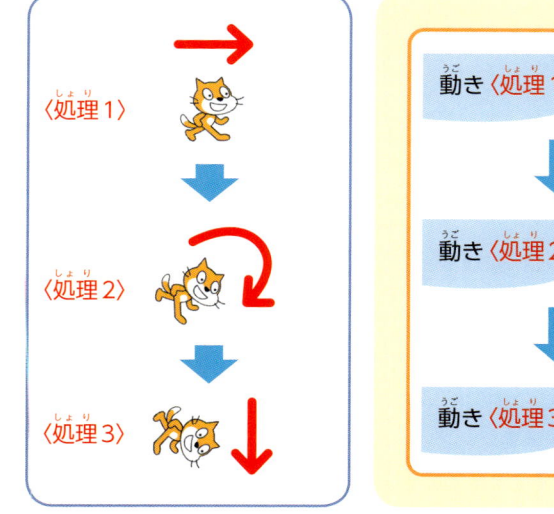

キャラクターの動き

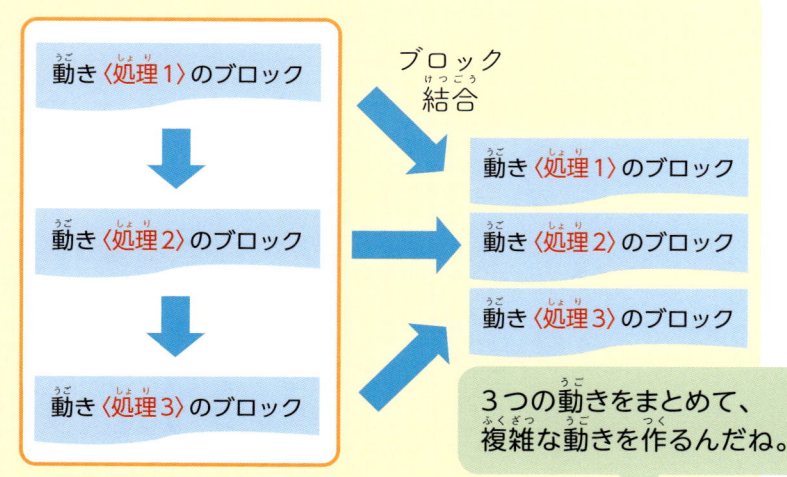

3つの動きをまとめて、
複雑な動きを作るんだね。

ブロックの構成

スクラッチでやってみよう

▶ 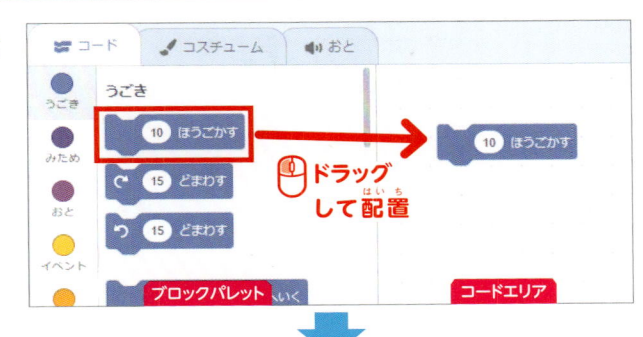 **10 ほうごかす** をコードエリアの上に置きます。

▶ **10 ほうごかす** の数値を **100** に変更します。

数値の変え方は **2-2**（33ページ）を参照してください。

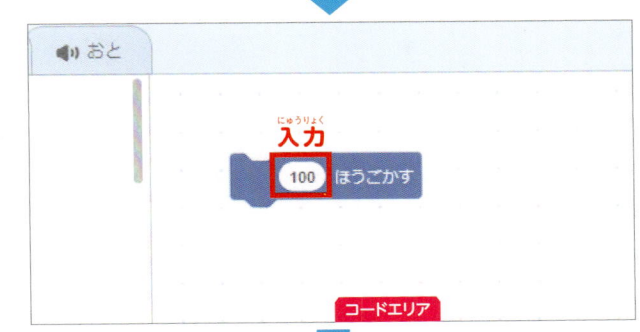

▶ ❶ **15 どまわす** をコードエリアの上に置きます。

❷ **100 ほうごかす** と **15 どまわす** をマウスで動かして結合します。

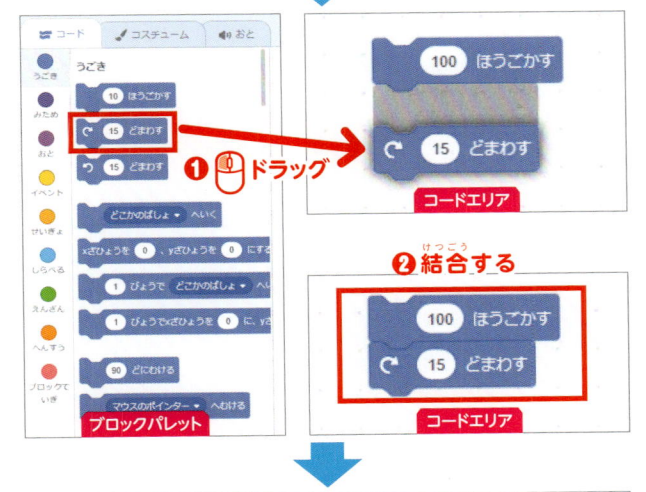

▶ **15 どまわす** の数値を **90** に変更します。

▶  をコードエリアの上に置きます。

▶ 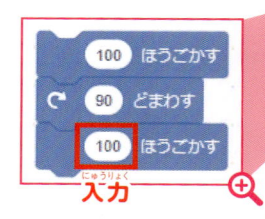 の数値を **100** に変更します。

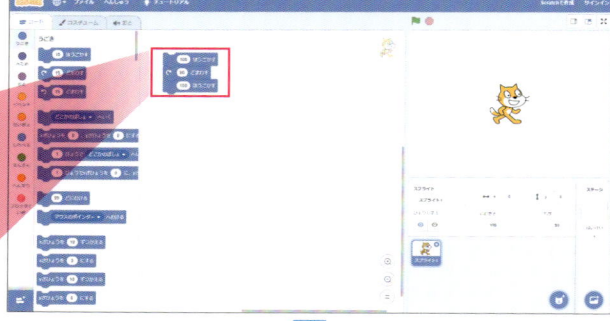

▶ ❶ をクリックします。

どのブロックをクリックしても同じです。

❷ネコが移動します。

ネコが右に100歩動き、90度回転し、さらに下に100歩動きます。

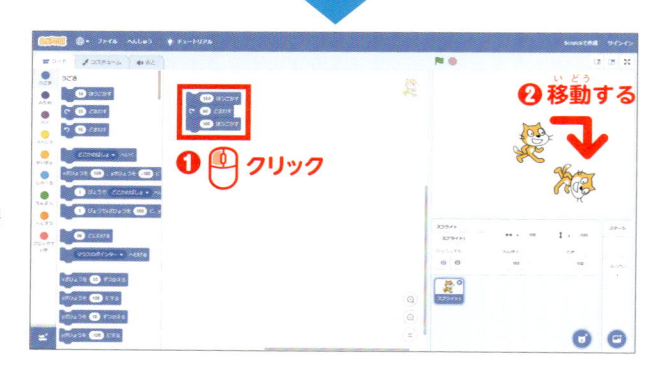

複数の動きは、プログラム的には1つずつ解釈され、処理が進みます。スクラッチでは結果のみ表示されます。

プログラム的な解釈

スクラッチでの表示

ステージ上のキャラクターをドラッグすると、ステージのどこでも好きな位置に動かせます。

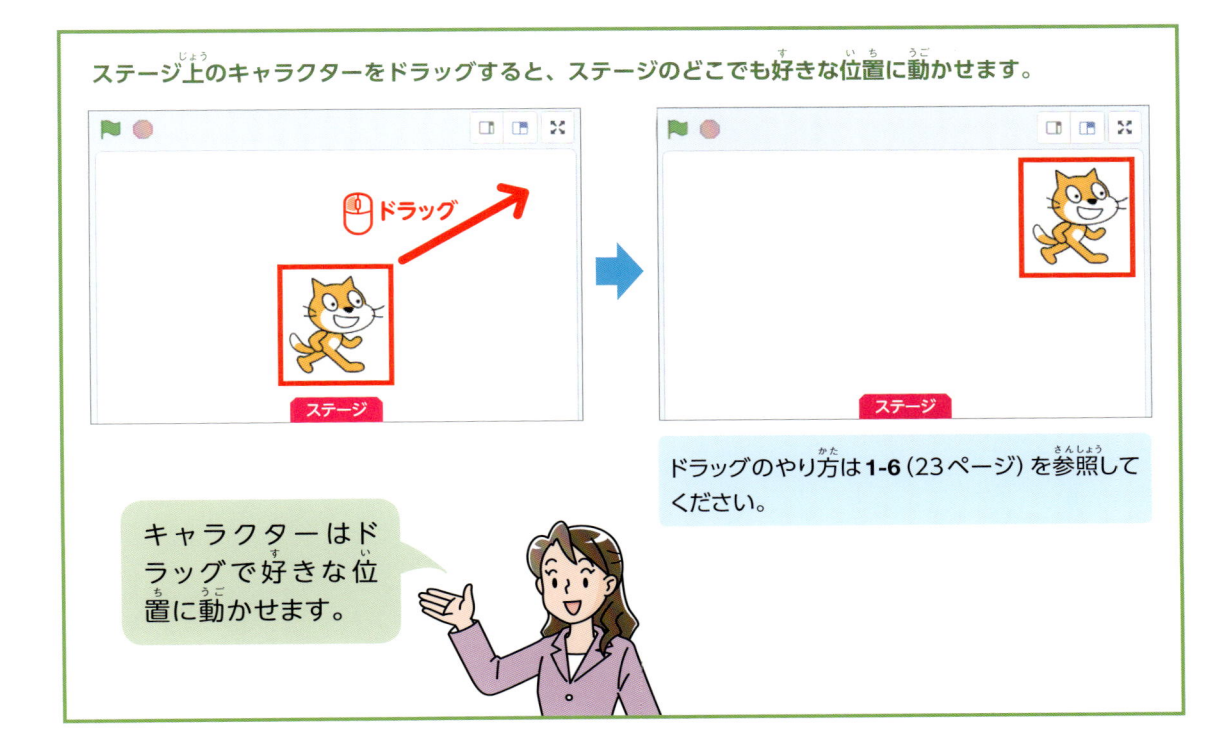

ドラッグのやり方は**1-6**（23ページ）を参照してください。

キャラクターはドラッグで好きな位置に動かせます。

● 逐次処理（順次実行）とは

　スクラッチでは複数の処理を組み合わせると、結果のみが表示されますが、実際にはコンピュータは1つずつ処理を行っています。これを**逐次処理**（順次実行）と呼びます。逐次処理は**フローチャート**の上から順番に処理が実行されます。

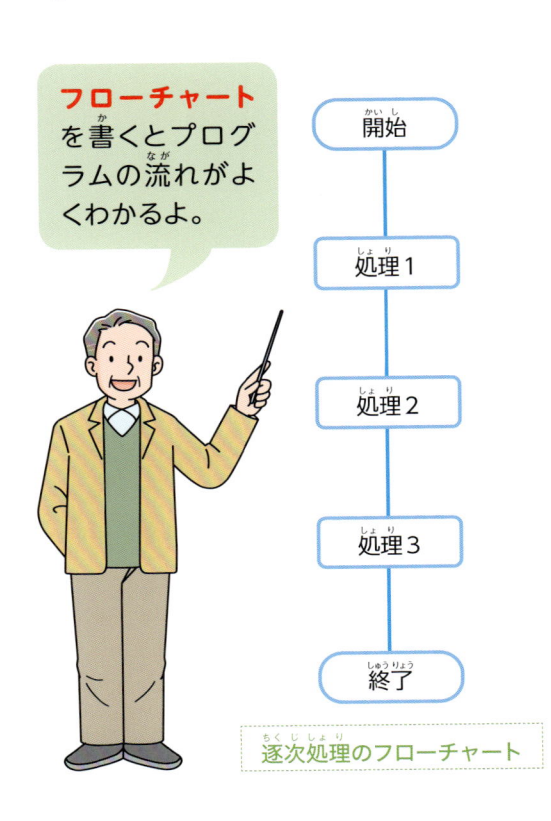

フローチャートを書くとプログラムの流れがよくわかるよ。

逐次処理のフローチャート

フローチャートとは

　フローチャートとは、プログラムの流れを記号で表したものです。フローチャートにはさまざまな記号があります。主な記号の名前と意味は覚えておきましょう。

記号	名前	意味
———	流れ線	処理をつなぐ
⬭	端子	処理の開始と終了を表す
▭	処理	処理の内容を表す
▱	入出力	データの入出力を表す
◇	判断	条件による処理の分岐を表す
⬡	ループ端	繰り返しの開始と終了を表す

フローチャートの主な記号と意味

5 キャラクターの大きさを変えてみよう

できること わかること
- キャラクターの大きさの変更
- 属性

● キャラクターの大きさの属性を変えてみましょう

スクラッチのキャラクターはマウス操作でかんたんに大きさを変更することができます。

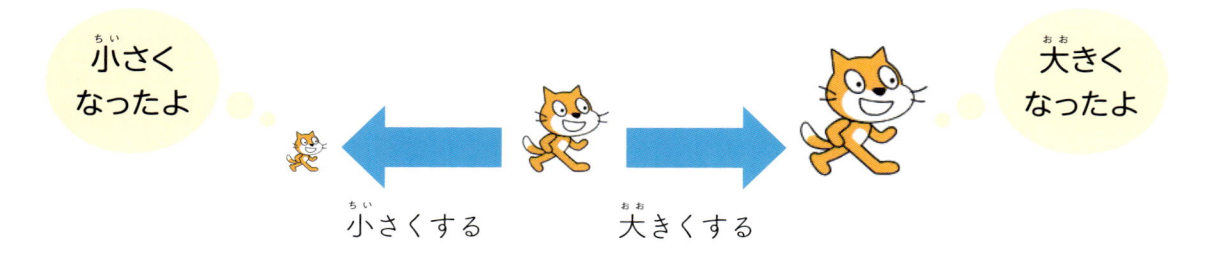

小さく なったよ

小さくする

大きくする

大きく なったよ

● 属性とは

ものの大きさや色など、そのものを表すための特徴を**属性**といいます。人でいえば、性別、身長、体重、瞳の色などです。キャラクターの大きさを変更することは、キャラクターの大きさに関する属性を変更することです。

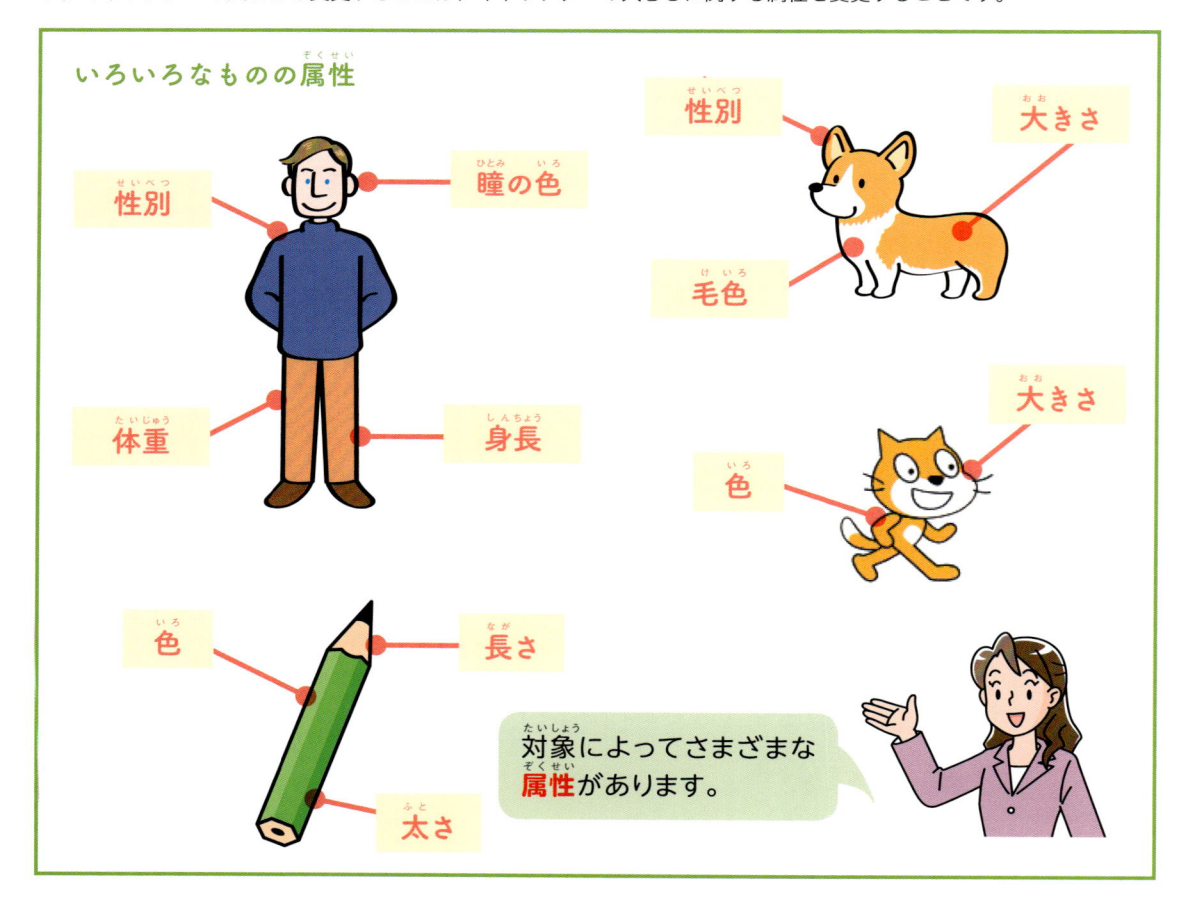

いろいろなものの属性

性別

瞳の色

体重

身長

性別

大きさ

毛色

色

大きさ

色

長さ

太さ

対象によってさまざまな**属性**があります。

スクラッチでやってみよう

▶ ❶「おおきさ」の数値を100より小さな数値に変更します。

ここでは数値を「50」にしています。

❷Enterキーを押すか、マウスをクリックします。

▶ ネコが小さくなります。

「おおきさ」の数値を小さくするほど、キャラクターが小さくなります。

▶ ❶「おおきさ」の数値を100より大きな数値に変更します。

ここでは数値を「200」にしています。

❷Enterキーを押すか、マウスをクリックします。

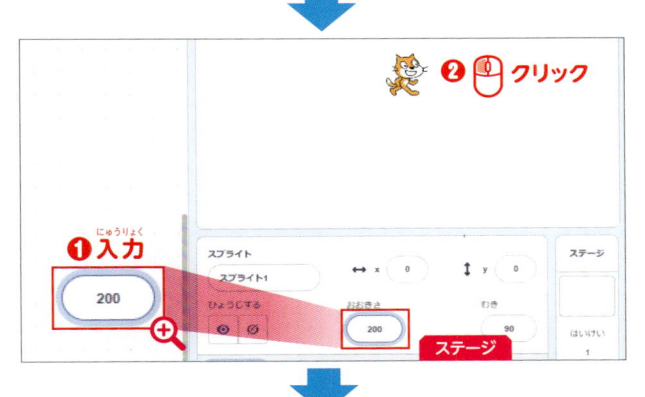

▶ ネコが大きくなります。

「おおきさ」の数値を大きくするほど、キャラクターが大きくなります。

6　キャラクターの色を変えてみよう

| できること
わかること | ● キャラクターの色の変更
● 属性 |

● キャラクターの色の属性を変えてみましょう

　スクラッチのキャラクターの色はマウス操作でかんたんに変更することができます。

ぼくの顔の色が
変わったよ

顔の色の属性を
変更しました。

ビットマップ画像とベクター画像

　スクラッチでは、**ビットマップ画像**と**ベクター画像**の両方をあつかうことができます。ビットマップ画像とベクター画像は、それぞれ違う方法で作られています。

　コンピュータで扱う画像（デジタル画像）には、**ビットマップ画像**とベクター画像があります。ビットマップ画像はピクセルと呼ばれる点の集合により作成され

ています。ビットマップ画像は拡大するとキザギザが出てしまいます。ビットマップ画像のことを**ラスター画像**ともいいます。

　一方、**ベクター画像**は向きや長さを指定した線により作成されています。ベクター画像は拡大してもギザギザは出ませんが、複雑な画像に対しては指定する数値が多くなるため不向きです。

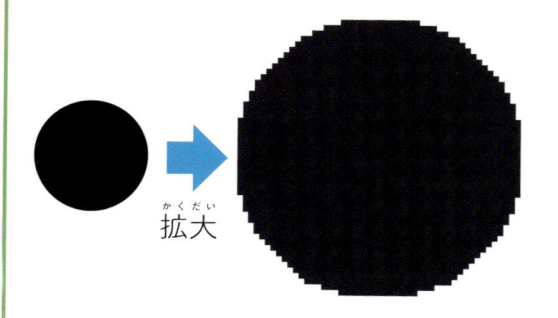

拡大

ビットマップ画像（ラスター画像）

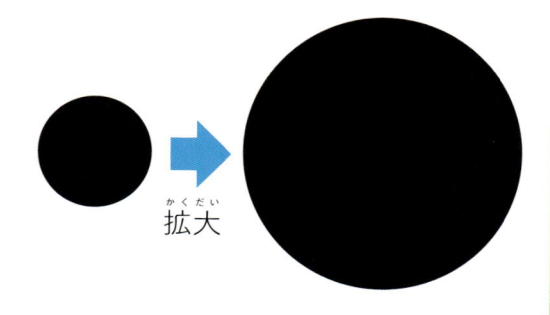

拡大

ベクター画像

ビットマップ画像は拡大すると
周りのギザギザが目立ってしまうのね。

スクラッチでやってみよう

▶ ❶  （コスチュームタブ）をクリックします。

❷ キャラクターのコスチュームの編集画面（ペイントエディター）が表示されます。

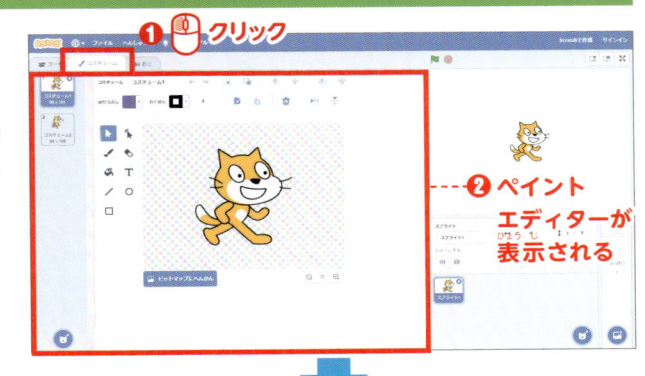

❶ クリック

❷ ペイントエディターが表示される

▶ ぬりつぶしの色を選びます。

❶ 「ぬりつぶし」をクリックします。

❷ 「いろ」の ◯ をドラッグして色（数値）を選びます。

ここでは「85」を選んでいます。

❸ 以外の場所をクリックします。

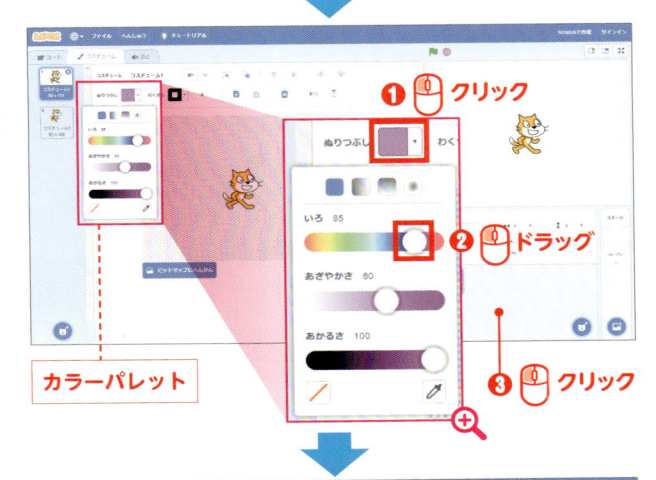

❶ クリック

❷ ドラッグ

カラーパレット

❸ クリック

▶ 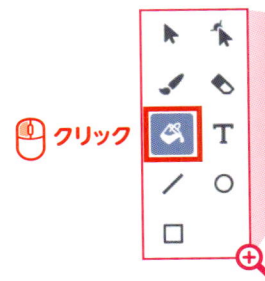 （ぬりつぶし）をクリックします。

🖱 クリック

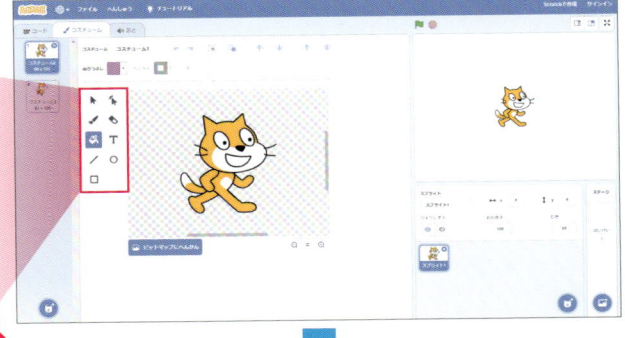

▶ 色を変えたい部分をクリックします。

・ここでは、ネコの顔の色を変えています。

・マウスポインタを対象の上に移動すると、対象の色が変化します。マウスをクリックすると確定します。

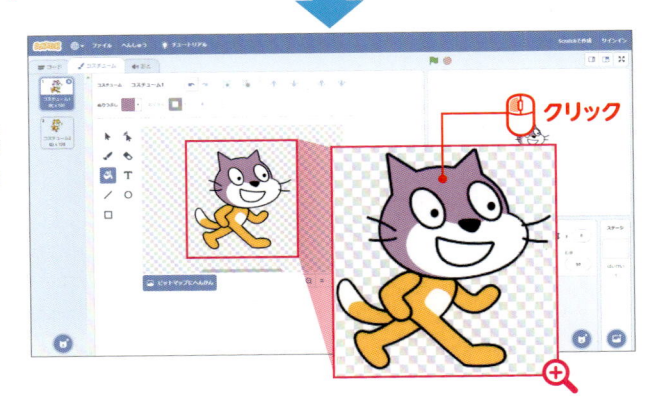

❶ クリック

7 コスチュームを変えてみよう

できること わかること	● キャラクターのコスチュームの変更
	● 属性、属性値

● キャラクターのコスチュームを変えてみましょう

キャラクターのコスチュームは、コスチューム一覧から選択して変えることができます。

コスチューム1   コスチューム2

コスチュームが
変わったよ

足の向きに注目

スクラッチの基本キャラクターであるネコには
2種類のコスチュームが用意されてるのね。

キャラクターとコスチューム

コスチュームはキャラクター（スプライト）によって複数種用意されているものと、1種類しかないものがあります。コスチュームはコスチュームタブをクリックすると左側に一覧表示されます。

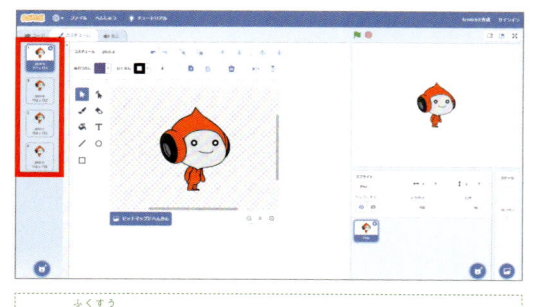

複数のコスチュームがあるキャラクター

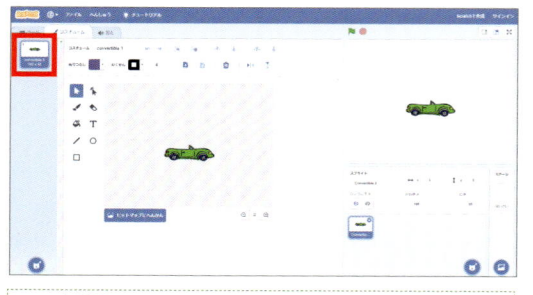

1種類のコスチュームしかないキャラクター

スクラッチではキャラクターのことを
スプライトといいます。

スクラッチでやってみよう

❶ （コスチュームタブ）をクリックします。

❷ キャラクターのコスチュームの編集画面（ペイントエディター）が表示されます。

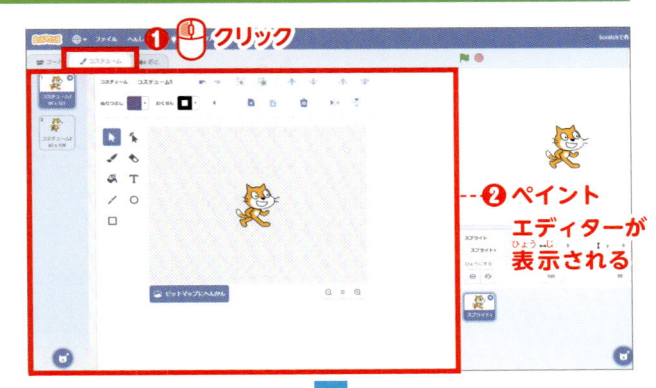

❷ ペイントエディターが表示される

❶ （コスチューム2）をクリックします。

❷ コスチュームが変わります。

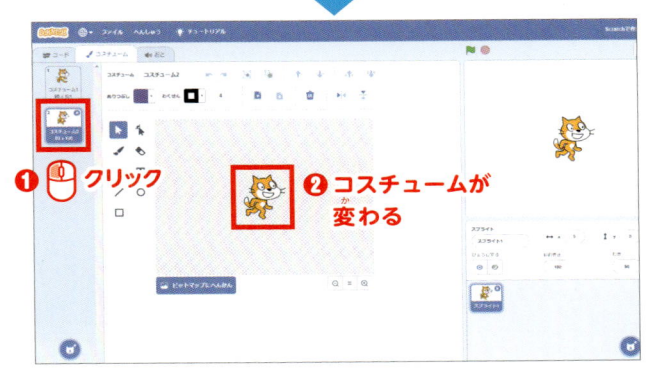

❶ クリック

❷ コスチュームが変わる

「スプライトをえらぶ」には楽しいキャラクターがたくさん

　スクラッチにはたくさんのキャラクター（スプライト）が用意されています。（スプライトをえらぶ）をクリックすると「スプライトをえらぶ」が表示されます。ここで好きなキャラクターを選んで、プログラムに使うことができます。

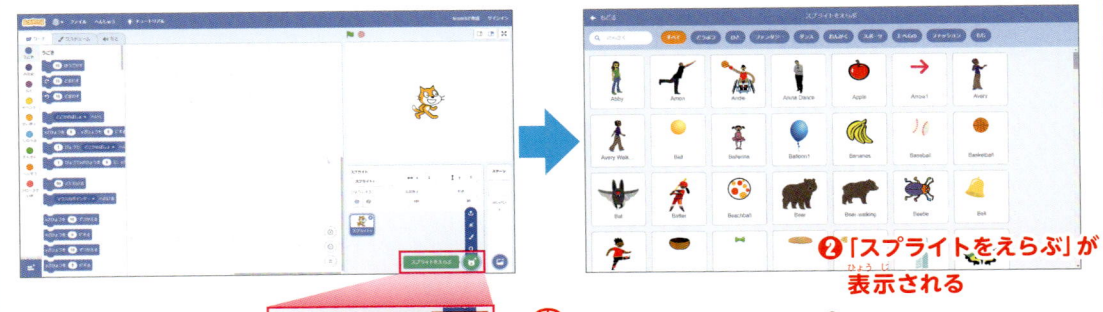

❷ 「スプライトをえらぶ」が表示される

❶ クリック

「スプライトをえらぶ」からステージに表示させたいキャラクターをマウスでクリックして選びます。

「スプライトをえらぶ」一覧

「スプライトをえらぶ」にはたくさんのキャラクター（スプライト）が用意されています。以下はその一覧です。

3章

プログラミングの世界を楽しもう

この章では、複数のキャラクター（スプライト）の操作や扱いについて学びます。また、スクラッチのお絵かき機能によるキャラクターや背景の作成、写真の加工についても学びます。スクラッチの楽しさをいっそう理解することができます。

1　複数のキャラクターを表示させてみよう

できること わかること
- 複数のキャラクター（スプライト）の表示
- スプライトをえらぶ

● キャラクター（スプライト）を増やすには

「スプライトをえらぶ」からステージにキャラクター（スプライト）を追加することができます。

みんな
おいでよ

仲間に
いれて

「スプライトをえらぶ」の中の仲間達

● ステージとスプライトリストに追加されます

キャラクター（スプライト）を追加していくと、ステージ上に追加したキャラクターが表示されるとともに、スプライトリストにもキャラクターが追加されていきます。

キャラクターを増やす前

キャラクターの
追加

ステージ

スプライトリスト

スプライトをえらぶ

キャラクターを増やした後

ステージ

スプライトリスト

キャラクターはそれぞれ大きさが異なります。必要に応じて大きさを調整してください。キャラクターの大きさの調整は**2-5**（13ページ）を参照してください。

キャラクター＝スプライト

スクラッチには、人や動物、さらには食べ物や架空の物など、たくさんのキャラクターが用意されています。これらキャラクターのことをスクラッチではスプライトといいます。本書ではキャラクターとスプライトは同じ意味で使用しています。

キャラクターは公式には**スプライト**といいます。

 スクラッチでやってみよう

 （スプライトをえらぶ）をクリックします。

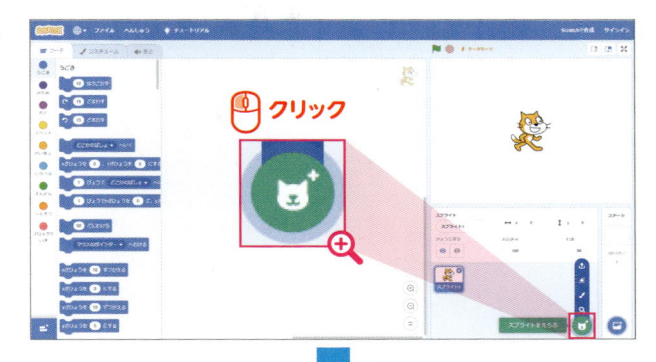

「スプライトをえらぶ」が表示されます。追加したいキャラクター（スプライト）を選びます。

・スクロールバーで表示を上下できます。
・キャラクターがたくさん表示されますので、上のカテゴリーをクリックするとキャラクターをしぼることができます。

キャラクターが追加されました。

・キャラクターがステージとスプライトリストに追加されます。
・ステージに追加されたキャラクターはマウスドラッグで位置を変えることができます。2-4（39ページ）を参照してください。

 キャラクターは同様の操作でいくつでも追加ができるよ。

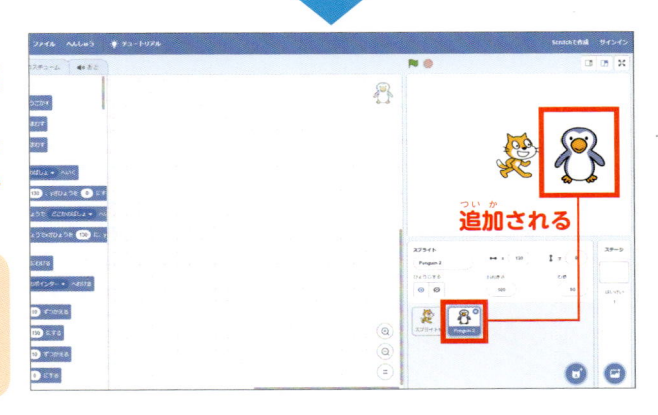

キャラクター（スプライト）の削除

キャラクター（スプライト）はいつでも消すことができます。

❶ 削除したいキャラクターをスプライトリストから選んでクリック

ステージのキャラクターをダブルクリックしても選べます。

❷ クリック

❸ キャラクターが消える

2　複数のキャラクターを同時に動かしてみよう

| できること
わかること | ● 複数のキャラクター（スプライト）を動かす
● 開始ボタン |

● プログラムでキャラクター（スプライト）をいっせいに動かします

複数のキャラクター（スプライト）を同時に動かすプログラムを作成しましょう。

みんな動き出したね

動いたよ

どうやって複数のキャラクターを動かせばよいのだろう。

まず、キャラクター（スプライト）とコードエリアの関係から理解しましょう。

● キャラクター（スプライト）とコードエリアの関係

　1つのキャラクター（スプライト）には、1つのコードエリアが対応しています。コードエリアの右上には選択中のキャラクターがうすく表示されています。キャラクターを切り替えるとコードエリアの内容も変化します。キャラクターはそのキャラクター用のコードエリア上に置いたブロック（プログラム）で動かします。

対応
キャラクター（スプライト）
コードエリア
ネコ用のコードエリア

対応
キャラクター（スプライト）
コードエリア
鳥用のコードエリア

画面の各部の名称について復習しておきましょう。スクラッチの画面については、**1-5**（18ページ）を参照してください。

● コードエリアを切り替えるには

コードエリアはスプライトリストにあるキャラクターをクリックすることにより切り替わります。どのキャラクターを選んでいるかはコードエリアの右上で確認できます。キャラクター（スプライト）ごとにコードエリアにブロックを配置してプログラムを作ります。

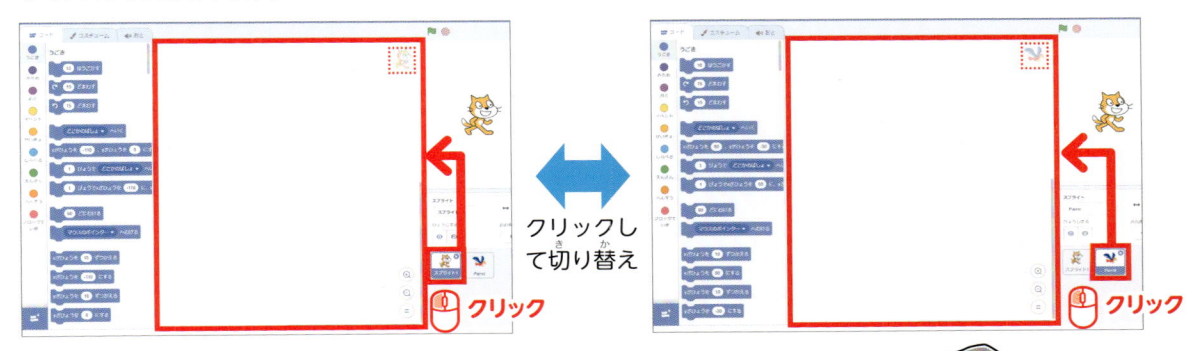

クリックして切り替え

ここまで理解したら、あとは**開始ボタン**と**開始のブロック**について覚えれば完了だよ。

● 開始ボタンと開始のブロック

ここまでに学習した方法では、キャラクター（スプライト）を動かすとき（プログラムを実行するとき）には、コードエリアのブロックをクリックしました。しかし、複数のキャラクターのブロックを同時にクリックすることはできません。これを解決するのが**開始ボタン**です。

開始ボタンは、すべてのキャラクターをいっせいにスタートさせることができる機能、つまり、複数のコードエリアのプログラムを同時に実行する機能を持っています。

開始ボタンを使用するにはコードエリアに**開始のブロック**を配置します。開始ボタンをクリックすれば開始のブロックに結合されているすべてのプログラムが実行されます（キャラクターがいっせいに動き出します）。

プログラムを終了する（止める）ときは、**終了ボタン**をクリックします。

「イベント」をクリックすると、ブロックパレットに「開始のブロック」が表示されます。

開始ボタン　終了ボタン

開始のブロック

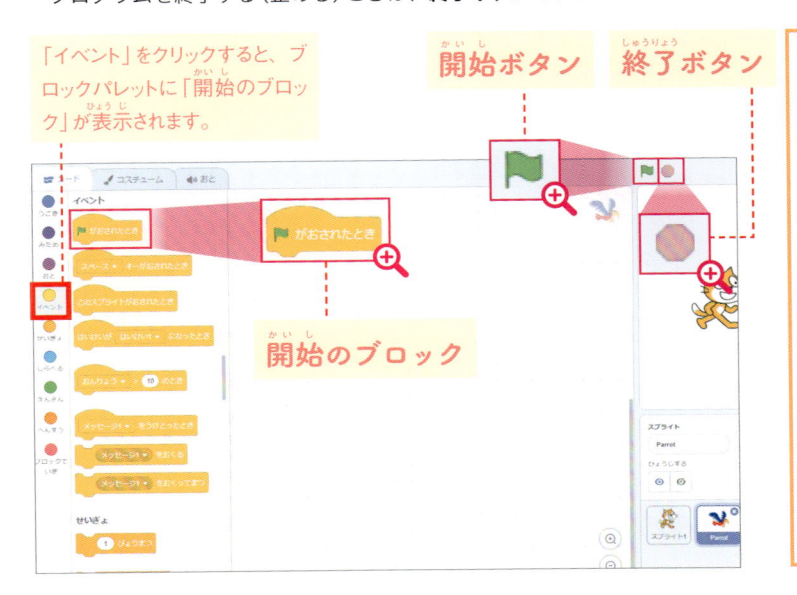

同時に動く

キャラクター（スプライト）ごとのコードに開始のブロックをくっつけておけば、🚩をクリックしたときにキャラクターが同時に動き出します。

スクラッチでやってみよう

▶ キャラクター（スプライト）を1つ追加します。 ▣（スプライトをえらぶ）をクリックします。

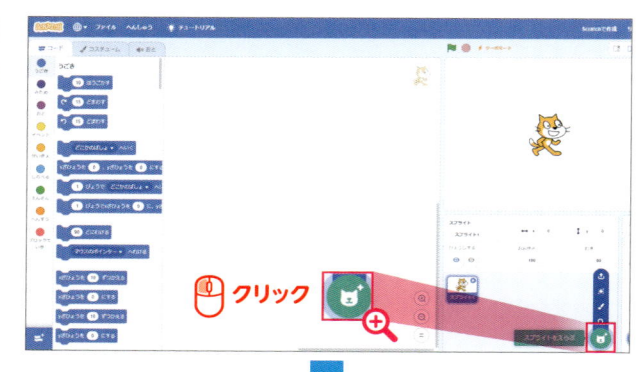

▶「スプライトをえらぶ」が表示されます。
「Parrot」をクリックします。

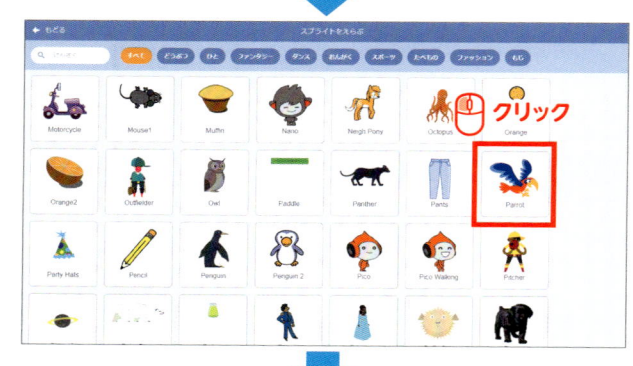

▶ キャラクターが2つ表示されます。

❶ スプライトリストの ▣ をクリックします。

❷ スプライトリストの ▣ のコードエリアが表示されます。

ステージ上のキャラクターは適当な位置に配置します。ステージ上のキャラクターを動かす方法は **2-4**（39ページ）を参照してください。

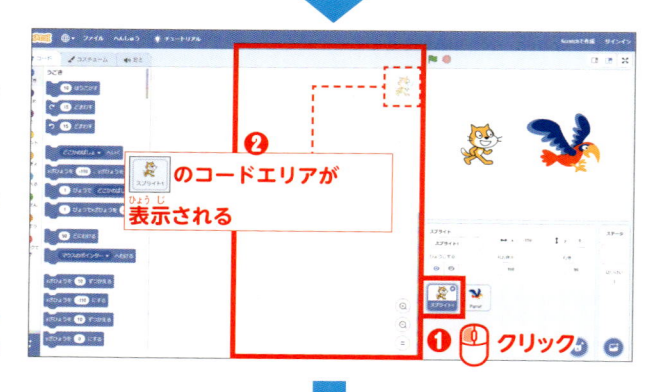

▶  と ⟳ 15 どまわす をコードエリアに配置し、結合させます。

配置方法と結合の方法は **2-4**（37ページ）を参照してください。

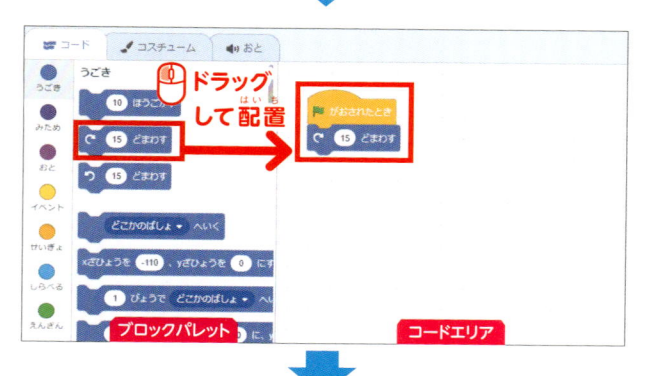

❶スプライトリストの 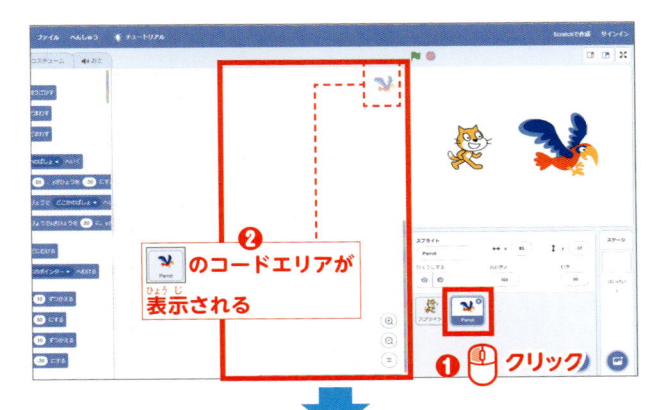 をクリックします。

❷スプライトリストの のコードエリアが表示されます。

と をコードエリアに配置し、結合させます。

❶ をクリックします。

❷2つのキャラクターが同時に動きます。

この例では、2つのキャラクターが右回りに15°回転します。

キャラクター（スプライト）の向きを変更する場合

ステージ上のキャラクター（スプライト）の向きを変えるには、「むき」をクリックし数値を変更するか、表示される矢印をドラッグします。

❶「むき」をクリック

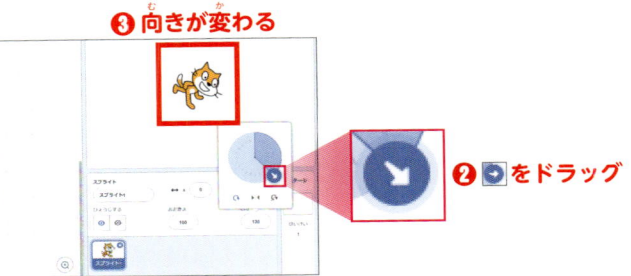

❸向きが変わる

❷ をドラッグ

3　キャラクターを作ってみよう

できること わかること	● キャラクター（スプライト）の作成 ● ペイントエディター

● キャラクター（スプライト）を自分で作成することができます

キャラクター（スプライト）は「スプライトを選ぶ」からえらぶだけでなく、自分で作成することも可能です。スクラッチのお絵かき機能を使って作ってみましょう。

ぼくの仲間を作ってみて

ペイントエディターを使えばぼくたちを作ることができるよ

● ペイントエディターを使ってみましょう

ペイントエディターにはかんたんなお絵かき機能がついています。ペイントエディターを使えば、キャラクター（スプライト）のコスチュームを加工したり、新規のキャラクターを作成することができます。

お絵かき感覚で楽しくできます。キャラクター（スプライト）の作成だけでも楽しめますね。

キャラクター（スプライト）の加筆修正の場合

ペイントエディターは、キャラクター（スプライト）を新規に作ることも、また、いまのキャラクターに加筆修正を加えることもできます。加筆した場合は、加筆部分が元のキャラクターから離れていても、それらは1つのキャラクターとみなされれます。したがって、ステージではそれらは一体となって動きます。

ネコと円が一体となって動くんだね。

 # スクラッチでやってみよう

❶  (スプライトをえらぶ) にマウスを重ねます。

❷ （えがく）をクリックします。

ぼくを
作ってみて

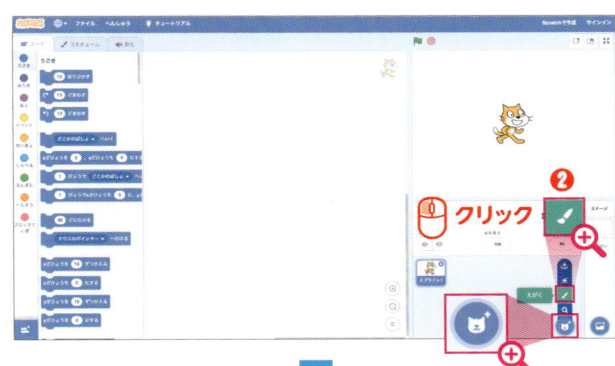

クリック

❷

❶ マウスを重ねる

ペイントエディターが表示されます。

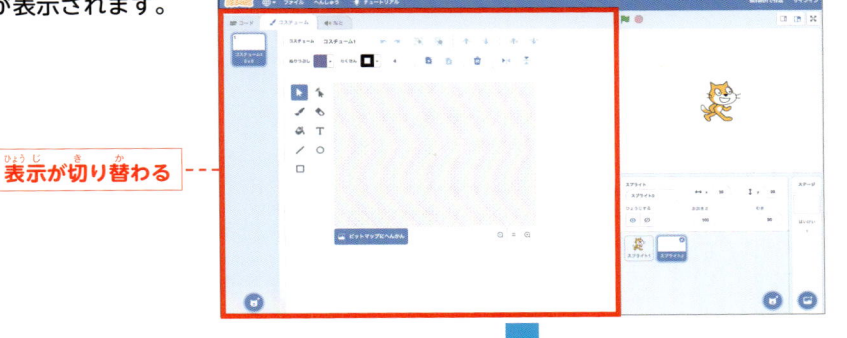

表示が切り替わる

❶ 枠線の太さを4に設定します。

❷ ○ （えん）をクリックします。

❸ マウスをドラッグして楕円を描き顔を作ります。

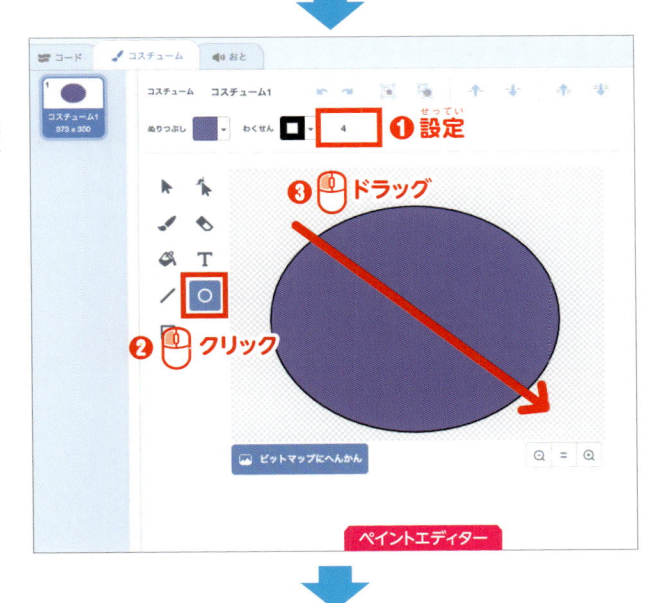

❶ 設定

❸ ドラッグ

❷ クリック

ペイントエディター

まず形を作ろう

▶ ❶マウスをドラッグして円を描き、左右の耳を作ります。

❷マウスをドラッグして楕円を描き、口まわりを作ります。

キーボードの [Shift] キーを押しながらマウスでドラッグすると、きれいな円が描けます。

▶ ❶マウスをドラッグして楕円を描き、左右の目を作ります。

❷マウスをドラッグして楕円を描き、鼻を作ります。

形が完成したね!!
この後は色をつけていくよ

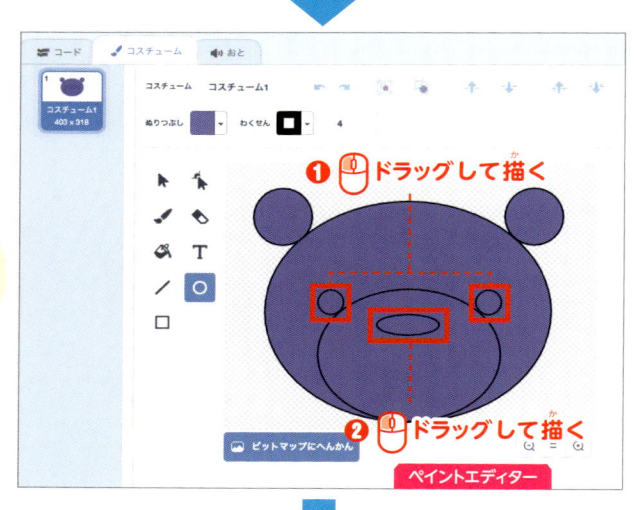

▶ ❶「ぬりつぶし」をクリックします。

❷「いろ」の ◯ をドラッグして顔にぬる色を選びます。

ここでは「いろ」を「5」にしています。

❸「あざやかさ」の ◯ をドラッグして顔にぬる色の鮮やかさを選びます。

ここでは「あざやかさ」を「60」にしています。

❹「あかるさ」の ◯ をドラッグして顔にぬる色の明るさを選びます。

ここでは「あかるさ」を「70」にしています。

❺  以外のところでクリックします。

▶  （ぬりつぶし）をクリックします。

▶ 顔の上をクリックして、顔に色をつけます。

▶ 左右の耳の上をクリックして、左右の耳に色をつけます。

▶ ❶ 56ページと同様にして、左右の目にぬる色を選びます。

ここでは
「いろ」を「5」
「あざやかさ」を「60」
「あかるさ」を「0」
にしています。

❷ 以外のところでクリックします。

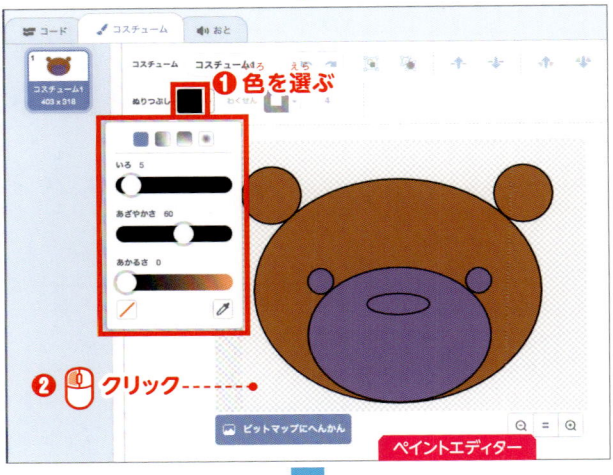

▶ 左右の目の上をクリックして、目に色をつけます。

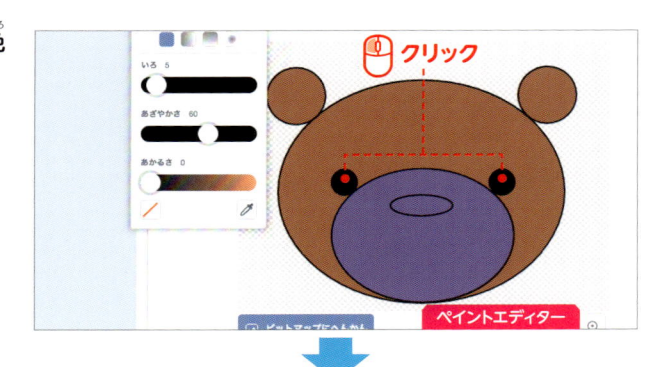

▶ ❶56ページと同様にして、鼻にぬる色を選びます。

ここでは
「いろ」を「5」
「あざやかさ」を「60」
「あかるさ」を「50」
にしています。

 ❷以外のところでクリックします。

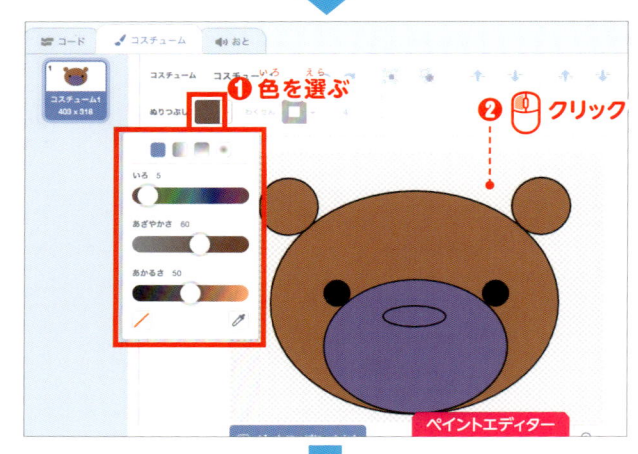

▶ 鼻の上をクリックして、鼻に色をつけます。

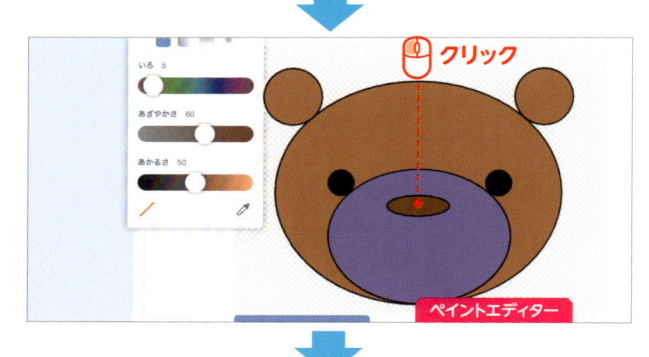

▶ ❶56ページと同様にして、口まわりにぬる色を選びます。

ここでは
「いろ」を「5」
「あざやかさ」を「0」
「あかるさ」を「100」
にしています。

 ❷以外のところでクリックします。

▶ 口まわりの上をクリックして、口に色をつけます。

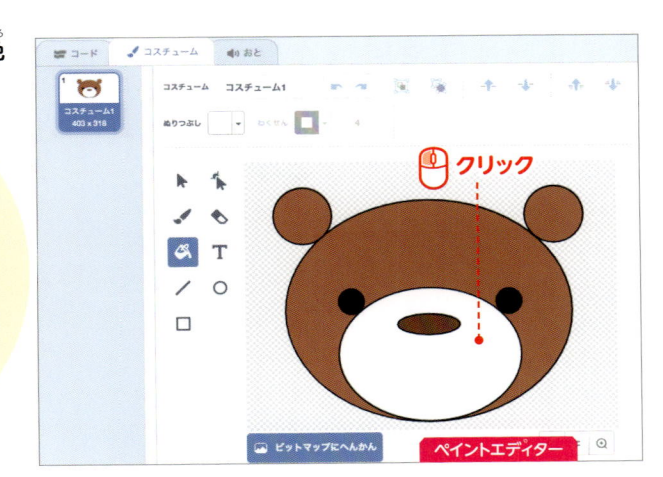

クリック

完成!!
ぼくを保存するのを忘れないようにね。
保存の方法は次のページを読んでね。

背景の作成も同じ

画面右下の 🖼 にマウスを重ね、🖌（えがく）をクリックすると背景を作成できます。描き方はここでの操作と同じです。

② クリック

① マウスを重ねる

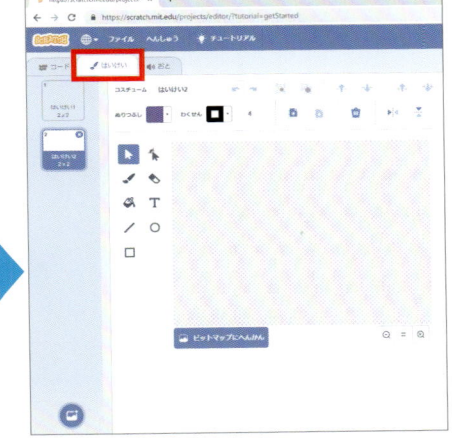

操作の取り消し機能

とりけし 🔙 で、まちがえた操作を取り消すことができます。🔙 をクリックするごとに前の画面（状態）に戻っていきます。

クリック

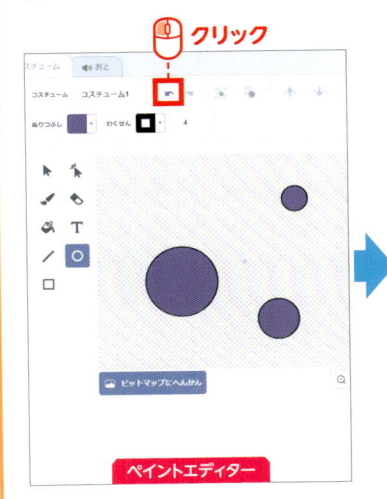

クリック

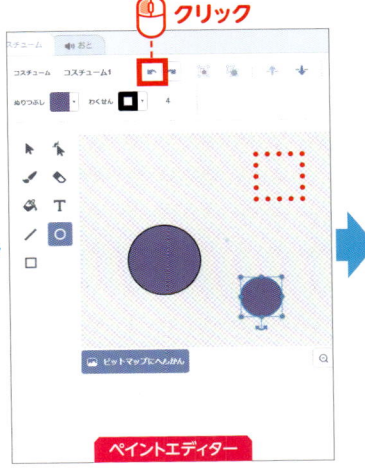

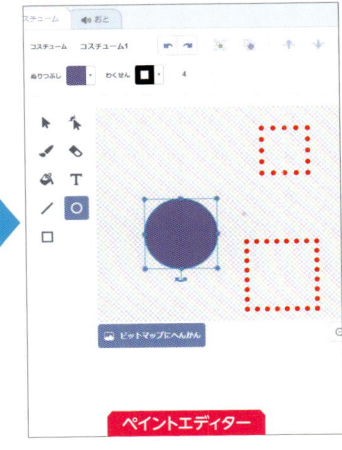

4 キャラクターの保存と読み込みをしてみよう

| できること わかること | ● キャラクター（スプライト）の保存、キャラクター（スプライト）の読み込み
● ファイル、フォルダー |

● 作ったキャラクター（スプライト）を保存しましょう

作成したキャラクター（スプライト）は保存するようにしましょう。作成したキャラクターを保存しておくと、次回以降も読み込んで使うことができます。作成したキャラクターはプログラムの保存と同様にフォルダーに保存します。

ぼくを保存しておくと次回以降も使えるよ

保存

フォルダー

スクラッチ

● 保存したキャラクター（スプライト）を読み込んでみましょう

保存したキャラクター（スプライト）は、呼び出して使用できます。キャラクターを保存したフォルダーからスクラッチに読み込んで使用します。

ぼくをスクラッチに読み込んでね

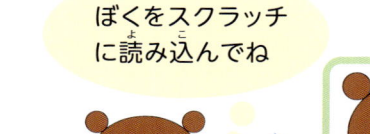

フォルダー

読み込み

スクラッチ

 **スクラッチでやってみよう**

▶ キャラクター（スプライト）の保存をしてみましょう。
❶ スプライトリストにある保存したいキャラクターの上で右クリックします。
❷ 表示されたメニューから「かきだし」をクリックして選択します。

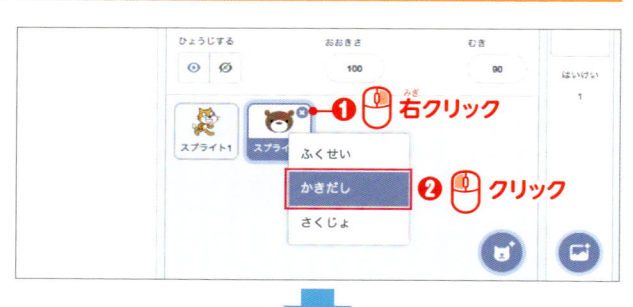

▶ ❶ キャラクターが保存されます。

・「ダウンロード」フォルダーに「スプライト2.sprite3」というファイル名で保存されます。
・保存したファイルは、必要に応じて、保存するフォルダーやファイル名の変更を行います。
・ここでは「kuma.sprite3」という名前にしました。

❷ ✖ をクリックします。

スクラッチでやってみよう

▶ キャラクター（スプライト）の読み込みをしてみましょう。

❶ 🔵（スプライトをえらぶ）にマウスを重ねます。

❷ 🟢（スプライトをアップロード）をクリックします。

▶ ❶「ダウンロード」をクリックします。

❷ 保存したキャラクターのファイルを選択します。

❸「開く」をクリックします。

・ここでは、「ダウンロード」フォルダーに保存されているファイルを読み込んでいます。

・ここでは「kuma.sprite3」を選択しています。

・スクラッチ3.0の場合は、拡張子「sprite3」のファイルがキャラクター（スプライト）のファイルです。拡張子に関しては**1-8**（26ページ）を参照してください。

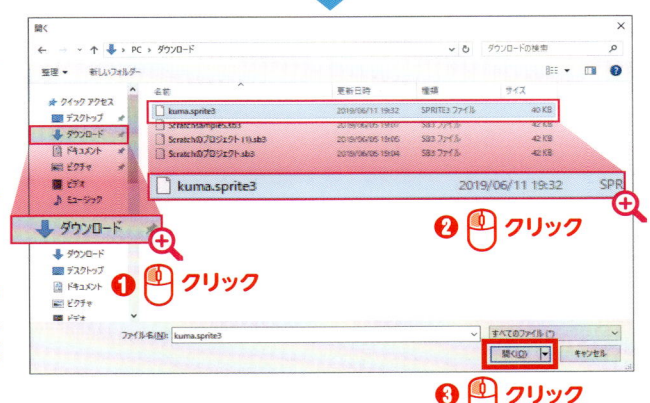

▶ キャラクターが読み込まれ、ステージに表示されます。

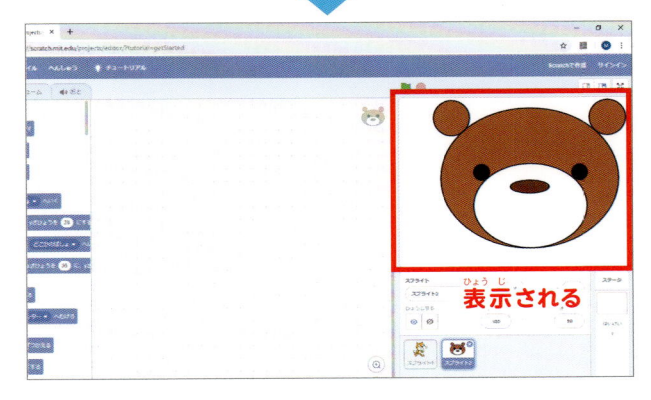

スクラッチファイルとキャラクター（スプライト）ファイル

　スクラッチは、スクラッチファイル全体の保存・読み込みをすることができます。一方で、キャラクター（スプライト）部分のみを保存・読み込むこともできます。なお、スクラッチファイルの拡張子は「sb3」、キャラクターファイル（スプライトファイル）の拡張子は「sprite3」です。拡張子とスクラッチファイルの保存・読み込みについては**1-7**（24ページ）および**1-8**（26ページ）を参照してください。

5　写真を読み込んで加工してみよう

できること　わかること
- 写真の読み込み、写真の加工
- ファイル、フォルダー

● ステージに写真を読み込んで利用できます

写真をスクラッチに読み込んで利用することができます。写真もキャラクター（スプライト）と同様にフォルダーからスクラッチに読み込んで使用します。

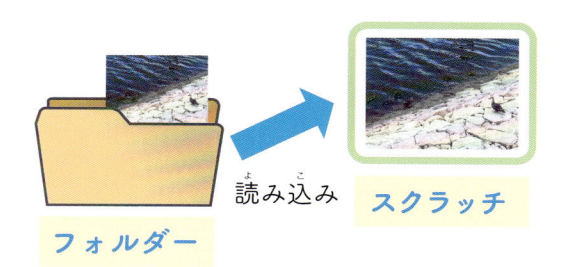

読み込み　スクラッチ

フォルダー

キャラクターの読み込みと同じです。

🖱 スクラッチでやってみよう

▶ ❶ 🐻（スプライトをえらぶ）にマウスを重ねます。
❷ ⬆（スプライトをアップロード）をクリックします。

❷ 🖱 クリック

❶ マウスを重ねる

▶ ❶「ピクチャ」をクリックします。
❷ 読み込みたいファイルをクリックします。
❸「開く」をクリックします。

この例では、「ピクチャ」フォルダーにある写真（tori.jpg）を選択しています。

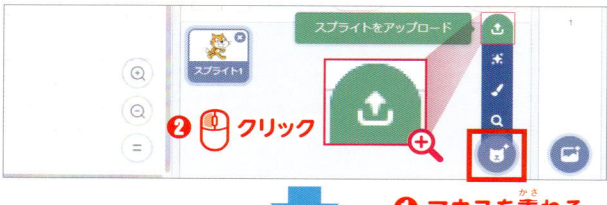

❷ 🖱 クリック

❶ 🖱 クリック

❸ 🖱 クリック

▶ ステージに写真が表示されます。

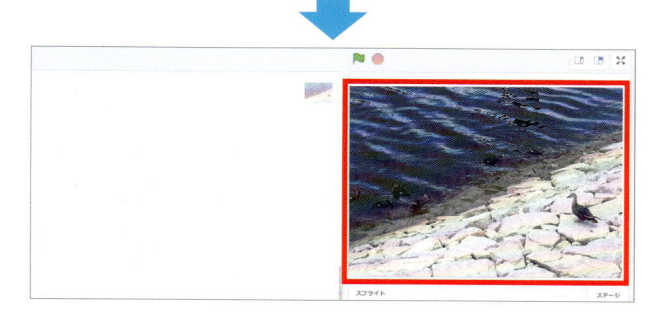

● 読み込んだ写真を加工してみましょう

読み込んだ写真は加工することができます。写真のトリミングをやってみましょう。選択した部分のみを表示させます。

スクラッチでやってみよう

▶ **コスチューム** （コスチュームタブ）をクリックし、ペイントエディターを表示させます。

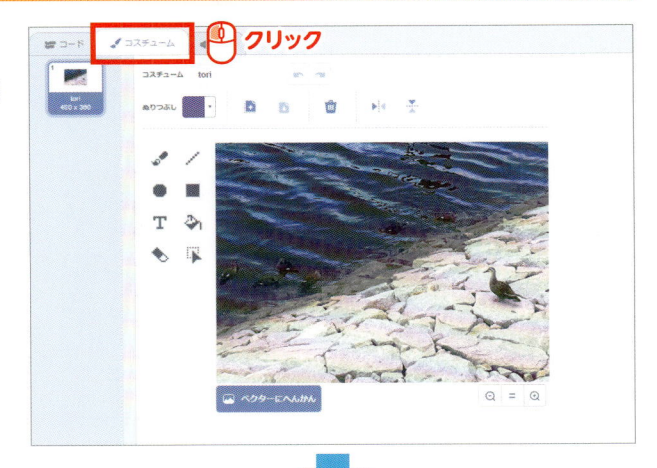

▶ ❶ （せんたく）をクリックします。
❷ 切り出したい部分をマウスでドラッグします。
❸ （コピー）をクリックします。

この例では右下の鳥を選択しています。

❹ 枠の外でマウスをクリックします。
❺ （さくじょ）をクリックします。

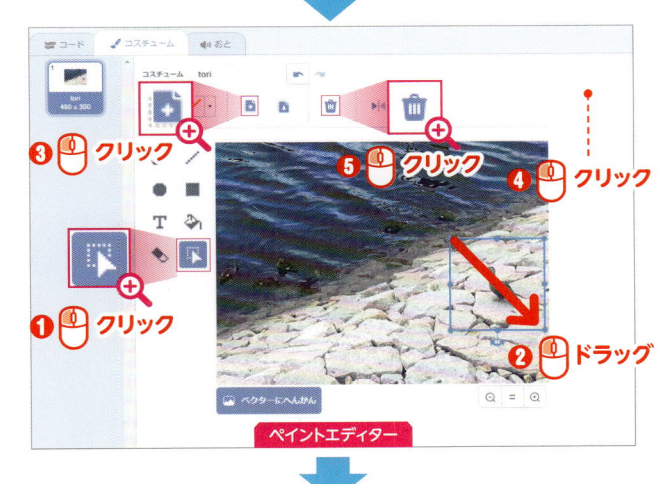

ペイントエディター

▶ ❶ （はりつけ）をクリックします。
❷ 写真の選択した部分のみが表示されます。

6　音を鳴らしてみよう

できること わかること	●音を鳴らす ●音、拡張機能、音楽

● プログラムで音を鳴らすことができます

スクラッチでは音を鳴らすことができます。また、音の大きさを変えたり、音のテンポを変えたりすることもできます。

スクラッチは
音を出すことも
できるよ

● 拡張機能でおんがくブロックを追加しましょう

音を鳴らすブロックは、「おと」のブロックと、拡張機能の「おんがく」のブロックにあります。おんがくのブロックで「ド
レミファソラシド」を作ってみましょう。8個のブロックを使って作ります。各音名には番号（数値）がついています。た
とえば、「まんなかのド」は「60」です。

❶  （かくちょうきのうをついか）を
クリックします。

❷「おんがく」をクリックします。

❸ブロックのカテゴリ「おんがく」が表
示されます。

❹コードエリアに ♪ 60 のおんぷを 0.25 はくならす
を置きます。

❺音の番号の入力部分をクリックする
と鍵盤が表示されます。

音階とスクラッチの鍵盤、音の番号の対応につい
ては5-5（106ページ）を参照してください。

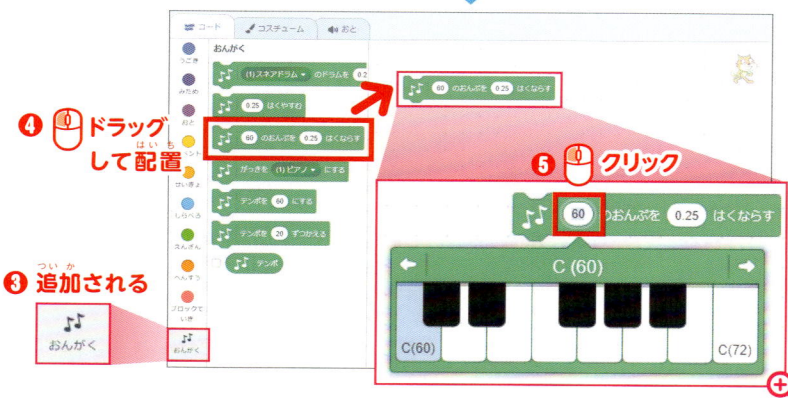

スクラッチでやってみよう

❶ 「おと」をクリックします。

❷ ♪ [60] のおんぷを [0.25] はくならす をコードエリアの上へ8個置き、ブロックどうしを結合します。

・「おんがく」のブロックが表示されていない場合は、拡張機能から追加してください（64ページ参照）。

・ブロックのどうしの結合は2-4（37ページ）を参照してください。

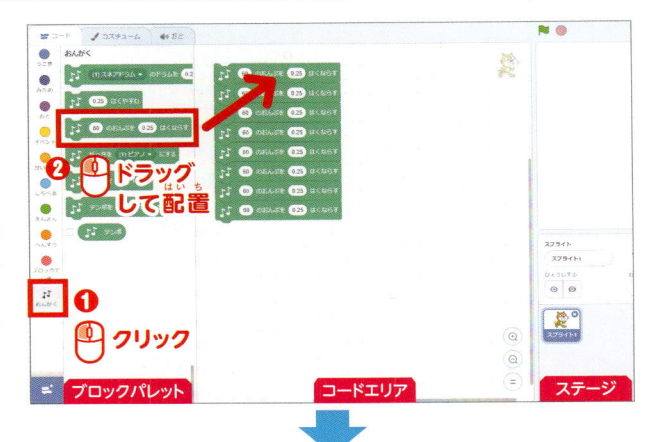

一番上のブロック以外の音の番号を変更します。

・ブロックの数値は上から順に60, 62, 64, 65, 67, 69, 71, 72です。

・鍵盤を表示すると、音が鳴り、音符の数値が入力されます。

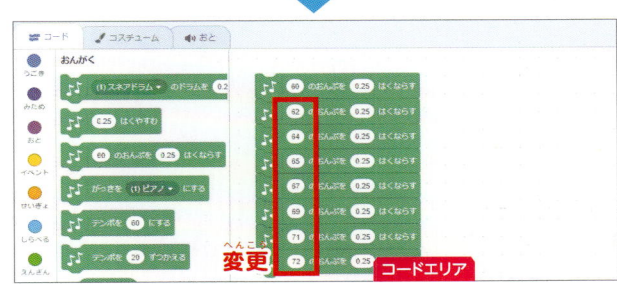

❶ 「イベント」をクリックします。

❷ ▶がおされたとき をコードエリアの上へドラッグして置き、ほかのブロックと結合します。

❸ ▶をクリックするとメロディーが流れます。

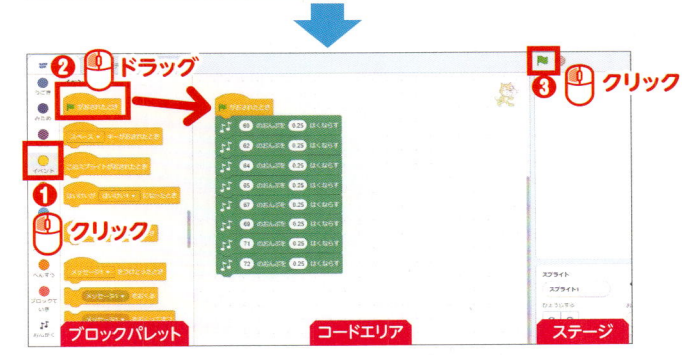

キャラクター（スプライト）の3要素

キャラクター（スプライト）は、コスチューム、音、コードの3要素から成り立っています。これらを組み合わせて、キャラクターを装飾したり、動かしたりします。

```
コード
  │
キャラクター
（スプライト）
  │
コスチューム    音
```

> キャラクター（スプライト）の3要素を使いこなせるようになると、いろいろなプログラムが作れるようになりますよ。

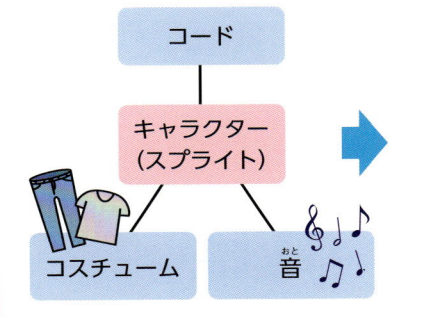

キャラクター（スプライト）の作成と、背景の作成

　キャラクター（スプライト）や背景の作成はペイントエディターで行うことができます。キャラクターの場合は （スプライトをえらぶ）、背景の場合は （はいけいをえらぶ）にマウスを重ね、それぞれ （えがく）をクリックします。同じ （えがく）ですが、キャラクターと背景では場所が違いますので注意しましょう。

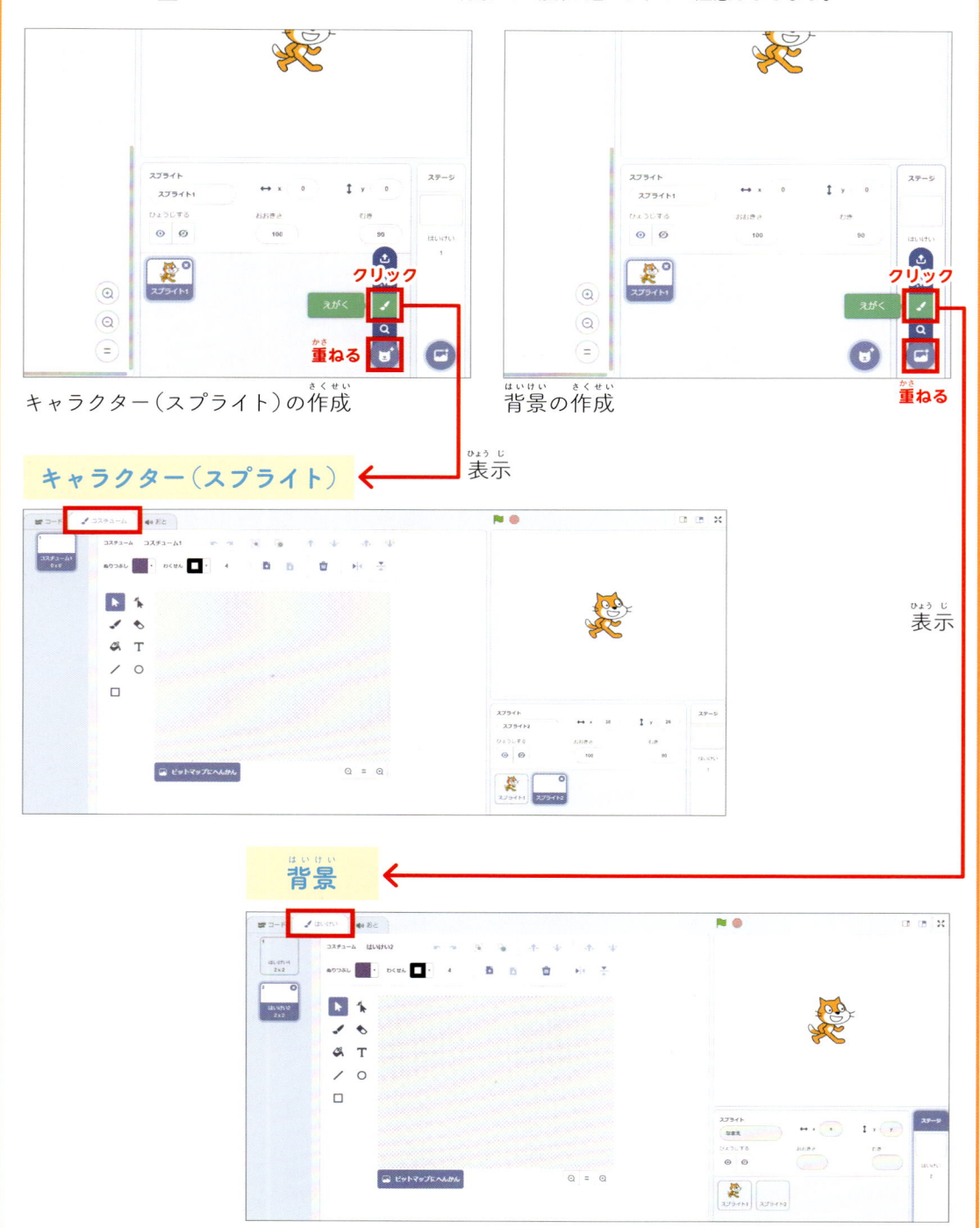

キャラクター（スプライト）の作成

背景の作成

キャラクター（スプライト）

表示

背景

表示

4章

かんたんなゲームを作ってみよう

この章では、かんたんなゲームの作成をとおして、スクラッチのプログラミングを学びます。4章からは、スクラッチのブロックの表示を「ひらがな」から「漢字」に変更します。そして、ここから本格的にプログラミングに挑戦します。3章と比べると少しむずかしく感じるかもしれません。しかし、4章を終わりまで学ぶと、プログラミングの基本が身につきます。ゆっくり学ぶつもりで読んでください（漢字への変更方法は20ページを参照してください）。

1　ゲームの内容を考えよう

できること わかること	● ゲームの内容を考える ● ゲームの作成の手順

● 3章までに学んだことを活かして、ゲームを作成してみましょう

ゲームを作成する前に、ゲームの種類を知りましょう。

ゲームの種類

主なゲームの種類として、次のものがあります。

■ シューティングゲーム

　キャラクターを移動させて、敵を撃ち落とします。敵が攻撃してくるときは上手によけます。

■ アクションゲーム

　主人公のキャラクターをあやつり、敵をよけたり倒したり動きを楽しみます。上手にキャラクターを動かしてステージをクリアーします。

■ アドベンチャーゲーム

　キャラクターをあやつり、なぞを解いたり、ダンジョン（洞窟）を探検したりします。

■ パズルゲーム

　図形的や数学的なパズルを解きます。時間制限などがあるとむずかしくなります。

■ ロールプレイングゲーム

　キャラクターになりきって、課題を解決しながらキャラクターの成長を楽しみます。

● スクラッチでかんたんに作成できるゲームは？

　ゲームは、かんたんなストーリーほど作りやすいといえます。なかでも作りやすいのが**シューティングゲーム**です。

　スクラッチには、キャラクター（スプライト）の動きを表現するブロックが用意されています。

　この章では、シューティングゲームの作り方を学びます。

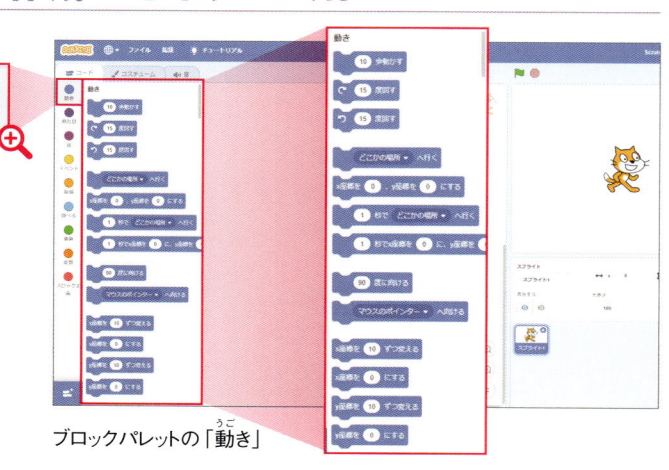

ブロックパレットの「動き」

● シューティングゲームの作り方を確認しましょう

　ここでは、宇宙船を操作して、左右に移動するロボットに向けてタマを発射するゲームを作成します。宇宙船がゲームの説明をしたあとに、ゲームがスタートします。

STEP 1　ゲームの舞台となるステージの背景を決める

ステージの背景はゲーム全体の雰囲気を決める大事なものです。スクラッチに用意されている「背景を選ぶ」には、ファンタジー、音楽、スポーツなど、さまざまなテーマがあります。ここでは宇宙を背景に選びます。

▶4-2

ステージの背景

STEP 2　登場するキャラクター（スプライト）を決める

登場するキャラクター（スプライト）を考えます。
ここでは3つのスプライトが登場します。まず、主人公となるスプライトは**宇宙船**で、撃ち落とす相手のスプライトは**ロボット**にしました。そのほかに必要なスプライトとしては**タマ**があります。

▶4-3

キャラクター（スプライト）

Rocketship

Robot

STEP 3　プログラム（コード）を作る

キャラクター（スプライト）が決まったら、スプライトごとにそれぞれプログラム（コード）を作成します。

① 宇宙船を動かすコード ▶4-5
　←→キーで移動し、スペースキーでタマを撃ちます。

② タマを動かすコード ▶4-6
　スペースキーが押されたら、タマが発射され、上方向にタマが飛びます。

③ ロボットを動かすコード ▶4-7
　左右に自動的に動いています。

④ 点数を表示するコード ▶4-8
　ロボットにタマが当たったら得点が入ります。ロボットのスプライトに点数表示のプログラム（コード）を作ります。

プログラム（コード）

STEP 4　ゲームを動かす

プログラム（コード）が完成したら、ゲームを動かして楽しみましょう。あるていど理解できたら、自分でゲームをアレンジして工夫してみましょう。

STEP 5　自分なりのアレンジを加える

さらに自分なりの工夫を加えて、ゲームをアレンジしてみましょう。▶4-9

2 画面の背景を決めよう

> **できること**
> **わかること**
> ● ステージの背景の選択
> ● 背景の設定

● ステージに背景を入れましょう

ステージの背景は、あらかじめ用意されているなかから選ぶほか、さまざまな方法で入れることができます。

ステージに背景を入れるには、Ⓐの（背景を選ぶ）をクリックするか、（背景を選ぶ）にマウスを重ね、表示されたメニューをクリックします。また、ペイントエディターの左下にも（背景を選ぶ）が表示されます（Ⓑ）。ペイントエディターは、❶❷の手順で表示されます。なお、ステージには、1つの背景だけでなく、複数の背景を切り替えて使うこともできます。

> **「背景を選ぶ」** 「背景を選ぶ」にマウスを重ねると、次の5つのボタンが表示されます（Ⓐは❷〜❹のみ）。
>
> **❶ 📷 カメラから新しい背景を作る（Ⓑのみ表示）**
> パソコンやタブレットについているカメラで撮影した画像を背景にします。
>
> **❷ 📤 背景をアップロード**
> 画像ファイルを読み込んで背景にします。
>
> **❸ ✦ サプライズ**
> 適当な背景が自動的と選ばれます。
>
> **❹ 🖌 描く**
> ペイントエディターで描画します。
>
> **❺ 🔍 背景を選ぶ**
> 「背景を選ぶ」が表示され、あらかじめ用意されたテーマのなかから背景を選びます。

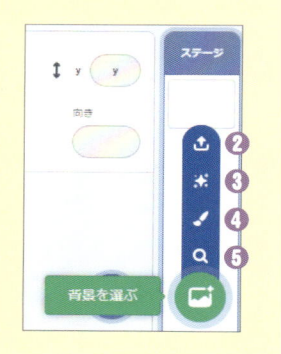

> **「ステージ」** 「ステージ」は次のボタンで表示する大きさを変えることができます。
>
> **❶ 🗔 縮小表示**
> ステージが小さく表示されます。
>
> **❷ 🗔 標準表示**
> ステージが標準の大きさで表示されます。
>
> **❸ ⛶ 全画面表示**
> ステージが全画面で表示されます。

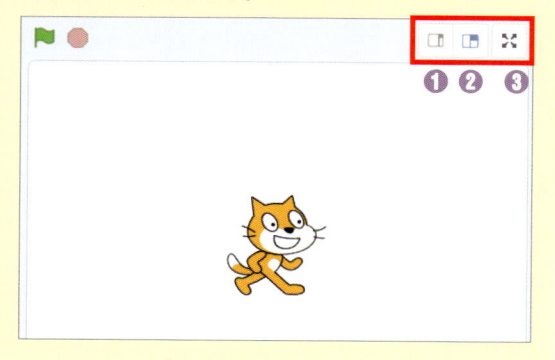

ゲームの背景を入れよう

▶ ステージに背景を入れます。
(背景を選ぶ) をクリックします。

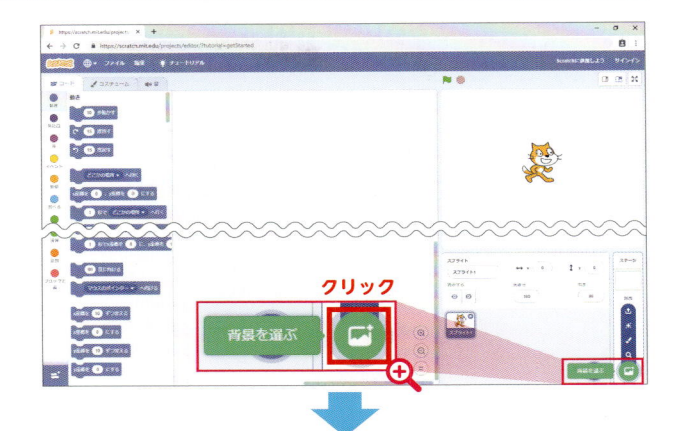

▶ 「背景を選ぶ」が表示されます。
❶ カテゴリーの「宇宙」をクリックします。
❷ 「Stars」をクリックします。

▶ 背景が入りました。白い背景 (背景1) は不要なので、背景リストを表示して削除します。
❶ ステージをクリックします。
❷ 背景タブをクリックします。

ペイントエディターの画面に切り替わります。

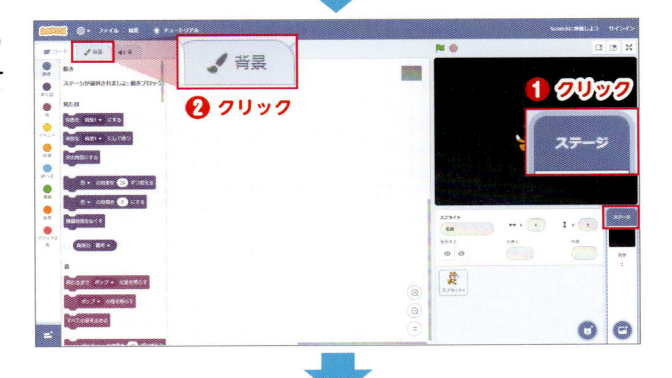

▶ 背景リストから白い背景 (背景1) を削除します。
❶ 「背景1」をクリックします。
❷ ❌ をクリックして「背景1」を「削除」します。

このゲームでは白い背景 (背景1) を削除しなくても動作に影響はありません。ここでは練習のため削除します。

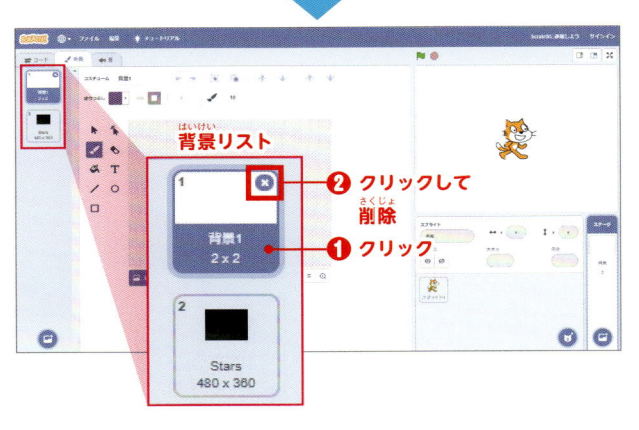

3　キャラクターと役割を決めよう

| できること
わかること | ● 登場するキャラクターを決める
● スプライトの追加 |

● ゲームに3つのキャラクターを登場させます

　ステージの背景が決まったら、次に登場するキャラクター（スプライト）を決めます。そして、スプライトごとに役割を考えて、プログラム（コード）をつくります。

キャラクター① 宇宙船

Rocketship

役 割　←→キーを押すと左右に移動する

役 割　スペースキーを押すとタマが出る

3つのキャラクターの役割を確認しましょう。

キャラクター② タマ

Ball

役 割　スペースキーを押すと現れる

役 割　現れたら上に向かって進む

キャラクター③ ロボット

Robot

役 割　自動的に左右に動いている

役 割　タマが当たったら得点をプラスする

ユーザーインターフェース

　ゲームをデザインするときに、マウスで操作するか、キーボードで操作するかでゲームの面白さが変わります。このようにユーザーとプログラムとのやりとりを**ユーザーインターフェース**といいます。ゲームのよさはこのユーザーインターフェースのよさでもあるのです。

スプライトを追加しよう

ネコのスプライトは使わないので削除します。

❶スプライトリストのネコをクリックします。

❷ ✻ をクリックしてネコを削除します。

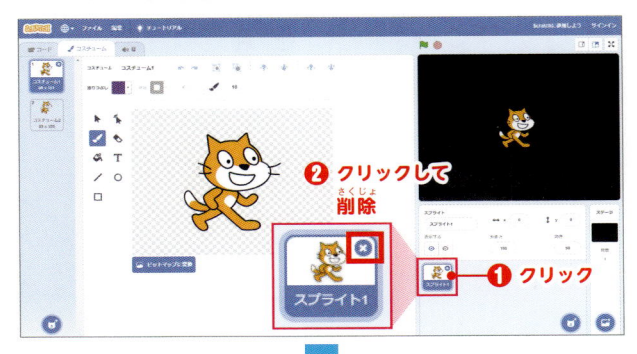

「スプライトを選ぶ」を表示してゲームに登場するキャラクター（宇宙船、タマ、ロボット）を追加します。

🐻（スプライトを選ぶ）をクリックします。

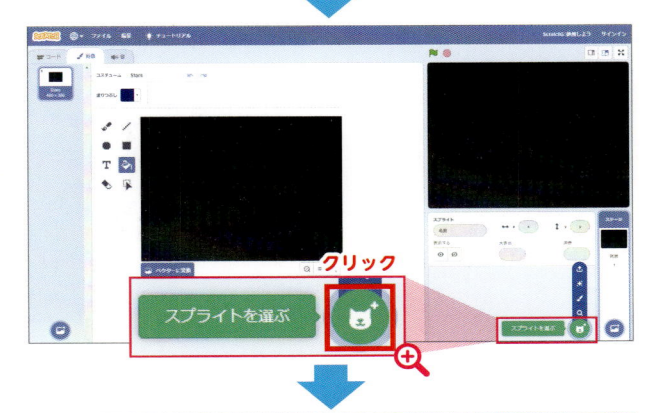

「スプライトを選ぶ」から宇宙船を追加します。

「Rocketship」をクリックします。

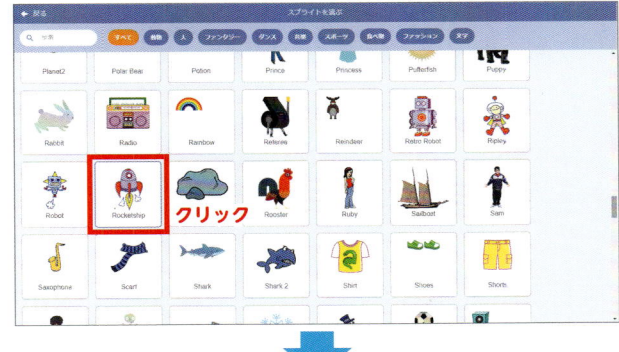

同様に、タマ（Ball）とロボット（Robot）を追加します。

これでゲームに必要なキャラクター（スプライト）が揃いました。

追加したスプライトは、ステージで重なって表示される場合がありますが、ドラッグすれば移動できます。

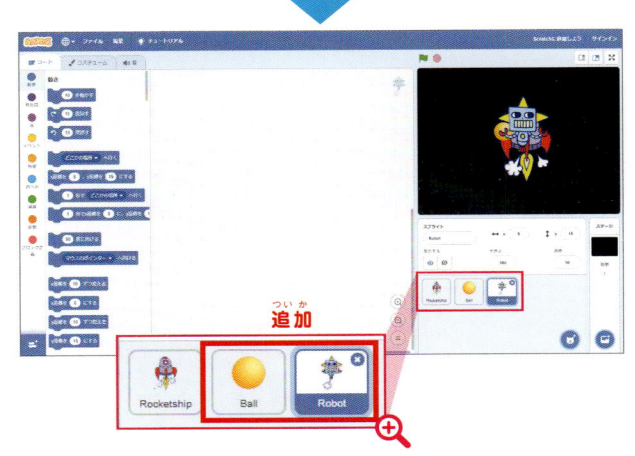

4 プログラミングの最初（さいしょ）に知（し）っておこう

できること　わかること
● 初期化（しょきか）
● 条件分岐（じょうけんぶんき）、繰（く）り返（かえ）し

● プログラミングには3つの大事（だいじ）な要素（ようそ）があります

宇宙船（うちゅうせん）のコードで、「←→ キーを押（お）すと宇宙船（うちゅうせん）が移動（いどう）する」を実現（じつげん）するには、「初期化（しょきか）」と「条件分岐（じょうけんぶんき）」と「繰（く）り返（かえ）し」の3つの知識（ちしき）が必要（ひつよう）となります。

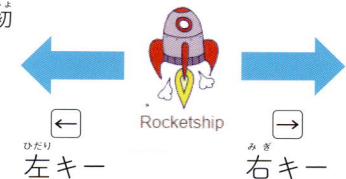

← 左（ひだり）キー　　→ 右（みぎ）キー

● 初期化（しょきか）

処理（しょり）のはじめに、条件（じょうけん）を整（ととの）えることを「**初期化（しょきか）**」といいます。変数（へんすう）をゼロにしたり、キャラクター（スプライト）の大（おお）きさや位置（いち）を指定（してい）したりします。

スクラッチのスプライトは**2-1**から**2-7**で学（まな）んだように、向（む）きや大（おお）きさ、色（いろ）などの属性（ぞくせい）が自由（じゆう）に変更（へんこう）できます。また、プログラムを再（さい）スタートしたときは、前（まえ）の状態（じょうたい）を引（ひ）き継（つ）いで実行（じっこう）されます。そのため、場合（ばあい）によっては、条件（じょうけん）を初期化（しょきか）しておかないと困（こま）ることがあります。例（たと）えば、ゲームをスタートするときに、あるスプライトを常（つね）にステージの中心（ちゅうしん）に置（お）きたい場合（ばあい）などです。

この他（ほか）にも、あとの章（しょう）で学（まな）ぶペンの色（いろ）や大（おお）きさ、変数（へんすう）などでも初期化（しょきか）が必要（ひつよう）になる場合（ばあい）があります。

●主（おも）な初期化（しょきか）のブロック

ブロックグループ	ブロック	内容（ないよう）
動き	x座標を 0 、y座標を 0 にする	スプライトの位置（いち）を決（き）める。
	90 度に向ける	スプライトの向（む）きを決（き）める。
見た目	大きさを 100 %にする	スプライトの大（おお）きさを決（き）める。
	表示する	スプライトを表示（ひょうじ）する。
	隠す	スプライトを隠（かく）す。

● 条件分岐（じょうけんぶんき）

「もし、→ キーが押（お）されたら、右（みぎ）へ動（うご）かす」といったように、条件（じょうけん）によって処理（しょり）を分岐（ぶんき）することを「**条件分岐（じょうけんぶんき）**」といいます。

スクラッチでは、「動（うご）き」のブロック、「イベント」のブロック、「制御（せいぎょ）」のブロックなどに条件分岐（じょうけんぶんき）があります。主（おも）な条件分岐（じょうけんぶんき）には次（つぎ）のものがあります。

●主な条件分岐のブロック

ブロックグループ	ブロック	内容
制御	もし　なら	「もし」のあとに「調べる」などのブロックを入れて条件にする。 条件の値がtrue（真：正しい、成り立つ）のとき処理が行われる。 条件の値がfalse（偽：間違い、成り立たない）のとき処理が行われない。 例）右矢印キーが押されたとき、スプライトのx座標を10ずつ変える。 もし　右向き矢印▼　キーが押された　なら x座標を　10　ずつ変える
	もし　なら　でなければ	「もし」の条件が成り立たないときの処理も加えられる。 条件の値がtrue（真：正しい、成り立つ）のとき処理が行われる。 条件の値がfalse（偽：間違い、成り立たない）のとき「でなければ」の処理が行われる。
イベント	が押されたとき	🚩がクリックされるとコードが開始される。
動き	もし端に着いたら、跳ね返る	スプライトがステージの端についたら向きを変える。

● 繰り返し

決められた回数や、条件のもとで、処理を繰り返します。
スクラッチでは、「制御」のブロックに3種類の繰り返しがあります。

●主な繰り返しのブロック

ブロックグループ	ブロック	内容
制御	10　回繰り返す	指定した回数だけ繰り返す。
	ずっと	ずっと繰り返す。キー入力やマウス操作は、このブロックを利用して入力や操作を待つことができる。
	まで繰り返す	条件が成り立つまで繰り返す。「調べる」ブロックを利用して、条件を指定することができる。

5 宇宙船を動かすコードを作ろう

できること わかること	● キーボードの処理 ● 条件分岐の設定

● 宇宙船の役割

　キャラクター（スプライト）が決まったら、スプライトごとにプログラム（コード）を作成します。ここでは3つのキャラクターのうち、宇宙船のコードを作ります。

　宇宙船はこのゲームのプレーヤーが操作するスプライトです。キーボードの →キーを押すと、宇宙船が右に移動し、ステージの端で止まります。 ←キーを押すと、宇宙船が左へ移動し、ステージの端で止まります。タマはスペースキーを押すと出るようにしますが、ここではまだ作りません。

- 宇宙船の大きさと位置を決める（初期化）
- ← キーが押されたら左に動く
- → キーが押されたら右に動く
- スペースキーが押されたらタマが出る（4-6で作成）

左右キーで宇宙船を動かそう

▶ 宇宙船のコードを作ります。
スプライトリストの宇宙船をクリックします。

宇宙船は「Rocketship」という名前で表示されています。

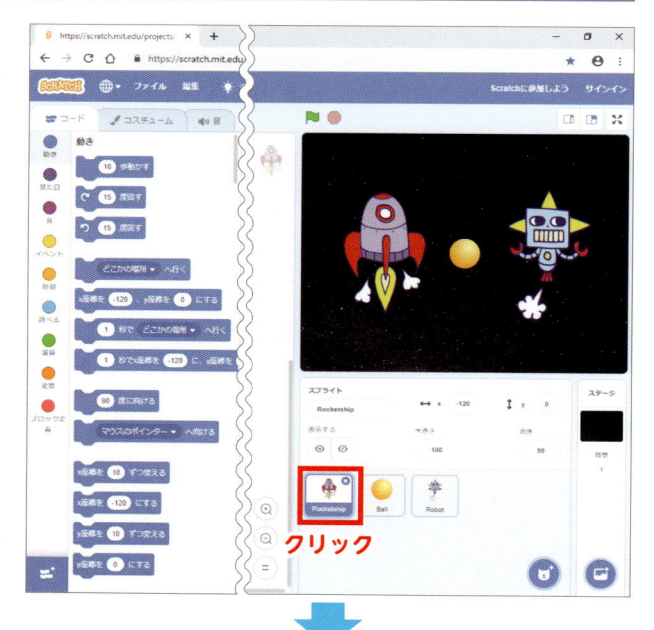

クリック

※黄色で囲んでいる箇所は画面のとおりに入力や設定をしてください。

▶ 宇宙船の大きさと位置を決めます。
ブロックを並べて、数値を入力します。

コードエリアが表示されていないときは、コードタブをクリックします。

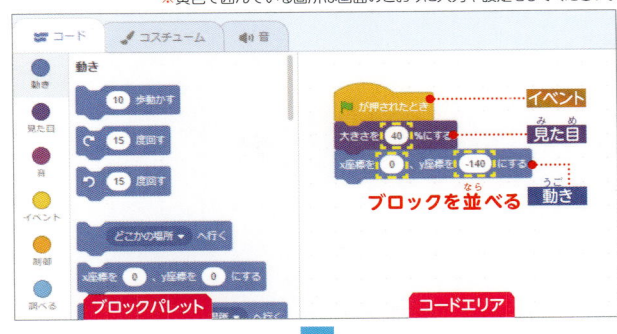

▶ 右矢印キーが押されたとき、宇宙船を右に動かすコードを作ります。
ブロックを追加し、数値を入力します。

Point ▼をクリックするとメニューが表示されます。

Point ゆっくり近づけると◇の中に入ります。

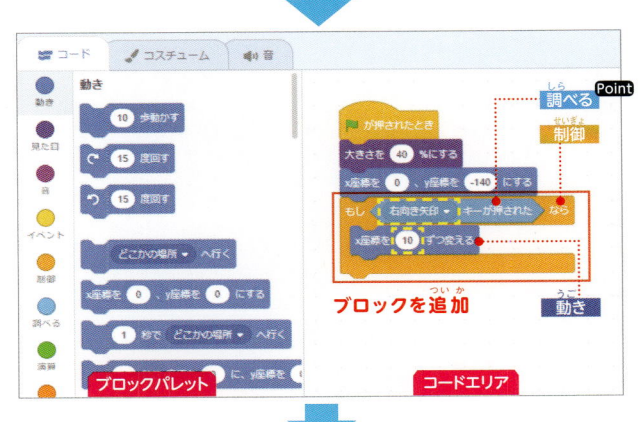

▶ 同様に、左矢印キーが押されたときに宇宙船が左に動くコードを作ります。
ブロックを追加し、数値を入力します。

Point 上で作成した「もし…」のブロックの上で右クリックし、「複製」を選ぶとブロックの塊をコピーできます。

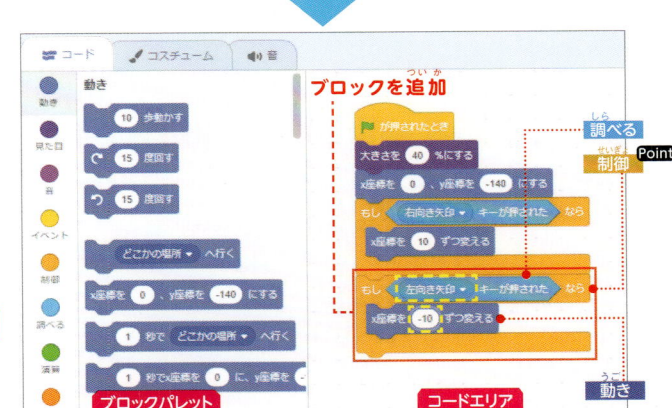

▶ を右のように置きます。

・ ▶をクリックして ← → キーで宇宙船を動かしてみましょう。
・ ●をクリックすると、プログラムを停止することができます。
・ 日本語入力がオンになっていると動きません。
日本語入力がオンになっている場合は、キーボードの 半角/全角 キーを押してオフにしましょう。

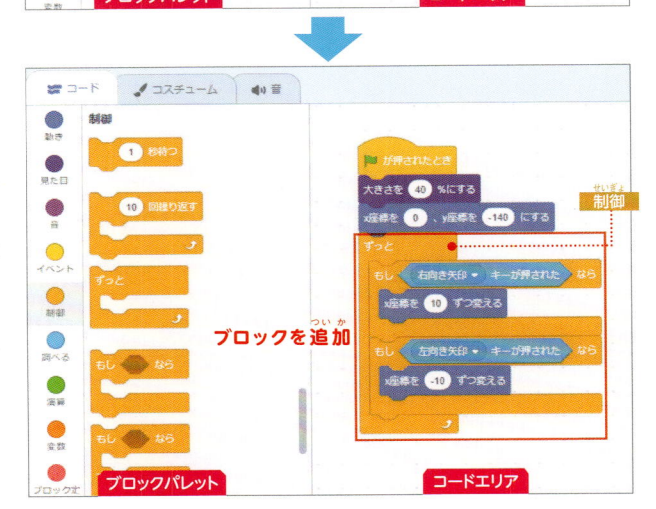

6　タマを撃つコードを作ろう

| できること わかること | ● プログラム間の連動 ● メッセージ、クローン |

● タマの役割

　タマは、スペースキーが押されたら宇宙船から発射され、上方向に飛びます。そして、ロボットに当たったら得点になり、画面の端にきたら消えます。タマのコードでは、タマのスプライトの動きを作成します。なお、ロボットに当たったときの処理は**4-7**（82ページ）で説明します。

● 複数のコードを連動して動かします

　スペースキーが押されたかどうかの判断は、宇宙船のコードに加えます。そして、スペースキーが押されたら、タマのコードが動きはじめるしくみです。このように、複数のコードが連動して動くようなしくみは、どのようなプログラミング言語にも用意されています。

　スクラッチでは、スプライトを複製する「クローン」や、ほかのコードに「メッセージ」（下記コラムを参照）を伝えることで、連動して動かすことができます。

　これから作るブロックの配置は一例です。ここではメッセージの使用方法を学ぶため、宇宙船でゲームの説明を表示してから、タマやロボットのコードが動きはじめるように作成します。

Rocketship　⌨ **スペースキーが押される**

Ball
- **タマを表示する**
- **上に進む**
- **端にきたら消える**

宇宙船とタマが連動するにはどうしたらいいのだろう？

メッセージ

　メッセージとは、あるコードからほかのコードに対して実行をうながすしくみです。スプライトどうしの連動にも利用できます。

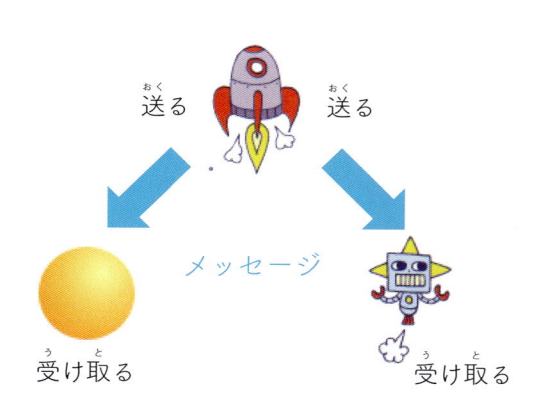

送る　送る

メッセージ

受け取る　受け取る

　ブロックグループの「イベント」にある「メッセージを送る」ブロックを配置することで、ほかのスプライトに対してメッセージを送ることができます。

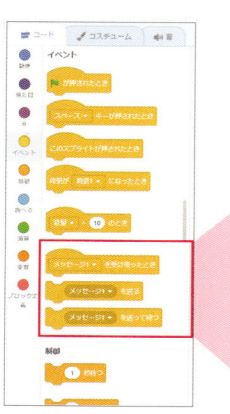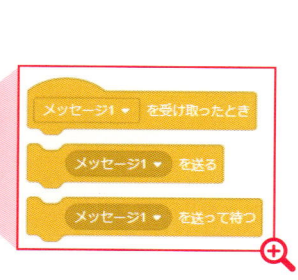

メッセージ1 ▼ を受け取ったとき

メッセージ1 ▼ を送る

メッセージ1 ▼ を送って待つ

 宇宙船からタマを発射させよう

※黄色で囲んでいる箇所は画面のとおりに入力や設定をしてください。

▶ 4-5（76ページ）で作った宇宙船のコードに、ゲームスタートのときに表示する説明と、ほかのスプライトにゲームスタートを伝えるメッセージのブロックを追加します。
❶ スプライトリストの宇宙船をクリックします。
❷ ブロックを追加します。

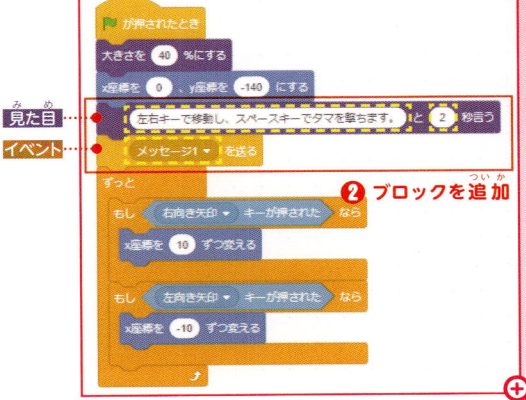

❶ クリック

見た目
イベント
❷ ブロックを追加

▶ スペースキーが押されたときの処理を作ります。
上で作ったコードの下に、ブロックを追加します。

調べる
制御
制御
制御

ブロックを追加

コードエリア

これで宇宙船のコードは完成です。ただし、スペースキーが押されても、まだ何も起きません。
次に、タマのコードを作って、タマが発射されるようにします。

タマ側のコードを作ろう

▶ スペースキーが押されたら発射される
タマのコードを作成します。
❶ スプライトリストのタマをクリック
します。
❷ ブロックを並べます。

タマはスペースキーが押されるまで、表示されな
いようにしています。

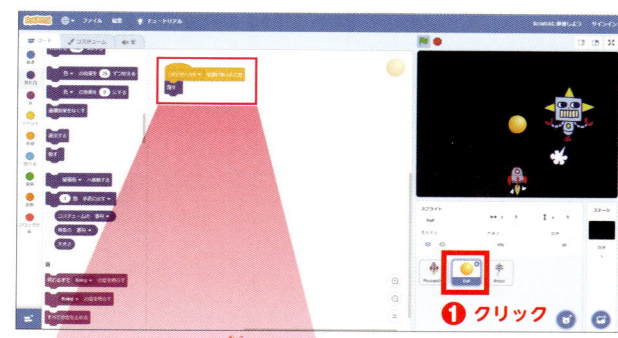

❶ クリック

❷ ブロックを並べる

宇宙船がゲームの説明をしたあと、タマと
ロボットを動作させるために、 メッセージ1 ▼ を受け取ったとき
を利用しています。

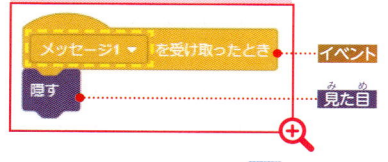

メッセージ1 ▼ を受け取ったとき ⸱⸱⸱⸱ イベント

隠す ⸱⸱⸱⸱⸱⸱⸱ 見た目

▶ スペースキーが押されたときに、タマ
を表示する処理を作ります。
クローンのブロックなどを使い、タマ
の設定をします。
ブロックを並べます。

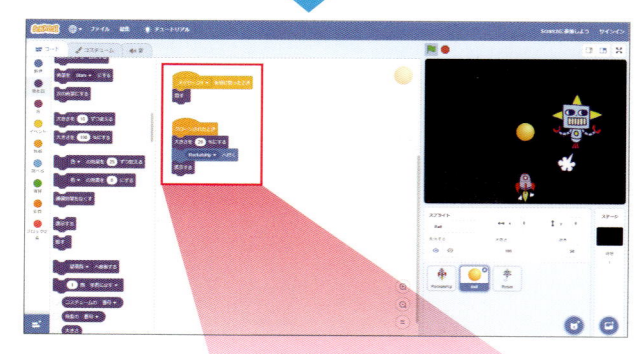

Point スペースキーが押されるたびにクローンブロックがはたらき、タマ
が作成（出現）されます。

クローンのしくみ

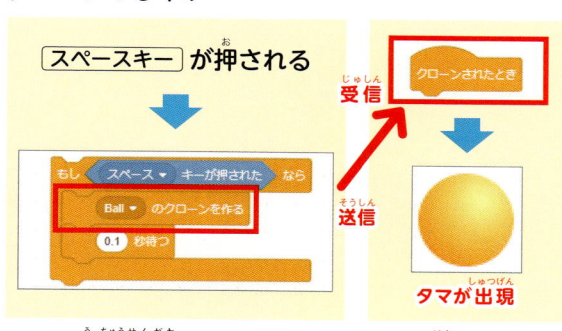

宇宙船側のコード　　タマ側のコード

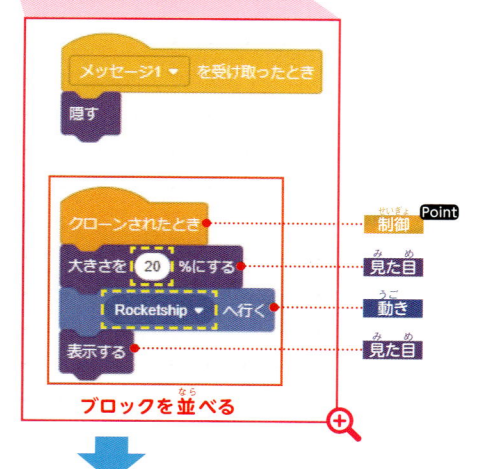

メッセージ1 ▼ を受け取ったとき

隠す

クローンされたとき ⸱⸱⸱⸱ 制御 **Point**

大きさを 20 %にする ⸱⸱⸱⸱ 見た目

Rocketship ▼ へ行く ⸱⸱⸱⸱ 動き

表示する ⸱⸱⸱⸱ 見た目

ブロックを並べる

▶ タマが表示されたあと、タマが上に進む
ようにします。
ブロックを追加します。

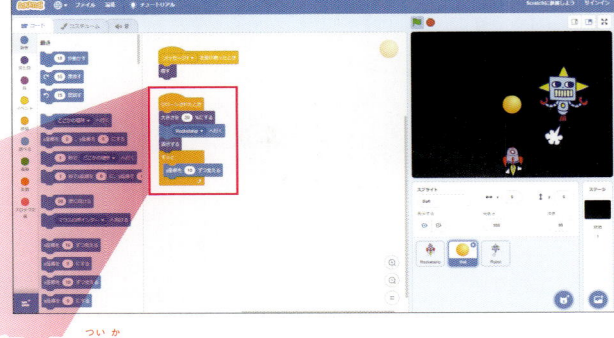

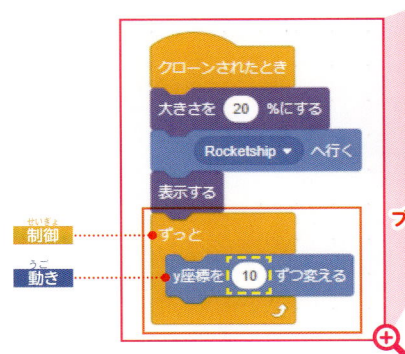

制御 ……
動き ……

ブロックを追加

▶ タマがステージの上まで行ったら、消
えるようにします。
ブロックを追加します。

・🏳 をクリックして確認してみましょう。
・🔴 をクリックすると、プログラムを停止すること
ができます。

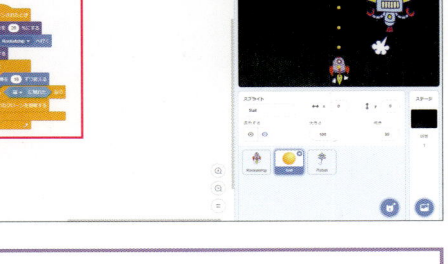

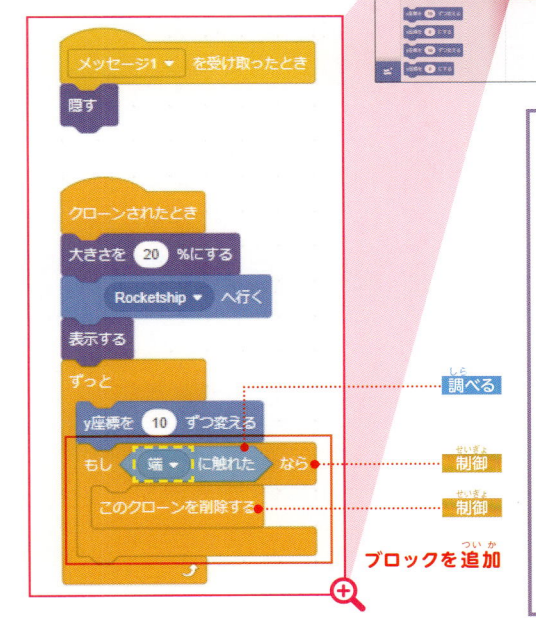

調べる ……
制御 ……
制御 ……

ブロックを追加

ブロックの組み合わせ方は複数

　スクラッチでは、異なるブロックの組
み合わせにより、ほぼ同じ動作を行わせ
ることができます。
　この章で作るゲームのタマの動作開始
時の設定も  や  によ
り行えます。ここでは、メッセージを学
習するために、メッセージのブロックを
使用しています。

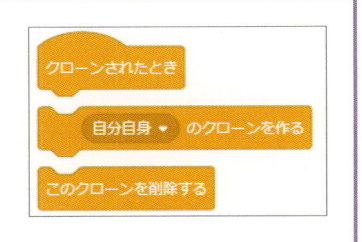

「クローン」ブロックとは

　クローンではプログラム実行中に同じスプライトを複製（コピー）すること
ができます。コピーされるのはコード、コスチューム、音のすべてが対象です。
ただし、各変数はそれぞれのクローンごとに保持されるので、このゲームの
タマは発射された分がそれぞれ独立して移動できます。

7 ロボットを動かすコードを作ろう

できること わかること
- 当たり判定
- 「調べる」の利用

● タマが当たったときの処理「当たり判定」を知りましょう

シューティングゲームではキャラクター（スプライト）同士が触れたときの処理が必要となります。このようなタマがロボットに当たったかどうかを調べる処理を「当たり判定」といいます。

一般的なプログラミングの当たり判定は、キャラクター同士をxy座標で判断するため、むずかしい計算が必要になります。しかし、スクラッチには、当たり判定に利用できる便利なブロックがいくつか用意されています。

当たり判定に利用できるブロック

■「調べる」で判定する場合

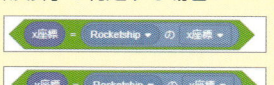 マウスポインターに触れたとき、値がtrueになります。

色に触れた スプライトが指定した色に触れたとき、値がtrueになります。

色が色に触れた スプライトの指定した色が別の指定した色に触れたとき、値がtrueになります。

■「演算」で判定する場合

x座標 = Rocketship の x座標

y座標 = Rocketship の y座標

「演算」「動き」「調べる」を組み合わせて、スプライトのx座標とy座標が、別のスプライトのx座標とy座標と同じになったとき、値がtureになります。

ブロックの▼を押すと、「ステージの端に触れた」や「他のスプライトに触れた」などが選択できます。

 **ロボットを動かすコード**

※黄色で囲んでいる箇所は画面のとおりに入力や設定をしてください。

▶ ロボットのコードを作成します。
ロボットの大きさと位置を決めます。
❶スプライトリストのロボットをクリックします。
❷ブロックを並べます。

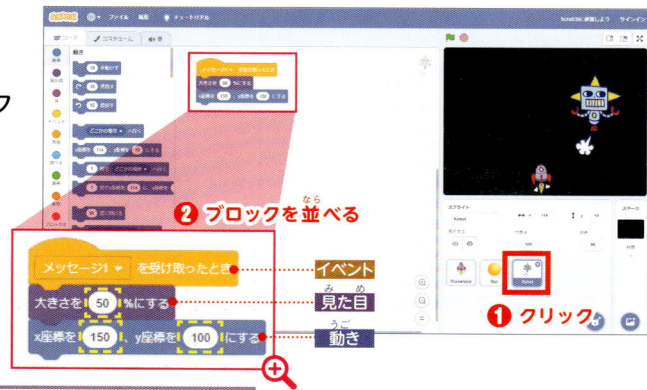

❷ ブロックを並べる

メッセージ1 ▼ を受け取ったとき → **イベント**
大きさを 50 %にする → **見た目**
x座標を 150 y座標を 100 にする → **動き**

❶ クリック

 宇宙船がゲームの説明をしたあと、タマとロボットを動作させるために、 を利用しています。

▶ ロボットの動きを設定します。
ブロックを追加します。

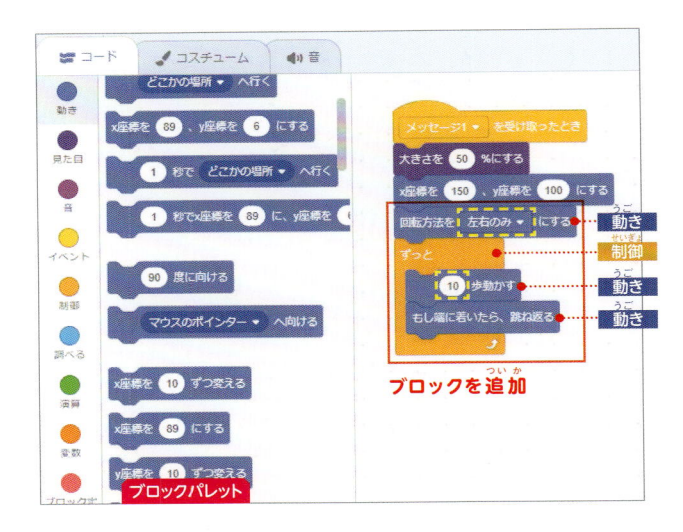

ロボットにタマが当たったときの処理

▶ ロボットにタマが当たったら、ロボット
の色が変わるようにします。
❶ スプライトリストのロボットをクリックします。
❷ ブロックを追加します。

・🏳 をクリックして確認してみましょう。
・ロボットにタマが当たったことがわかるように、
ロボットの色を25ずつ変えています。
・タマがロボットに触れている（通過している）間
は、ロボットの色が変化しつづけます。
・🔴 をクリックすると、プログラムを停止すること
ができます。

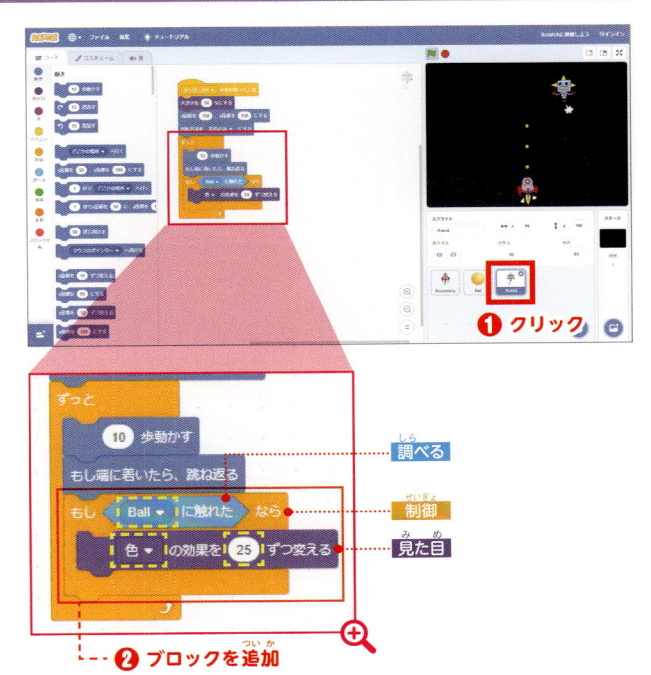

オブジェクト指向プログラミング

複雑化したシステムに対応するために、1960年代
に提唱された概念であるオブジェクト指向を取り入れ
たプログラミング言語のことです。

ソフトウェアの再開発を防ぐために、部品化と再利
用を実現する、クラス、継承、多態性、動的束縛など
の機能を実現しています。

スクラッチもその思想が反映されており、クローン
は継承の一部、各スプライトはオブジェクトを実現し
ており、オブジェクト間はメッセージを利用して連携
をとっています。

スクラッチは自然と最新プログラミングの概念が学
べる良い環境の一つでもあるのです。

8 点数を表示しよう

できること わかること	● 変数の指定 ● 変数の利用

● 変数のしくみを知りましょう

ゲームの得点を計算するには、数字を記憶しておく必要があります。

プログラムにおいて数字や文字を記憶し、利用および再利用するには**変数**を使います。

スクラッチや、他のプログラミング言語にも変数があります。変数を使えば、複雑な計算をしたり、プログラムの状態を記録することができます。

`変数`

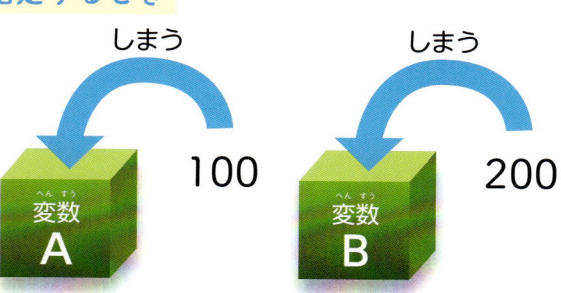

指定するとき

しまう　100　変数 A

しまう　200　変数 B

> 変数とは、数字や文字がしまえるハコのようなものです。利用するときは変数名（例ではA、B、C）を使って計算などをすることができます。

利用するとき

100 変数 A ＋ 200 変数 B ＝ 300 変数 C

変数とリスト

変数には1つの数字や文字を入れることができます。一方、リストは複数の数字や文字を入れることができます。詳しくは8章で説明します。

スクラッチの変数

スクラッチで変数を作るには、ブロックパレットの「変数」の「変数を作る」や「リストを作る」を使います。

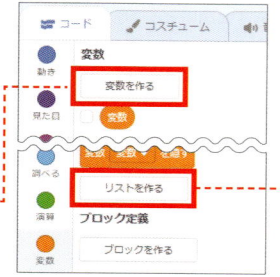

1つの変数名に、1つの数字や文字をしまって利用する

複数の数字や文字をリストとしてしまって利用する。利用する際は、リストの何番目かを指定する

ゲームに点数を表示しよう

得点を入れるための変数を作ります。
❶スプライトリストのロボットをクリックします。
❷「変数」をクリックします。
❸「変数を作る」をクリックします。
❹「得点」と入力します。
❺「OK」をクリックします。

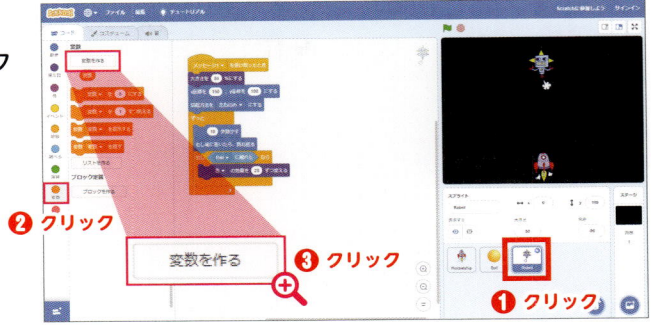

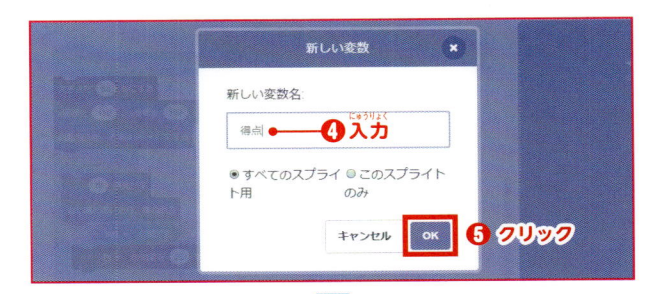

❶ブロックパレットに変数「得点」と関連するブロックが追加されます。
❷変数「得点」の横にあるチェックマークをクリックし、チェックの入った状態にします。
❸ステージに「得点」が表示されます。

チェックのオンオフはクリックして切りかえます。
オフにするとステージの得点表示も消えます。

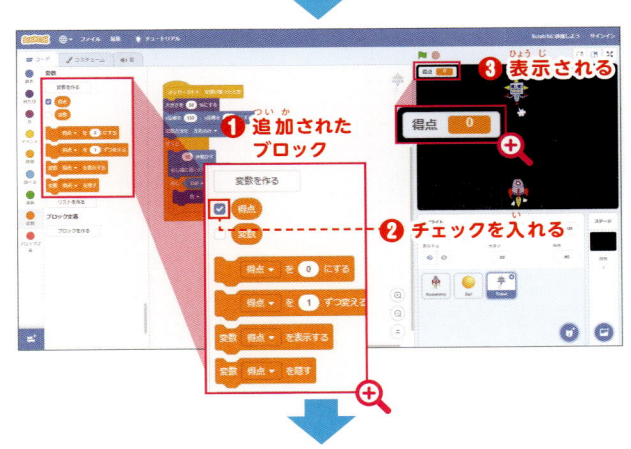

※黄色で囲んでいる箇所は画面のとおりに入力や設定をしてください。

ロボットにタマが当たったときに得点を加えるコードを作ります。
2つのブロックを追加し、数値を入力します。
これでゲームが完成しました。

・▶をクリックして動作させてみましょう。
・タマがロボットを通過している間は当たりと判定され、得点が加算されます。
・⬤をクリックすると、プログラムを停止することができます。

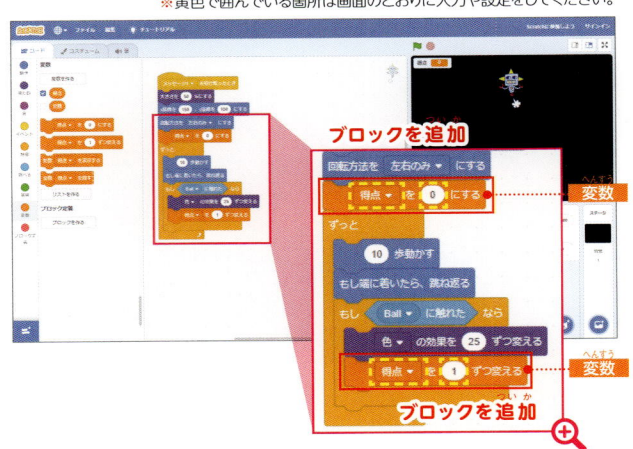

9　自分なりの工夫をしてみよう

できること
わかること
● コードの停止
● ゲームの終了条件の設定

ゲームはこれで完成しましたが、ちょっとものたりないですね。自分なりの工夫を加えてみましょう。

工夫1 変数「得点」が20点になったら、ゲームを終了させる。

※黄色で囲んでいる箇所は画面のとおりに入力や設定をしてください。

▶ 得点が20点になったら、ロボットが
「やられたー」と表示して、ゲーム終了
とします。
❶ スプライトリストのロボットをク
リックします。
❷ ブロックを追加し、入力などします。

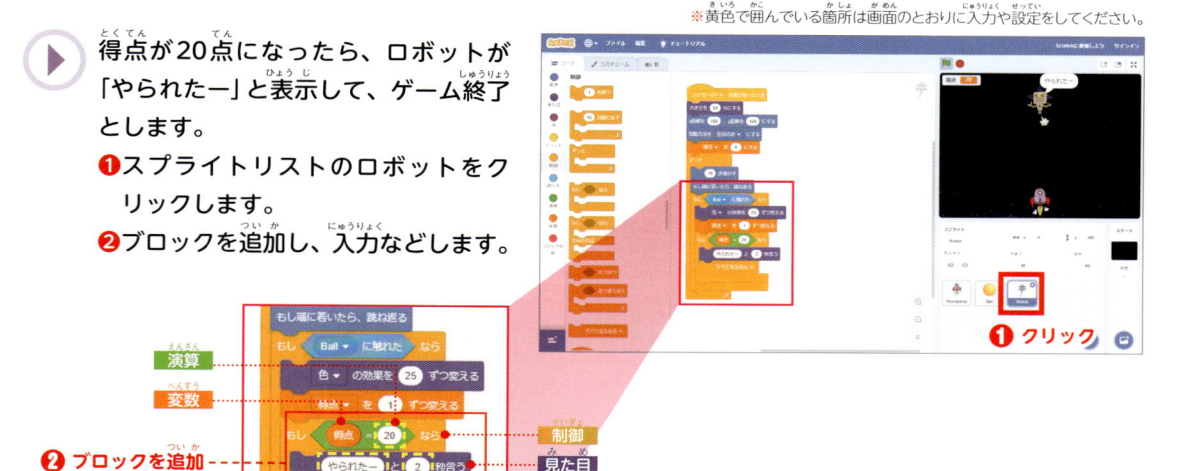

演算
変数
❷ ブロックを追加

制御
見た目
制御

❶ クリック

工夫2 ロボットがタマを撃ち返してくる。ロボットが撃ったタマに当たったらゲームオーバーになる。

▶ ロボットが撃つためのタマをスプライ
トリストに追加します。宇宙船のタマ
と区別するため、タマの色を変えます。
❶ スプライトリストのタマを右クリッ
クします。
❷「複製」をクリックします。
❸ スプライトリストの複製されたタマ
をクリックします。
❹ コスチュームタブをクリックします。
❺ 青色のタマをクリックします。

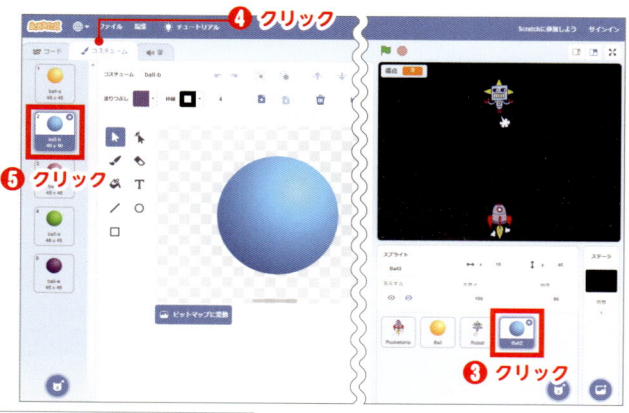

❹ クリック
❺ クリック
❸ クリック

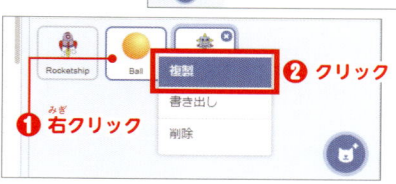

❶ 右クリック
❷ クリック
複製
書き出し
削除

▶ 青いタマのコードを変更して、ロボットからタマが発射されるようにします。
❶コードタブをクリックします。
❷コードの一部を変更します。

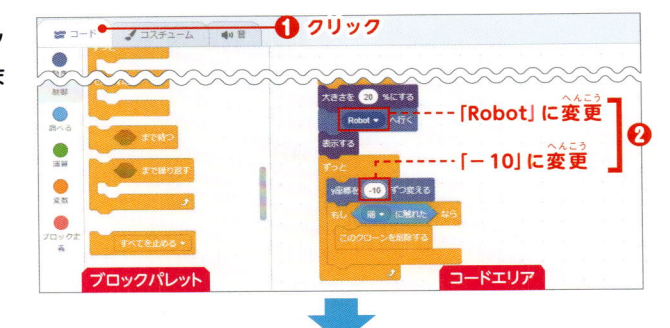

▶ 宇宙船が撃ったタマがロボットに当たったら、ロボットがタマを撃ち返してくるようにします。
❶スプライトリストのロボットをクリックします。
❷ブロックを追加し、「Ball2」に設定します。

▶ ロボットが撃ち返してくるタマが宇宙船に当たったら、ゲームオーバーにします。
❶スプライトリストの宇宙船をクリックします。
❷ブロックを追加します。

・🏳をクリックして動作させてみましょう。
・🛑をクリックすると、プログラムを停止することができます。

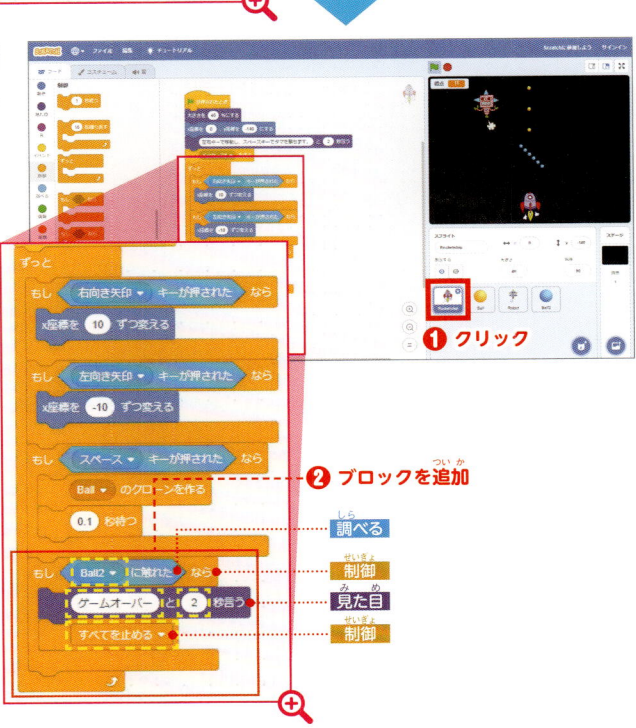

この「当たり判定」では、タマがロボットを通過している間、ずっと当たりと判定されます。当たり判定を別のスプライトに変えるなど工夫をすると、タマとロボットが1回触れたらタマが消えるようにもできますので、チャレンジしてみてください。

家庭用ゲームの歴史　～黎明期から現在まで～

家庭用コンピュータゲームは、コンピュータが一般家庭に入るとともに始まり、今日ではさまざまなハードウェア（機器）やソフトウェア（アプリ）が開発されています。家庭用コンピュータゲームの歴史を見てみましょう。

専用ゲーム機

世界初の家庭用ゲーム機は、アメリカで1972年に発売されたODYSSEY（オデッセイ）といわれています。ODYSSEYは決まったゲームのみが実行される専用ゲーム機でした。その後1977年にカセット型のアタリ2600が発売され、カセット型が広まります。

一方、専用ゲーム機は持ち運びに便利なゲームウォッチなど小型化が起こりました。

ゲームソフトでは、ゲーム機器の性能の限界もあり、シミュレーションゲームやパズルゲーム、アクションゲームが中心でした。

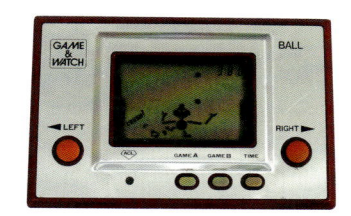

持ち運びに便利だが、1種類のゲームしかできなかった。

カセット型

専用ゲーム機では実行できるのが1つまたは複数の決まったゲームのみでしたが、カセット型ゲーム機の登場で、カセットやカートリッジを交換すれば、さまざまなゲームが利用できるようになりました。特に1983年に発売された任天堂のファミリーコンピュータは1200種類以上のカセットが発売され、家庭用ゲーム機のブームを作り出しました。

ゲーム機器の性能も向上し、写真や動画などを取り入れたソフトも多数発売されました。さらに、ロールプレイングゲームが大流行し、社会現象にまでなりました。

カセットを交換すればさまざまなゲームで遊べた。

高度化と携帯性の2極化

ゲーム機器の高性能化で、3Dグラフィックスや高度な動きを取り入れたゲームが増えた一方で、スマートフォンなどの登場で、いつでもどこでもゲームが楽しめる時代になりました。室内では高性能ゲーム、屋外ではスマートフォンでゲームの2極化が起こっています。

ソフトウェアもインターネットの普及により、協力して対戦したり、世界中のプレーヤと競ったりできるものが増えてきました。さらにヴァーチャルリアリティ（仮想現実）など最新技術がとり入れられています。

出典：HTC

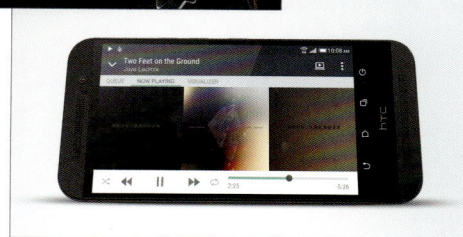

家庭用のゲームは、高度化と携帯性で2極化している。

5章 ミニゲームの作り方を学ぼう

この章では、いろいろなミニゲームを作ります。ミニゲームを作成することで、キーボード、マウス、乱数、数字、音などのあつかいや、スクラッチのさまざまな機能 (ブロックの種類) を学びます。下記は、各節のゲームと、使用しているブロックの種類の対応表です。

使う ブロック	5-1 リンゴをゲットゲーム	5-2 ボールをよけろゲーム	5-3 (1) 不思議な絵ゲーム	5-3 (2) 風船をおいかけるゲーム	5-4 数当てゲーム	5-5 音当てゲーム
動き	○	○	○	○	—	—
見た目	○	○	—	○	○	○
音	—	—	—	○	—	○
イベント	○	○	○	○	○	○
制御	○	○	○	○	○	○
調べる	○	○	—	○	○	○
演算	—	—	○	—	○	○
変数	—	—	—	—	○	○
ブロック定義	—	—	—	—	—	○
音楽	—	—	—	—	—	○
ペン	—	—	○	—	—	—

1　マウスをおいかけるゲーム

できること わかること
- マウスの処理
- マウスとスプライトの連動

● ステージ上のスプライトの座標を知りましょう

　スクラッチではステージ上のスプライトの座標が、ステージの下に表示されています。スプライトを動かして座標を確かめてみましょう。スプライトの動かし方については、**2-3**（34ページ）を参照してください。

> スクラッチでは、画面の大きさ（座標）が下図のように決まっています。中心が(0, 0)で、左右の大きさが480、上下の大きさが360になっています。

● マウスに関するブロック

　マウスに関連するブロックは「動き」と「調べる」にあります。

　特に、　マウスのポインター へ行く　は、スプライトの位置がマウスポインターの位置と同じになります。

　ここでは、これらのブロックを利用するゲームを作成してみましょう。

Point 「マウスのポインターへ行く」が見あたらないときは「〜へ行く」ブロックの▼をクリックすると見つかります。

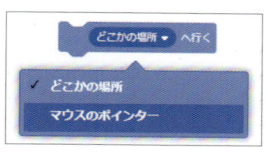

マウス関連ブロック

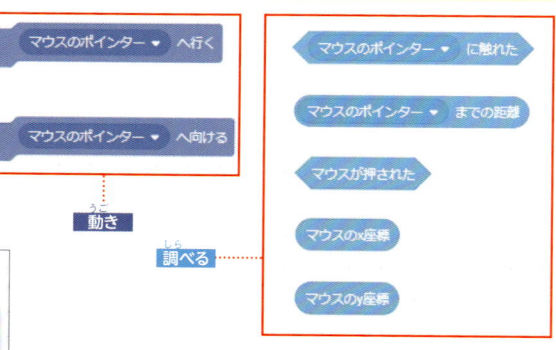

「リンゴをゲットゲーム」のルールと流れ

1）ネコとリンゴが登場します。
2）リンゴはマウスポインターについて動きます。
3）ネコはリンゴをおいかけます。
4）マウスでリンゴを操作し、ネコから逃げます。
5）もし、ネコがリンゴに触れたら「いただきます」と言ってゲーム終了します。

リンゴをゲットゲームを作ろう

▶ ステージの背景を決めます。

❶ (背景を選ぶ) をクリックします。

❷「背景を選ぶ」の「Blue Sky 2」をクリックします。

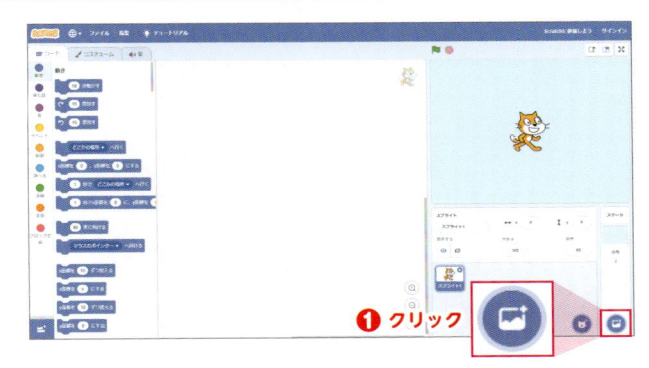

※黄色で囲んでいる箇所は画面のとおりに入力や設定をしてください。

▶ ネコのコードを作成します。ネコがマウスに向かってくるようにします。

❶ スプライトリストのネコをクリックします。

❷ ブロックを並べます。

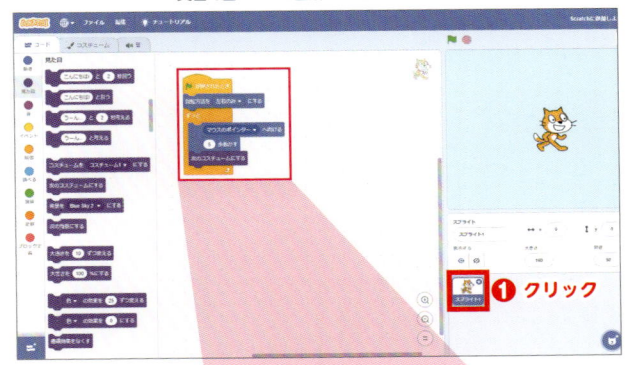

🏁 をクリックして、ネコがマウスの動きについてくることを確かめましょう。

Point コスチュームタブをクリックすると、左側のリストにネコの2つのコスチュームが表示されます（2-7（45ページ）参照）。これらのコスチュームが交互に表示されることで、ネコが歩いているように見えています。

❷ ブロックを並べる

▶ ネコがおいかけるリンゴを作ります。
① （スプライトを選ぶ）をクリックします。
② 「スプライトを選ぶ」の「Apple」をクリックします。
③ スプライトリストのリンゴをクリックします。

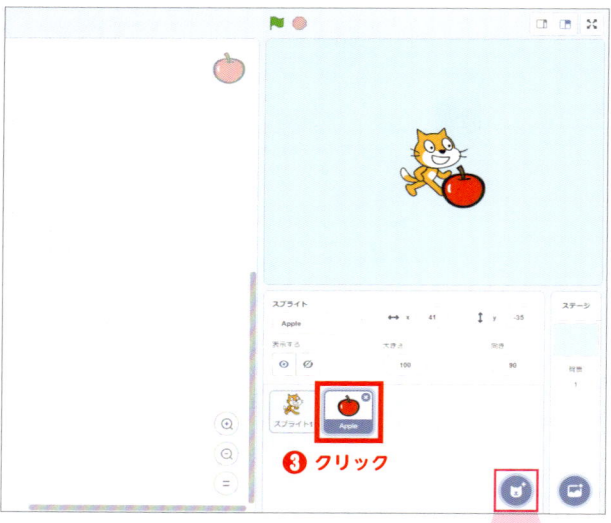

▶ リンゴのコードを作ります。マウスポインターにリンゴがくるようにします。ブロックを並べます。

・リンゴのコードは完成です。
・🏁 をクリックして、マウスポインターの位置にリンゴがくるか確認してみましょう。

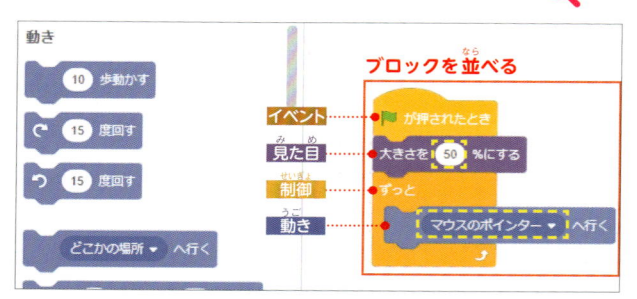

▶ ネコがリンゴに触れると「いただきます」と表示して終了にします。
① スプライトリストのネコをクリックします。
② ブロックを追加します。

・ネコのコードも完成です。
・🏁 をクリックして動作させてみましょう。ネコがリンゴに触れたらセリフを言って終了します。

● 工夫してみましょう

ネコの数を増やす

「複製」を利用してネコの数を2匹に増やしてみましょう。

スタート時のネコの位置を決める

2匹のネコがはじめに下の左右の場所にいて、それから、リンゴをおいかけてくるようにします。

ネコの敵を増やします。
❶スプライトリストのネコの上で右クリックします。
❷「複製」をクリックします。

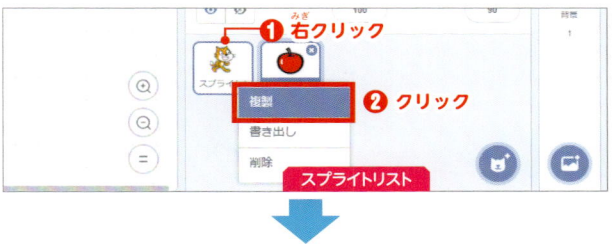

スプライトリストとステージに「スプライト2」ができました。

スプライトを複製すると、コードやコスチューム、音も複製されます。

「スプライト1」のスタート位置を決めます。
❶スプライトリストの「スプライト1」をクリックします。
❷ブロックを追加し、値を入力します。

ここでは、「スプライト1」のスタート位置の座標を（−180、−125）にしています。

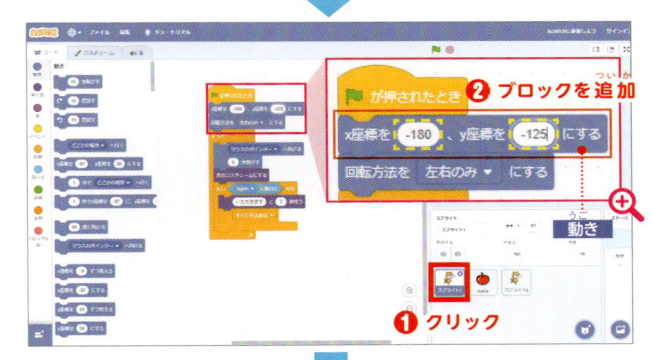

「スプライト2」のスタート位置を決めます。
❶スプライトリストの「スプライト2」をクリックします。
❷ブロックを追加し、値を入力します。

・ 🏳 をクリックして動作させてみましょう。
・ ここでは、「スプライト2」のスタート位置の座標を（180、−125）にしています。
・ 2匹のネコの歩く速度を異なる数値（5と10など）にすると、ゲームがさらにおもしろくなります。

ブロックを外すときのコツ

ブロックを外すときは、ドラッグしたブロックの下側がすべてが外れます。

2 キーボードでスプライトを動かそう

できること わかること	● キーボードの処理 ● キーボード入力

● スクラッチで利用できるキーを知りましょう

キーボードは、文字を入力するときに利用する装置です。ゲームにおいては命令（コマンド）を入力したり、シューティングゲームやアクションゲームでは矢印キーを利用したりします。

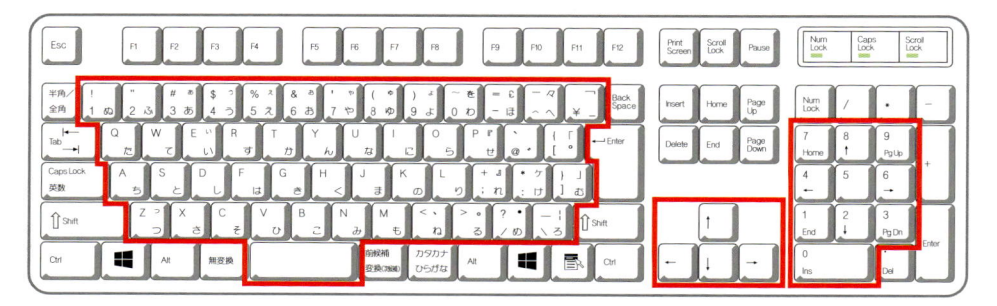

スクラッチでは、上下左右の矢印キーとスペースキー、アルファベットのaからzと数字の0から9までのキーが利用できます。さらに「どのキーが押されたか」も判別できます。

● キーボードに関するブロック

キーボードが押されたときに処理するためのブロックは、「イベント」と「調べる」に右のようなブロックがあります。

また、ユーザーからの文字の入力には、「＊＊と聞いて待つ」ブロックがあります。ユーザーから入力された文字は「答え」ブロックにしまわれます。「答え」ブロックは一種の変数です。

変数については **4-7**（84ページ）を参照してください。

Point 数値を入力するときは、キーボードの入力モードを「半角英数」にしてください。

キーボードの入力モードが「かな」になっていると反応しないことがあります。

キーボード関連ブロック

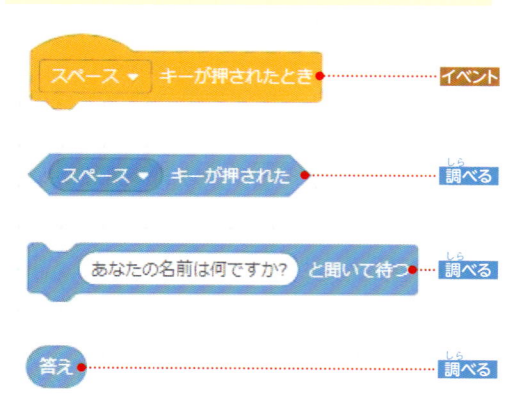

✄ **「ボールをよけろゲーム」のルールと流れ**

1) ネコとボールが登場します。
2) ボールは左右に自動的に動きます。端につくと反対側に動きます。
3) ネコをキーボードで操作し、ボールをよけます。
4) ネコはスペースキーを押している間ジャンプします。
5) ボールにぶつかるとゲームオーバーです。

ボールをよけろゲームを作ろう

▶ ステージの背景を決めます。
❶ （背景を選ぶ）をクリックします。
❷「背景を選ぶ」の「Blue Sky」をクリックします。

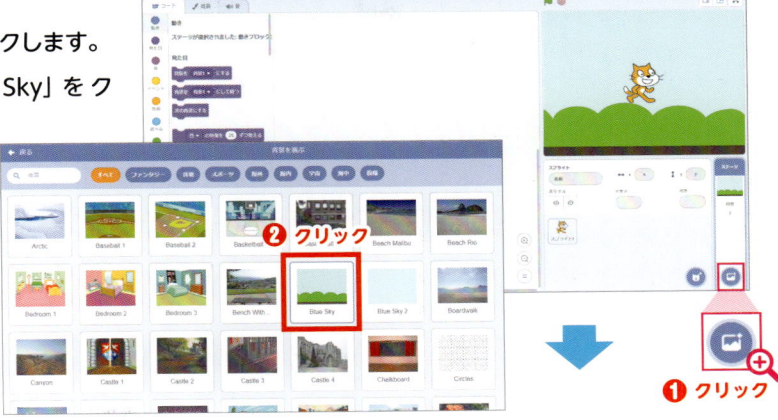

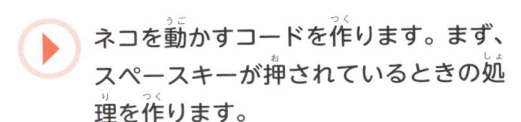

※黄色で囲んでいる箇所は画面のとおりに入力や設定をしてください。

▶ ネコを動かすコードを作ります。まず、スペースキーが押されているときの処理を作ります。
❶ スプライトリストのネコをクリックします。
❷ ブロックを並べて、数値を入力します。

・スペースキーが押されているとき、ネコは上へ移動します。
・ネコが上まで行ったら地面に下ろすようにしています。

▶ スペースキーが押されていないときの処理を作ります。ブロックを追加します。

・スペースキーが押されていないとき、ネコは下へ移動します。
・ネコが地面より下に行かないようにしています。
・ をクリックして動作させてみましょう。

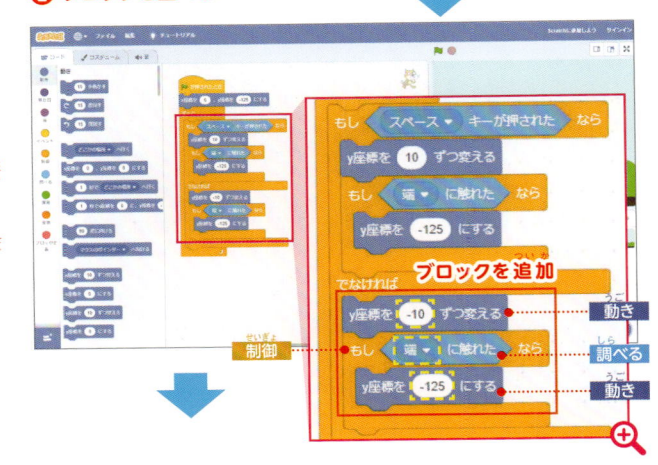

▶ ボールのスプライトを追加します。
　❶ （スプライトを選ぶ）をクリックします。
　❷「スプライトを選ぶ」の「Soccer Ball」をクリックします。

▶ ボールのコードを作成します。ボールを動かす処理を作ります。
　ブロックを並べ、数値を入力します。

Point ボールの速さは、ボールのコードの 10 歩動かす の数字を変更して調整することができます。

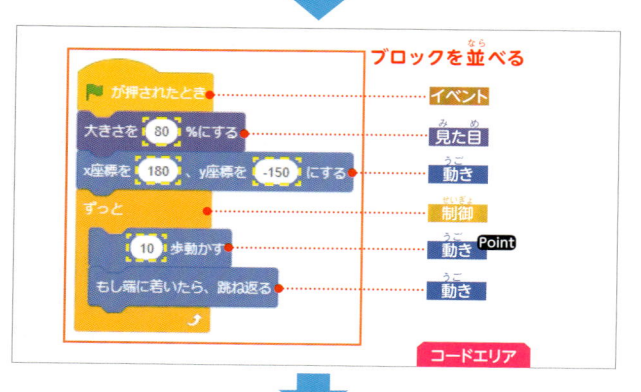

▶ ボールとネコがぶつかったときの処理を作ります。ブロックを追加し、文字を入力します。

をクリックして動作させてみましょう。

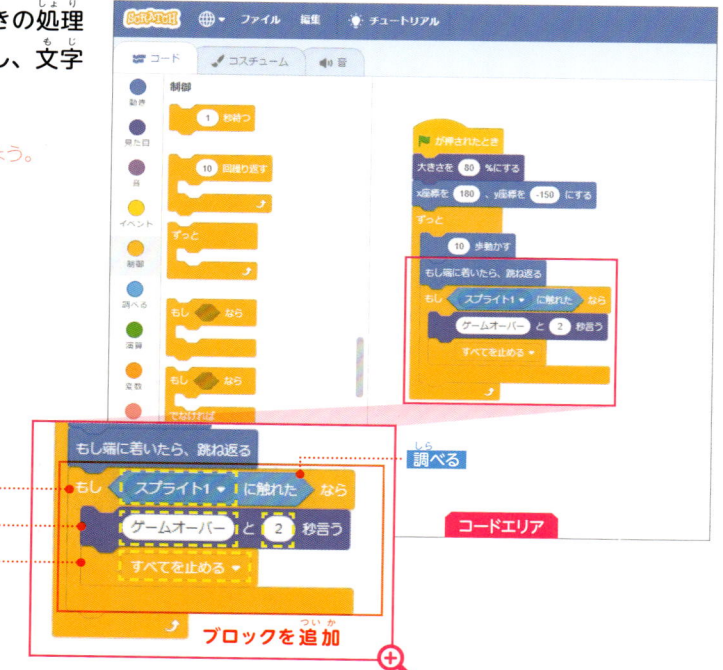

工夫してみましょう

ボールやネコの動きを複雑にする

ボールがいろいろな方向へ動きまわるようにします。さらに、矢印キーでネコが左右にも動くようにします。

▶ ボールが15度の角度で動くようにします。
① スプライトリストのボールをクリックします。
② ブロックを追加します。

┃ が押されたとき

大きさを 80 %にする

x座標を 180 、y座標を -150 にする

動き ⟳ 15 度回す ❷ ブロックを追加

ずっと

❶ クリック

▶ 右矢印キーが押されたとき、ネコが右に動くようにします。ブロックを追加します。
① スプライトリストのネコをクリックします。
② ブロックを追加します。

❶ クリック

でなければ

y座標を -10 ずつ変える

もし 端 ▼ に触れた なら

y座標を -125 にする

調べる
制御 もし 右向き矢印 ▼ キーが押された なら

動き x座標を 10 ずつ変える

❷ ブロックを追加

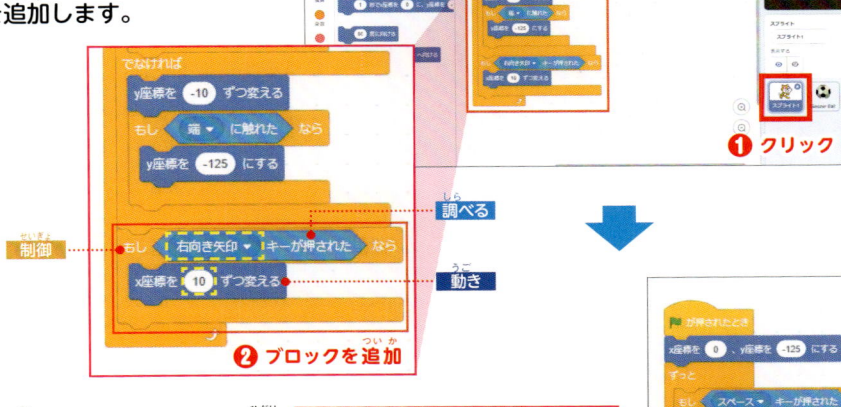

▶ 左矢印キーが押されたとき、ネコが左に動くようにします。ブロックを追加し、数値を入力します。

┃ をクリックして動作させてみましょう。

でなければ

y座標を -10 ずつ変える

もし 端 ▼ に触れた なら

y座標を -125 にする

もし 右向き矢印 ▼ キーが押された なら

x座標を 10 ずつ変える

調べる
制御 もし 左向き矢印 ▼ キーが押された なら

動き x座標を -10 ずつ変える

ブロックを追加

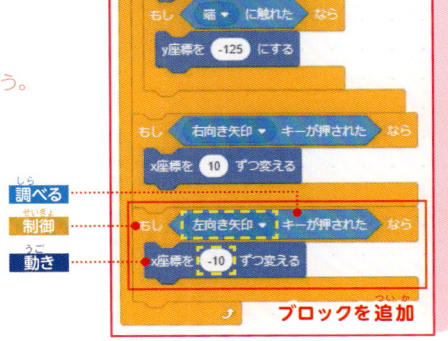

3　でたらめを楽しもう

できること わかること	● 乱数の利用した処理 ● 乱数、ペン

● ゲームにおける乱数の利用を知りましょう

　ある範囲の数のなかから、**でたらめ**な数を決めるしくみが、どんなプログラミング言語にも用意されています。この「でたらめ」にあらわれる数値のことを**乱数**と呼んでいます。**ランダム**な数ともいいます。たとえば、サイコロは1から6までの数字をランダムに選ぶことができます。

　プログラムでの乱数は、数値の範囲が指定できるサイコロだと思ってもよいです。

　乱数はゲームでは重要です。キャラクターがランダムにあらわれるときや、すごろくのさいころでも使われています。ゲームでは乱数を利用することでおもしろさを演出しているのです。

● 乱数に関するブロック

　乱数のブロックは「演算」のなかにあります。扱う数は基本的に整数ですが、数値の指定に小数が含まれていると、小数で乱数の値が返ってきます。

　「動き」にも乱数と同様なものが利用できるブロックがあります。「どこかの場所へ行く」です。このブロックはスプライトの場所がランダムになります。

ランダム関連のブロック

　乱数を使ったゲームを2つ作ってみましょう。

「不思議な絵ゲーム」のルールと流れ

1）　ネコがランダムに動きます。
2）　ネコの動きにあわせて線を描きます。
3）　その線の色は乱数で決めます。
4）　しばらくすると不思議な絵ができあがります。

「風船をおいかけるゲーム」のルールと流れ

1）　風船がランダムな場所にあらわれます。
2）　棒はマウスであやつります。
3）　棒が風船に触れると風船の色が変わります。

 **不思議な絵ゲームを作ろう**

※黄色で囲んでいる箇所は画面のとおりに入力や設定をしてください。

「不思議な絵」を描く準備（初期化）をしましょう。

ステージの背景は変更しません。白い背景（背景1）をそのまま利用します。

❶ （拡張機能を追加）をクリックします。

❷ 「拡張機能を選ぶ」のペンをクリックします。

❸ ブロックを並べ、数値を入力します。

ペンの色や太さなどは適当な値でかまいません。

Point 「全部消す」ブロックがないと前に実行した結果（絵）が残ります。

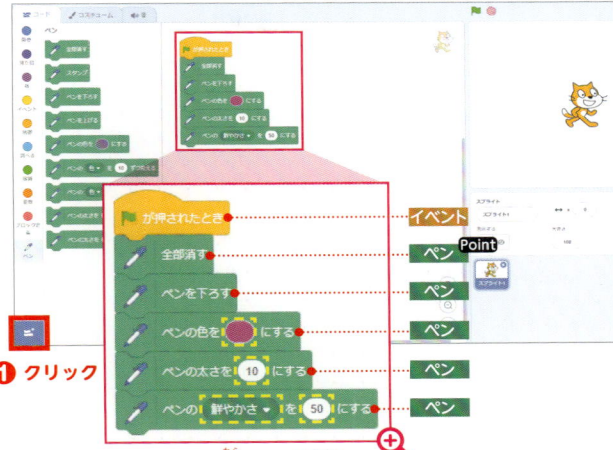

❶ クリック

❸ ブロックを並べる

❷ クリック

動きと色を決めるコードを作ります。
ブロックを追加します。

 をクリックして動作させてみましょう。

ブロックを追加

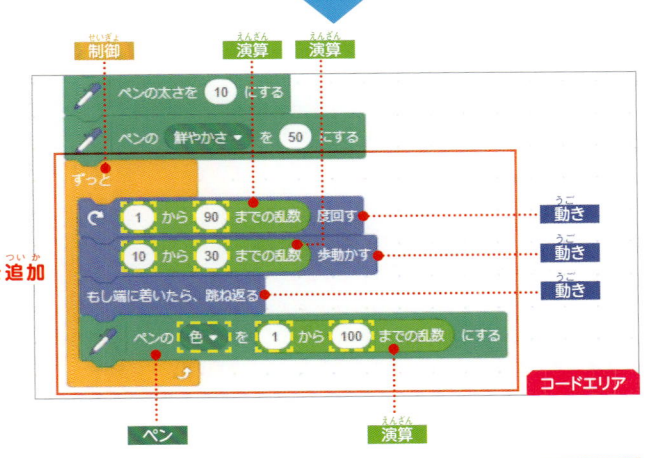

制御　演算　演算

動き
動き
動き

ペン　演算

コードエリア

ペンの色の設定

ペンは「色」「鮮やかさ」「明るさ」「透明度」を指定できます。色の部分をクリックすると色の設定画面が表示されますので◯をドラッグして設定します。またスポイトマークをクリックすると、ステージ上の色を指定できます。

また 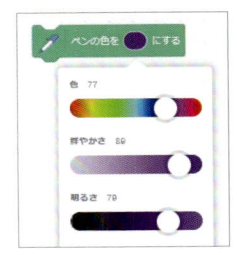 に数値を入力しても色の設定ができます。

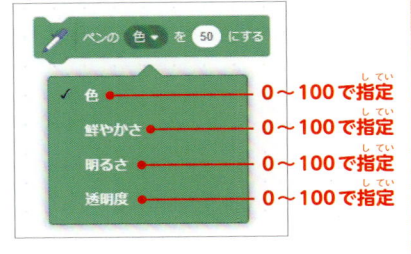

色 ────── 0〜100で指定
鮮やかさ ────── 0〜100で指定
明るさ ────── 0〜100で指定
透明度 ────── 0〜100で指定

● 工夫してみましょう

ネコの数を増やしてみましょう。

▶ ネコの数を増やします。
❶スプライトリストのネコを右クリックします。
❷「複製」をクリックします。

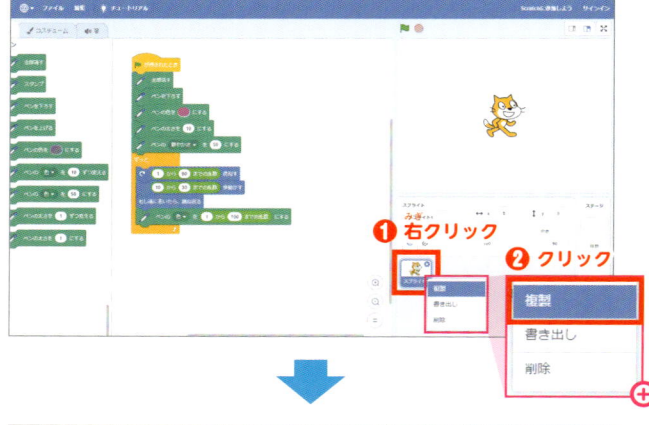

▶ スプライトを複製すると、コードも同時に複製されていることを確認します。

▶をクリックして動作させてみましょう。

確認

「ペン」の ✐ スタンプ

「ペン」の「スタンプ」ブロックでは、スプライトの絵をスタンプのように複数描くことができます。「クローン」と違い、絵として好きな場所に描きます。

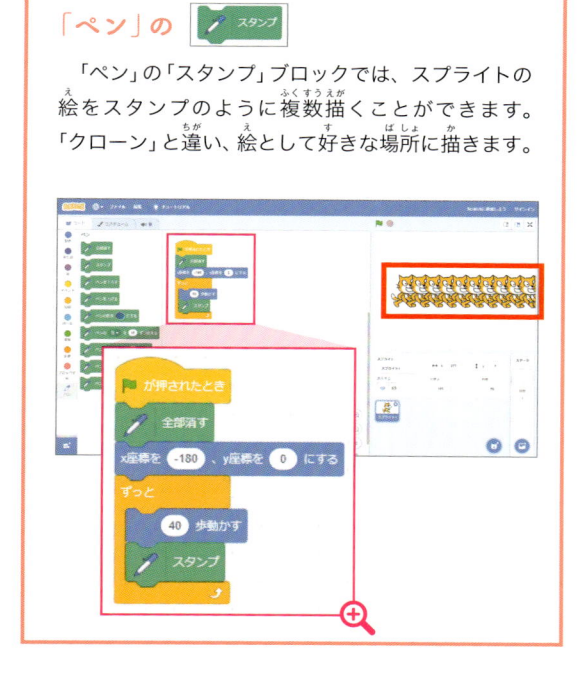

ステージの「ペン」の ✐ 全部消す

「ペン」には「全部消す」ブロックがあります。ステージごとにペンで描いたものを消すことができます。

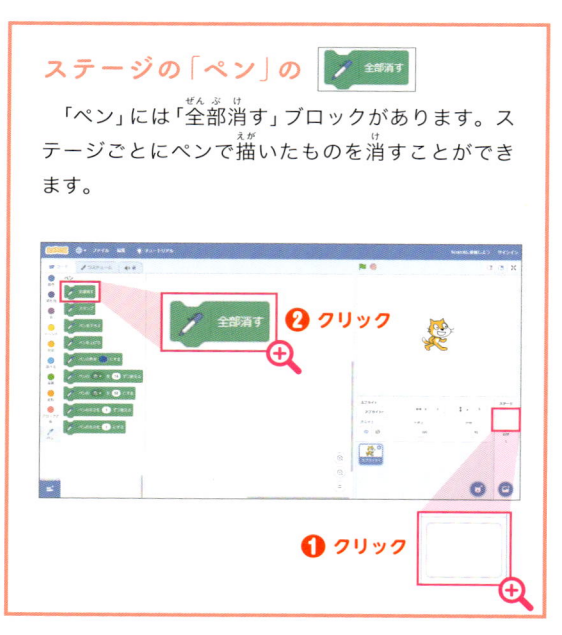

 **風船をおいかけるゲームを作ろう**

▶ ステージの背景を決め、ネコを削除します。
❶ （背景を選ぶ）をクリックして、「背景を選ぶ」から「Wall 1」を選びます。
❷ スプライトリストのネコをクリックします。
❸ をクリックして、ネコを削除します。

▶ ローソクと風船のスプライトを追加します。
❶ （スプライトを選ぶ）をクリックして、「スプライトを選ぶ」から「Wand」と「Ballon1」を選びます。
❷ スプライトリストに棒と風船が追加されます。

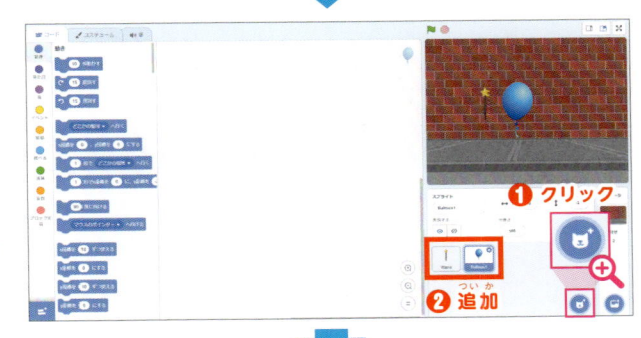

※黄色で囲んでいる箇所は画面のとおりに入力や設定をしてください。

▶ 棒のコードを作ります。
❶ スプライトリストの棒をクリックします。
❷ ブロックを並べます。

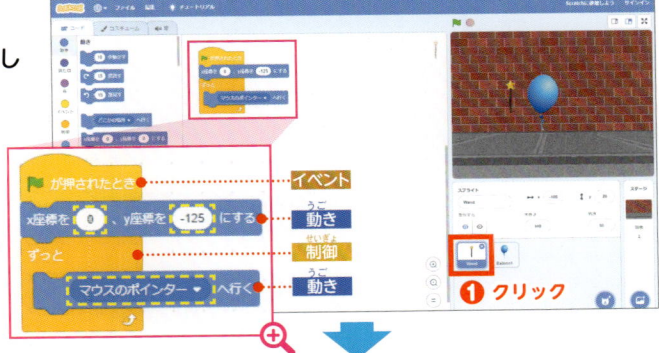

▶ 風船のコードを作ります。
❶ スプライトリストの風船をクリックします。
❷ ブロックを並べます。

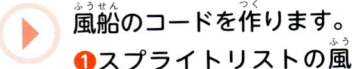

・▶をクリックして動作させてみましょう。
・ゲームを終了するときは●をクリックします。
・棒が風船に触れると風船の色が変わり、音も鳴ります。

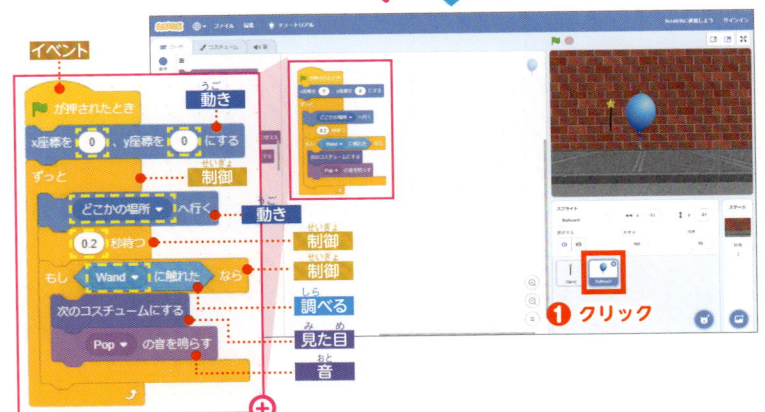

4　数を扱うゲーム

できること　● 演算
わかること　● 変数

● 数の演算を知りましょう

コンピュータでは、以下のように数を扱うための演算が用意されています。

かけ算とわり算の記号は、小学校で習う記号と違うんだね。

■ 四則演算

足し算は「＋」、引き算は「－」、かけ算は「＊」、わり算は「／」の記号を用います。

例　2＋3　　2－3
　　　2＊3　　2／3

■ 比較演算

値の比較を行うときは、不等号を用います。この記号を使うときは、計算ではなく比較してその真偽（正しいか、まちがっているか）を調べます。

大きい　＞　小さい
小さい　＜　大きい
同じ　　＝　同じ

例　3＞2　→　真（正しい）
　　　3＜2　→　偽（まちがい）

■ 数値計算

四則演算以外によく利用するものです。

AをBでわったあまり

例　3％2　→　1

■ 論理演算

上記のほか、コンピュータで必須の演算が論理演算です。

AかつB　　　AとBの両方
AまたはB　　AかBのどちらか
Aでない　　　A以外

スクラッチの演算

　スクラッチに用意されている「演算」には、中学や高校、さらには大学で学ぶ内容のものも含まれています。

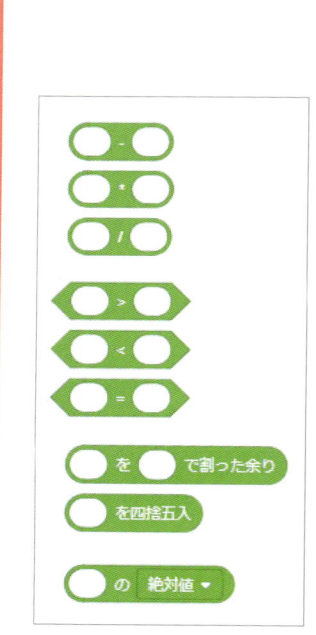

絶対値
切り下げ
切り上げ
平方根
sin
cos
tan
asin
acos
atan
ln
log
e ^
10 ^

「数字当て」ゲームのルールと流れ

1) ネコが1から100までのランダムな数字を思い浮かべます。
2) ネコがユーザーからの入力を待ちます。
3) ユーザーは、正解だと思う数を入力します。
4) もし正解なら「当たり。」と言います。
5) 正解でないときは「外れ。」と言います。

数当てゲームを作ろう

▶ ステージの背景を決めます。

❶ 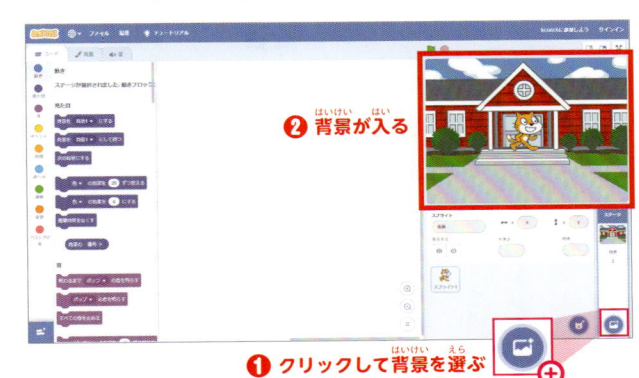（背景を選ぶ）をクリックして、「背景を選ぶ」から「School」を選びます。

❷ ステージに背景が挿入されます。

❷ 背景が入る

❶ クリックして背景を選ぶ

▶ ネコが思い浮かべる数を入れる変数を作ります。

❶ スプライトリストのネコをクリックします。

❷ 「変数」をクリックします。

❸ 「変数を作る」をクリックします。

❹ 新しい変数名に「数字」と入力します。

❺ 「OK」をクリックします。

❻ 答えがステージに表示されないようにチェックを外します。

外す ・ **❸ クリック**

新しい変数 **❹ 入力**

数字

変数を作る ・ 数字 ・ 変数

❺ クリック

作成した変数

❷ クリック ・ **❶ クリック**

変数

▶ ネコが思い浮かべる数を乱数で作ります。そして、ネコにクイズを出題させます。

ブロックを並べます。

Point 乱数を「1 から 10 まで」にすると、数字を当てやすくなります。

※黄色で囲んでいる箇所は画面のとおりに入力や設定をしてください。

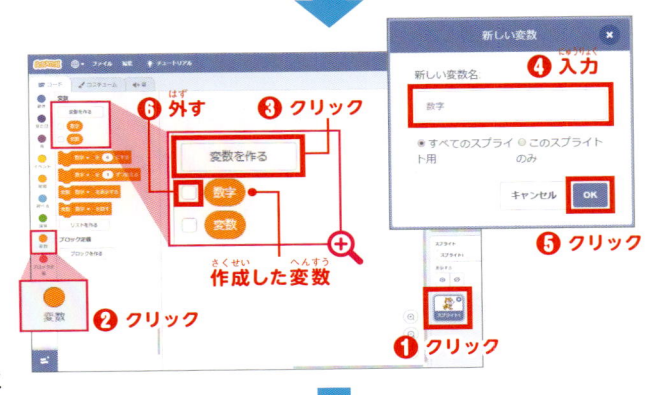

ブロックを並べる

が押されたとき

数字 ▼ を 1 から 100 までの乱数 にする

1から100までの数字を当ててね。 と 2 秒言う

コードエリア

イベント / 演算 **Point** / 変数 / 見た目

▶ ユーザーが入力した数と、ネコが思い浮かべた数が同じか判定し、結果を表示するようにします。

🚩 クリックして動作させてみましょう。ネコが「なーんだ?」と言ったらステージに入力欄が表示されます。数字を入力して ✓ をクリックしましょう。

Point キーボードの入力モードは「半角英数」にします。

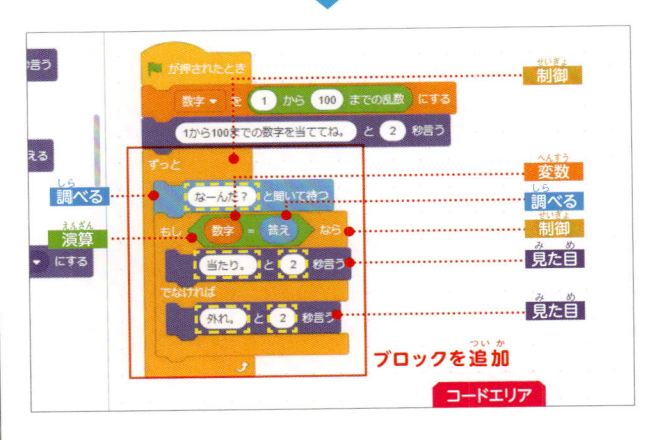

が押されたとき

数字 ▼ を 1 から 100 までの乱数 にする

1から100までの数字を当ててね。 と 2 秒言う

ずっと

なーんだ? と聞いて待つ

もし 数字 = 答え なら

当たり。 と 2 秒言う

でなければ

外れ。 と 2 秒言う

ブロックを追加

コードエリア

制御 / 変数 / 調べる / 制御 / 見た目 / 見た目

「数当て」ゲームのルールを追加

6) ユーザーから入力した数が、ネコが決めた数より大きいときは「大きいね。」と言い、小さいときは「小さいね。」と言います。

考え方は、大きいか小さいかの2通りなので、「もし〜なら〜でなければ」ブロックを利用すると簡単に作れます。

▶ 外れた場合の処理を追加します。ブロックを追加します。

〔外れ。と 2 秒言う〕の下に〔もし なら でなければ〕を入れます。

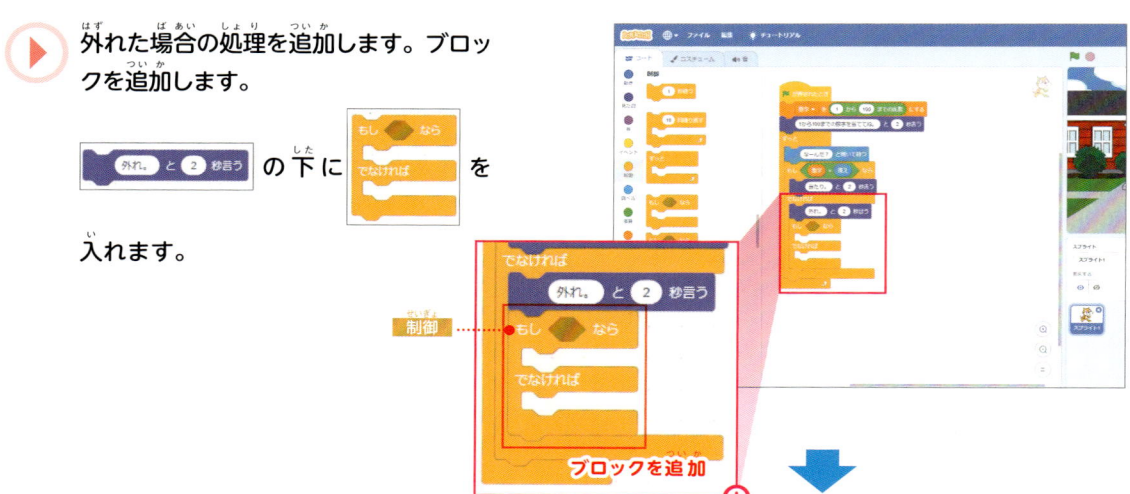

▶ ユーザーが入力した数が正解より小さい場合は「小さいね。」、大きい場合は「大きいね。」とメッセージを表示するようにします。ブロックを追加し、文字を入力します。

[答え] ユーザーが入力した数字

[数字] 正解（ネコが思い浮かべた数）

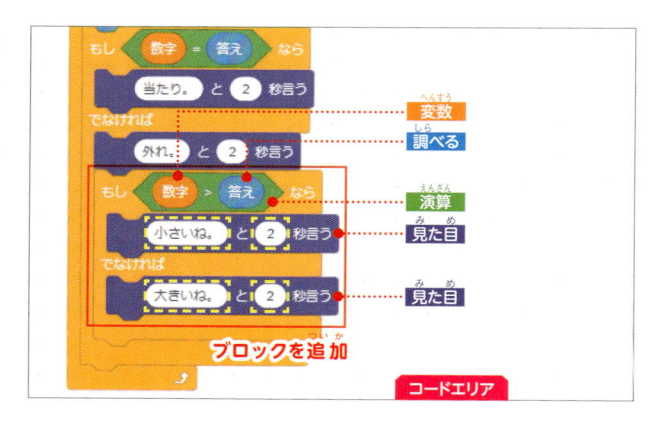

変数とリストの利用範囲

　プログラミングでは、変数やリストを使うことで複雑な処理ができます。

　変数は1つの数値や文字を、リストは複数の数値や文字を扱うことができます。スクラッチにも変数とリストがあります。

　また、作った変数やリストを利用できる範囲を決めることができます。「すべてのスプライト用」では、どのスプライトからも利用できます。一方、スプライトごとに範囲を決めて利用する場合は「このスプライトのみ」にします。

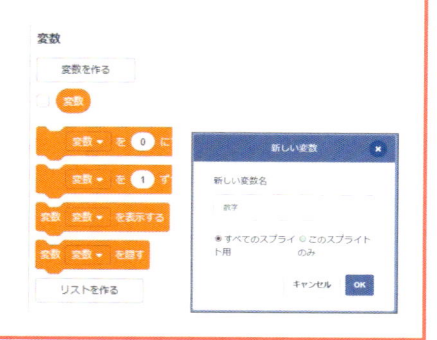

● 工夫してみましょう

「数字当て」ゲームのルールを変更

7) 5回間違えたらゲーム終了にします。
8) 最後に答えを表示するようにします。

▶ 間違えた回数をかぞえる変数を作ります。
❶「変数」をクリックします。
❷「変数を作る」をクリックします。
❸新しい変数名に「間違えた回数」と入力します。
❹「OK」をクリックします。
❺変数ができました。
チェックは外さないでおきます。
❻ステージには「間違えた回数」が表示されます。

▶ 間違えた回数をかぞえるコードを追加します。
❶ 間違えた回数 ▾ を 0 にする を入れて初期化（変数の値を0にする）します。
❷ 間違えた回数 ▾ を 1 ずつ変える を入れて間違えた回数をかぞえます。

変数を新しく作ったときは、必ず初期化（変数の値を0にすること）を行いましょう。変数を増やす場所も考ます。ここでは「外れ」と言ったあとです。

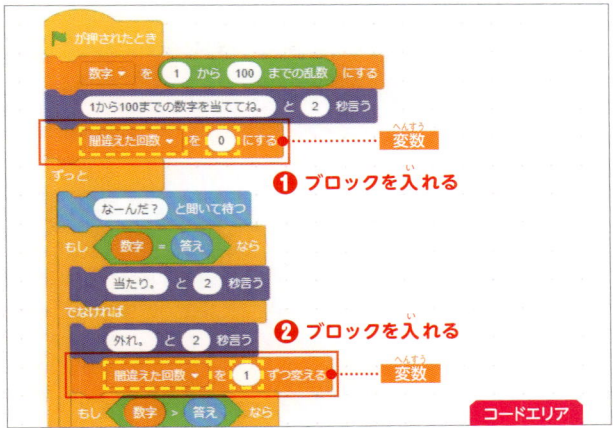

▶ 5回間違えたら、ゲームオーバーと表示し、答えを教えます。ブロックを追加し、文字を入力します。

・「もし」のブロックがうまく入らないときは

のブロックをいったん外してその上にくっつけましょう。

・ 🚩 をクリックして動作させてみましょう。数字を入力したら ✔ をクリックします。

Point キーボードの入力モードは「半角英数」にします。

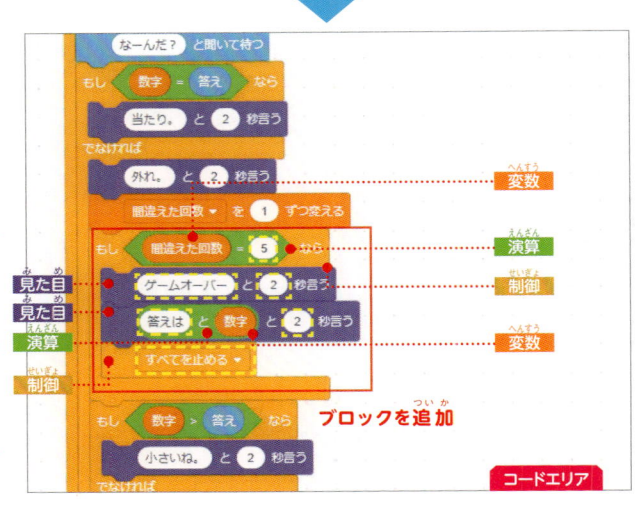

5　音を扱うゲーム

できること　● 音、音楽
わかること　● 音階と音の番号

● どんな音を扱えるのかを知りましょう

スクラッチで扱える音には、「音」と「音楽」があります。
「音」はネコの鳴き声などの短いサウンドです。
一方、「音楽」はドミソなどの単音を数値で指定します。音符の属性には「楽器」「テンポ」が指定できます。
ブロックで鳴らす音のほかにも、音タブでは、「音を選ぶ」から選んだり、外部の音楽ファイルも読み込めます。パソコンにマイクがついていれば録音もできます。

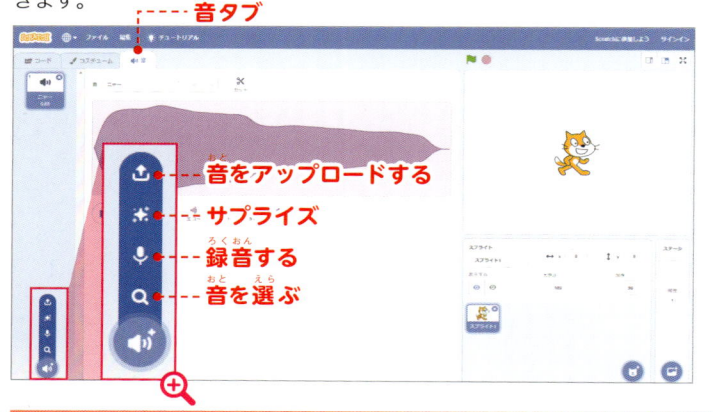

音タブ
音をアップロードする
サプライズ
録音する
音を選ぶ

音のブロック

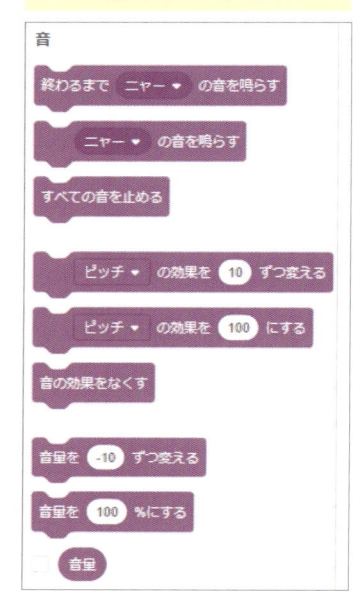

ドレミの表しかた

日本では音階をドレミで表すのが一般的ですが、音階の表し方は国によって違います。スクラッチでは数字で表します。

日本	ド	レ	ミ	ファ	ソ	ラ	シ	ド
アメリカ	C	D	E	F	G	A	B	C
スクラッチ	60	62	64	66	67	69	71	72

音楽のブロック（拡張機能）

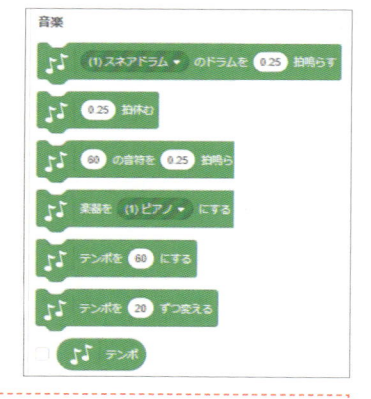

スクラッチの鍵盤

音楽のブロックの音符の数字をクリックすると鍵盤が表示され、音階を入力できます。

クリック

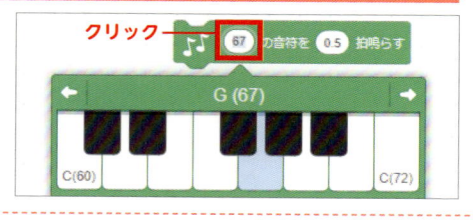

「音当てゲーム」のルールと流れ

1）ド、ミ、ソ（C、E、G）の3音をランダムに鳴らします。
2）どの音が鳴ったかを選びます。
3）正解なら「アタリ」と表示します。
4）不正解なら「ハズレ」と表示します。
5）正解でも不正解でも次の問題の音が鳴ります。

音当てゲームを作ろう

ステージの背景を決め、ネコの位置を動かします。

❶ 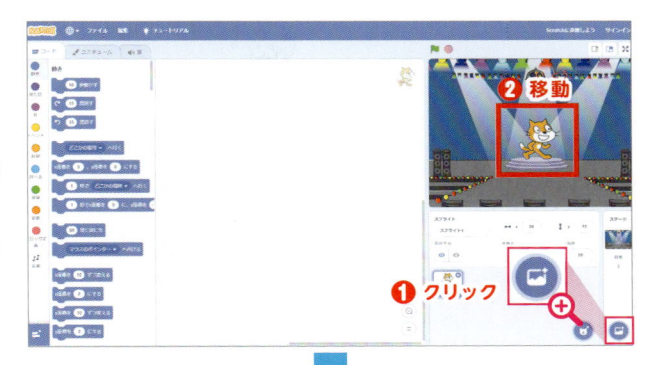 （背景を選ぶ）をクリックして「背景を選ぶ」から「Spotlight」を選びます。

❷ ネコをドラッグして、台の上に移動します。

3つの音（ド、ミ、ソ）をしまう変数を作ります。

❶ スプライトリストのネコをクリックします。

❷ 「変数」をクリックします。

❸ 「変数を作る」をクリックします。

❹ 変数名を「音」と入力します。

❺ 「OK」をクリックします。

❻ チェックを外します。

❼ 「リストを作る」をクリックします。

❽ リスト名を「音の入れ物」入力します。

❾ 「OK」をクリックします。

❿ チェックを外します。

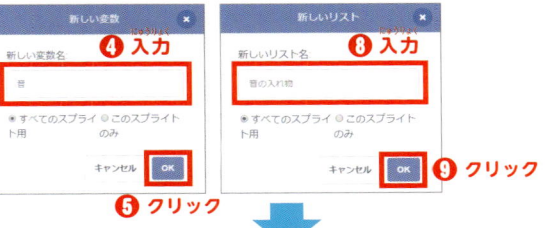

コードを作成します。

❶  （拡張機能を追加）をクリックして、「拡張機能を選ぶ」の「音楽」をクリックします。

❷ ブロックを並べます。

・ 🚩 をクリックして動作させてみましょう。数字を入れて ☑ をクリックします。

・ ゲームを終了するときは 🔴 をクリックします。

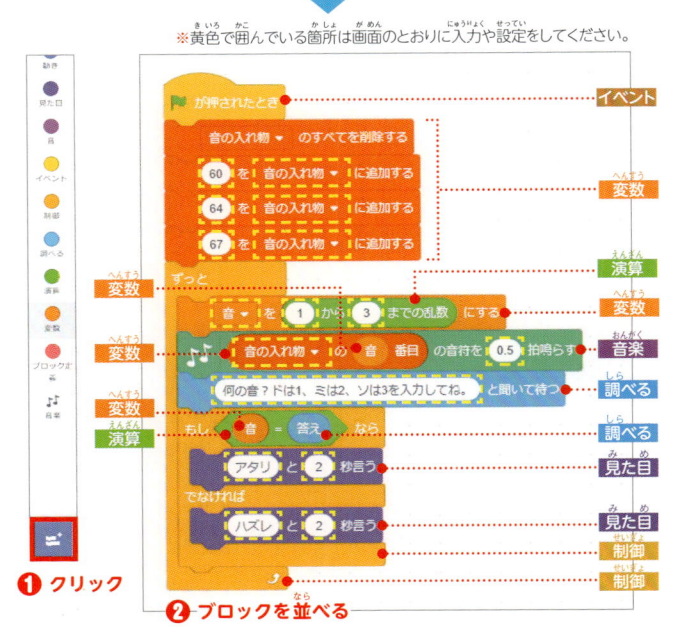

● 工夫してみましょう

> 「音当てゲーム」のルールを変更
>
> 5) ド、ミ、ソ（C、E、G）の3音をランダムに鳴らします。
> 6) どの音が鳴ったか、文字のスプライトをクリックして選びます。
> 7) 正解なら「アタリ」と表示、不正解なら「ハズレ」と表示し、次の音を鳴らします。

▶ 文字のスプライトを追加します。

❶ 🐻（スプライトを選ぶ）をクリックし、「スプライトを選ぶ」からC、E、Gを選びます。

❷ スプライトリストにC、E、Gが追加されます。

❸ 「変数」をクリックします。

❹ 「変数を作る」をクリックします。

❺ 変数名を「セリフ」と入力します。

❻ 「OK」をクリックします。

❼ 「セリフ」のチェックを外します。

❽ C、E、Gを横に並べます。

▶ ネコのコードを変更します。

❶ スプライトリストのネコをクリックします。

❷ ブロックを変更します。

Point `音 = 0 まで待つ` により、このあと作るスプライトC、E、Gのコードとタイミングを連動させることができます。

▶ 文字のコードを作ります。

❶ スプライトリストのCをクリックします。

❷ ブロックを並べます。

❸ EとGのスプライトもCと同様にコードを作ります。判定部は、Eは `音 = 2`、Gは `音 = 3` にします。

❹ 変数「音」の値がEは2、Gは3となります。

Point ネコのコードとタイミングを連動させるため、`音 を 0 にする` を置いています。

🚩 をクリックして動作させてみましょう。

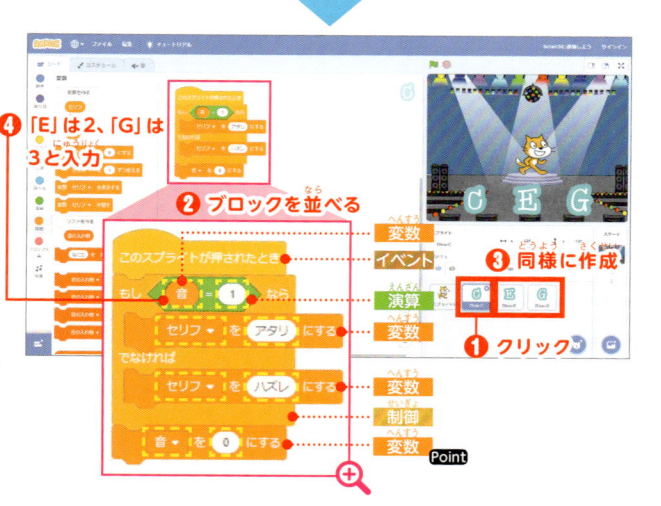

● もっと工夫してみましょう

「音当てゲーム」のルールをさらに変更

8) 「音を選ぶ」を利用して、和音に変更します（ドミソはC、ファラドはF、ソシレはG）。

9) 処理をまとめるために「ブロック定義」のブロックを利用します。

▶ 3つの和音（和音C、和音F、和音G）を作ります。スプライト「E」は使わないので削除し、スプライト「F」を追加します。
❶「E」を削除して「F」を追加します。
❷C、F、Gの順に並べかえます。
❸Fのブロックを並べます。

スプライトの削除と追加については**3-1**（49ページ）を参照してください。

❸ ブロックを並べる

▶ 和音C「C,E,G」、和音F「F,A,C2」、和音G「G,B,D」のもととなる音を「音を選ぶ」から読み込みます。
❶スプライトリストのネコをクリックします。
❷音タブをクリックします。
❸ （音を選ぶ）をクリックして、「音を選ぶ」から、A Piano、B Piano、C Piano、C2 Piano、D Piano、E Piano、F Piano、G Pianoの8つの音を選びます。
❹音が読み込まれました。

❷ クリック　❹ 読み込まれた　❸ クリック　❶ クリック

▶ ネコのコードエリアに和音のブロックを作り、コードを完成させます。
❶コードタブをクリックします。
❷「ブロック定義」をクリックします。
❸「ブロックを作る」をクリックします。
❹「C」と入力します。
❺「OK」をクリックします。
❻ブロックを並べます（C、E、G）。
❼❽同様にして、「F」（F、A、C2）と「G」（G、B、D）も作ります。
❾ブロックを並べます。

🏳をクリックして動作させてみましょう。

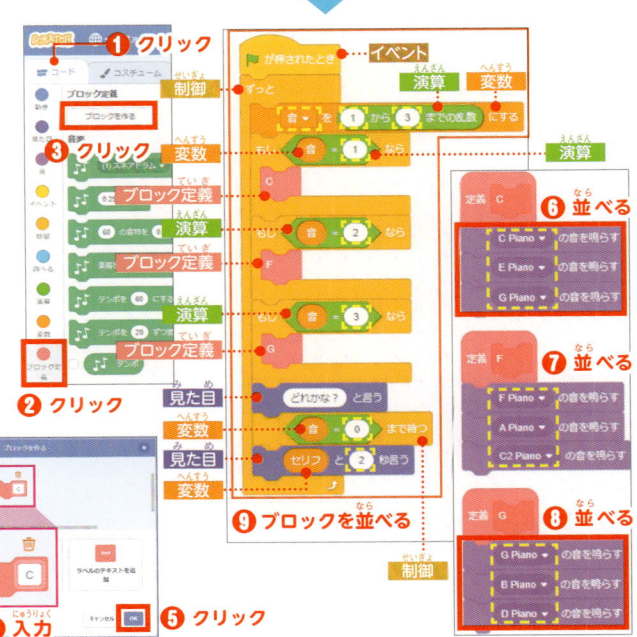

❹ 入力　❺ クリック　❾ ブロックを並べる
❻ 並べる　❼ 並べる　❽ 並べる

背景を選ぶ一覧

「背景を選ぶ」にはたくさんの背景（画像）が用意されています。以下はその一覧です。

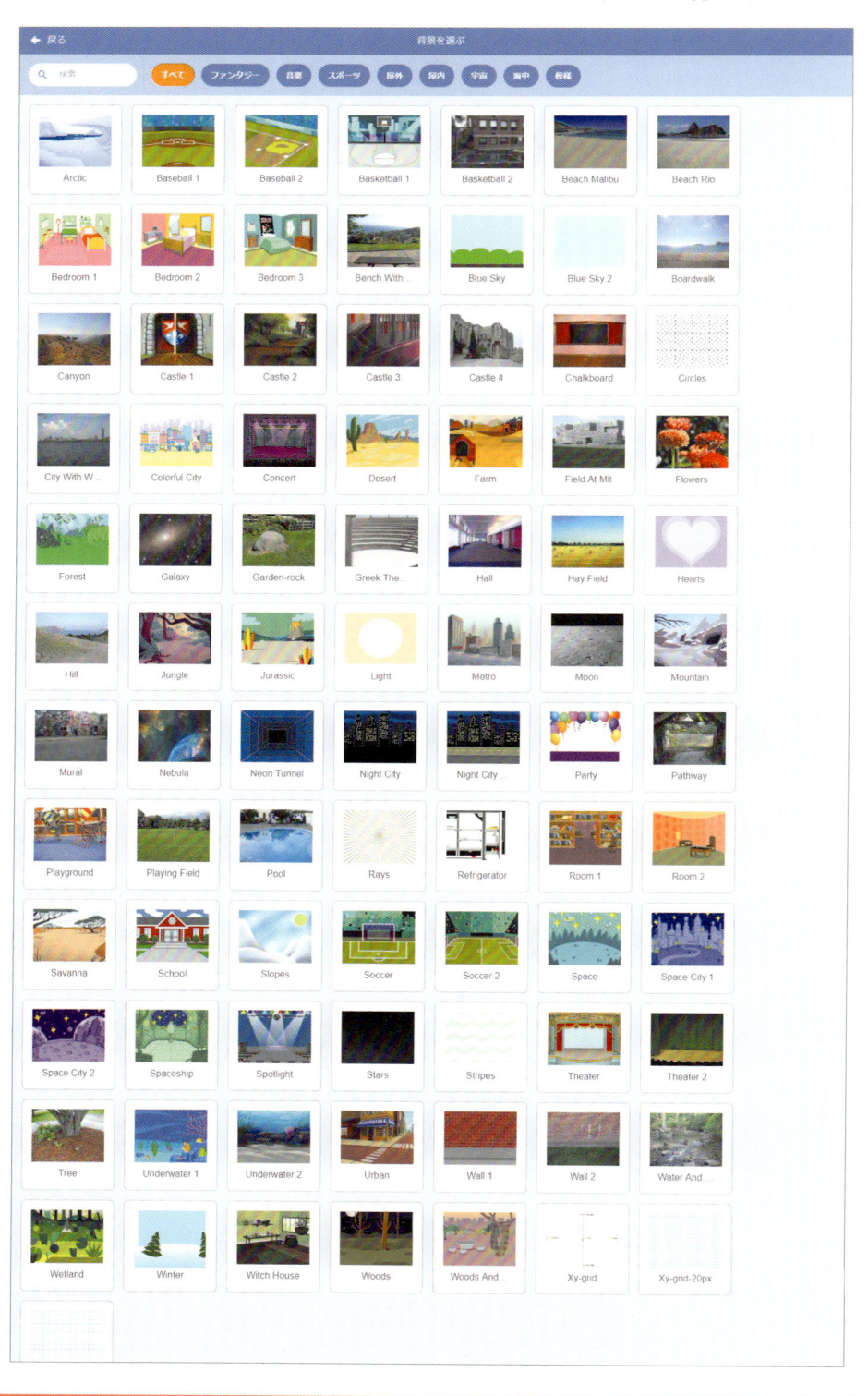

6章

本格的なゲームを作ろう

この章では、オープニングやエンディング、複数のステージがある本格的なゲームを作成します。ゲームの設計からはじまり、画像ソフトを使ったオープニング画面の作成、ゲーム画面の切り替え、得点表示など、ワンランク上のプログラミングに挑戦します。

1　ゲームの内容を考えよう

できること わかること	● ステージが変わるゲームの作成 ● ゲームの全体設計

● 迷路ゲームを設計しましょう

　本格的なゲームには、オープニング（ゲーム内容の説明や操作方法）や、複数のステージ、エンディングがあります。このような構成を設計することでユーザーが楽しめる本格的なゲームとなります。この章では迷路ゲームを作ります。

　まず、はじめはアイディアのメモを作ります。そして、かんたんな場面とストーリーを考えます。

ゲームの場面とストーリー

- ■ オープニング（操作方法やゲーム内容の説明）
- ■ 迷路の中をネコが移動する
- ■ 迷路の中にはオバケがただよっている
- ■ オバケに触れたらゲームオーバー
- ■ 迷路にはスタートとゴールがある
- ■ 1面のスタートからゴールまで移動する
- ■ ゴールについたら2面に移動する
- ■ 2面のゴールで3面へ移動する
- ■ 3面のゴールでゲームクリアー
- ■ エンディング

ゲームに登場するスプライトと役割

- ■ ネコ
  - (1) 矢印キーで操作する
  - (2) スタートの位置からはじめる
  - (3) ゴールについたら次の面に移動
  - (4) オバケに触れたらゲームオーバー

- ■ オバケ
  - (1) ゆらゆらただよう
  - (2) ゆっくりネコに向かう

スプライトの役割は、コードを作成するときのルールとなります。どこにどんな役割が必要かをあらかじめ考えておくと、あとでコードが作成しやすいですよ。

ゲームの画面構成を考える

　迷路の形状、スタートとゴールの位置、ネコとオバケの大きさや動き出す位置などを考えます。

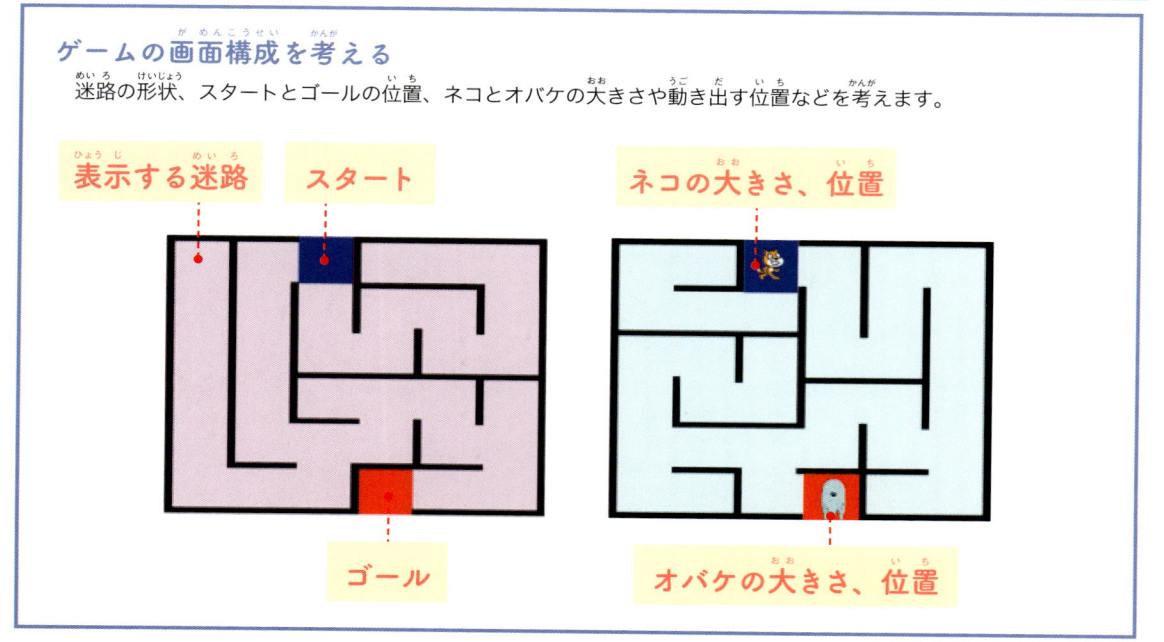

表示する迷路　　スタート　　　　　　ネコの大きさ、位置

ゴール　　　　　　　　　オバケの大きさ、位置

スプライトを追加しよう

ゲームに登場するキャラクター（スプライト）を用意します。ネコのスプライトはそのまま残し、オバケのスプライトを追加します。

❶ （スプライトを選ぶ）をクリックします。

❷ 「スプライトを選ぶ」の「Ghost」をクリックします。

❸ オバケがステージとスプライトリストに追加されます。

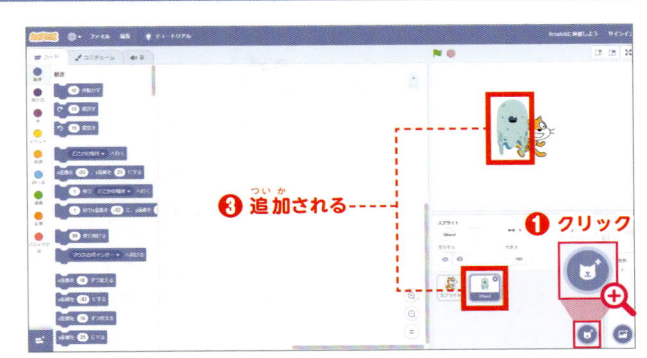

Windows付属の画像ソフト「ペイント」の起動方法

　スクラッチ3.0では、背景やコスチュームを、スクラッチのお絵かき機能で作成することができます。

　また、他の画像ソフトなどを利用して画像を作成し、保存して、それをスクラッチに読み込ませて利用することもできます。

　Windowsには、画像ソフトの「ペイント」が用意されています。ゲームのオープニングや操作方法の解説などを「ペイント」で作成し、画像として保存すればスクラッチでも利用することができます。

　「ペイント」の起動方法はスタートボタンをクリックし、「Windowsアクセサリ」の中にある「ペイント」をクリックします。

スタートメニューからペイントを起動

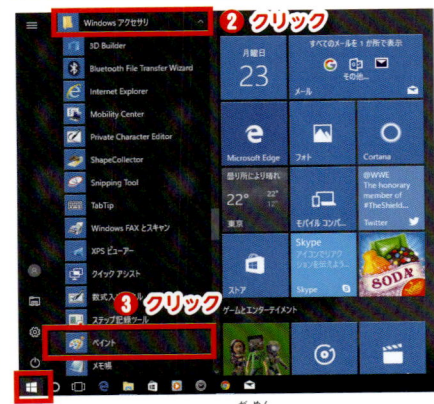

❶ クリック

この画面はWindows10です。

ペイントでオープニングを作成

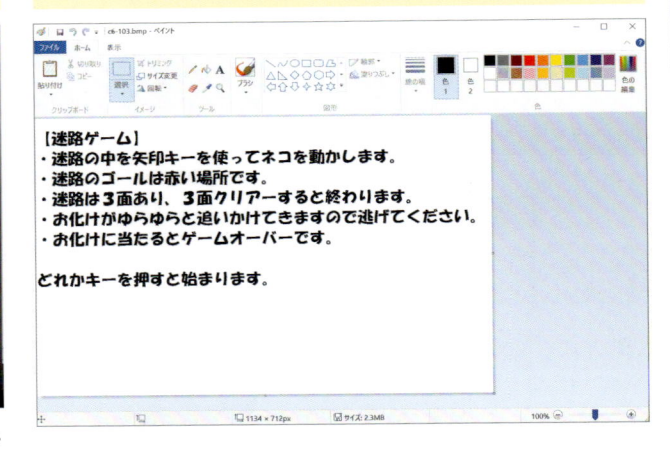

2　迷路ステージを用意しよう

できること わかること	● 迷路の作成 ● 画像の調整

● 自分で迷路を描く場合

迷路は画像ソフトや、スクラッチのペイントエディターで描いて作れます。描くコツは次のとおりです。

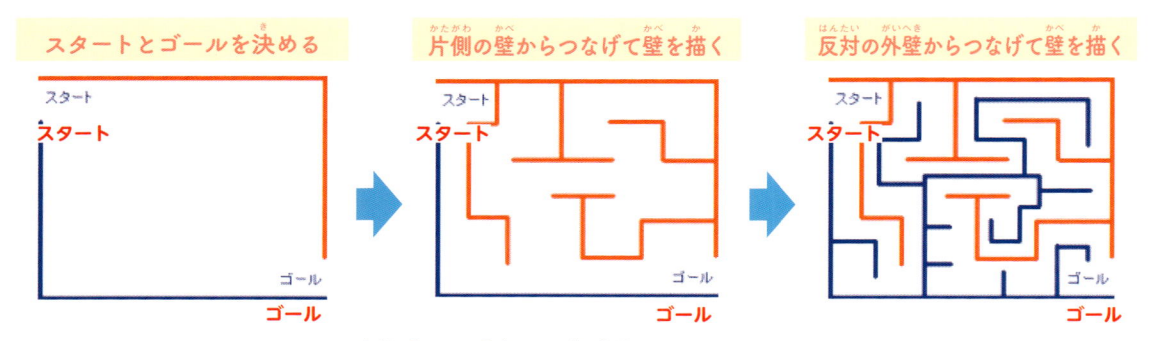

スタートとゴールを決める　片側の壁からつなげて壁を描く　反対の外壁からつなげて壁を描く

● Web サービスで迷路を作る場合

　インターネットには迷路を自動で作成して、画像としてダウンロードできるサービスをしているウェブサイトがあります。本書ではMaze Generator (http://www.mazegenerator.net/) を利用して迷路を作成します。

❶ ブラウザからMaze Generatorの
サイトにアクセスします。

❷ Width（幅）を「8」と入力します。

❸ Height（高さ）を「8」と入力します。

❹ 「Generate」ボタンをクリックします。

この例では、8×8の迷路を作成しています。

❻ PNGに
変更します。

❼ 「Download」ボタンをクリックします。

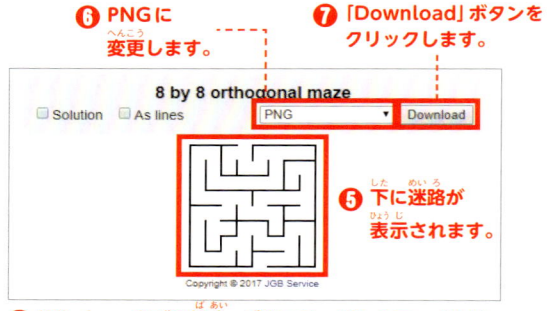

❺ 下に迷路が
表示されます。

❽ Windowsなどの場合、ダウンロードしたファイルは、「ダウンロード」フォルダーに保存されますので、確認してください。

半角文字で入力
しましょう。

複数の迷路を作るとき
はわかりやすいファイル
名に変更しましょう。

「ダウンロード」フォルダー

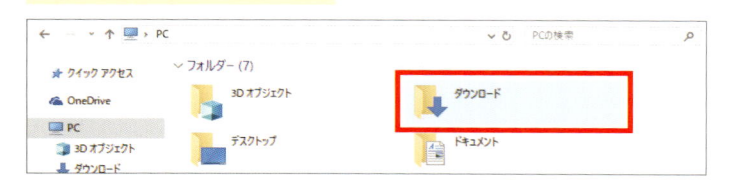

　本書では、Maze Generatorで3つ作成し、「ダウンロード」フォルダーに保存した画像を使用して迷路ステージを作ります。

迷路をステージの背景にしよう

▶ 作成した迷路画像をステージの背景として読み込みます。
❶ （背景を選ぶ）にマウスを重ねます。
❷ （背景をアップロード）をクリックします。
❸ 読み込む画像をクリックします。
❹ 「開く」をクリックして、画像を読み込みます。
❺ 「ベクターに変換」をクリックします。

ベクター画像にすると拡大・縮小がしやすくなります。

読み込まれる
❷ クリック
❺ クリック
ベクターに変換
❶ 重ねる
❸ クリック
❹ クリックして読み込み

▶ 読み込んだ画像をステージの大きさに合わせます。
❶ （選択）をクリックします。
❷ 画像をクリックして選択します。
❸ 選択された画像の周囲にある●マークをドラッグして、画像の大きさが変わるのを確認します。

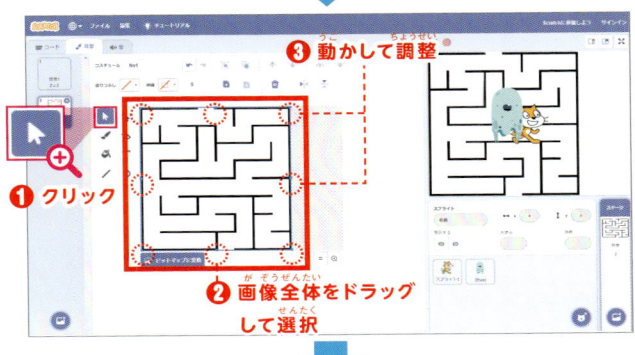

❸ 動かして調整
❶ クリック
❷ 画像全体をドラッグして選択

▶ ❶ ステージいっぱいまで幅を広げます。
❷ 広げたらステージの画像に反映されているかを確認します。

もしドラッグしても、ステージいっぱいに広がらないときは Q ＝ Q で調整します。

❸ コスチュームに「No1」と入力します。
❹ 白い背景（背景1）をクリックします。
❺ をクリックして、白い背景（背景1）を削除します。

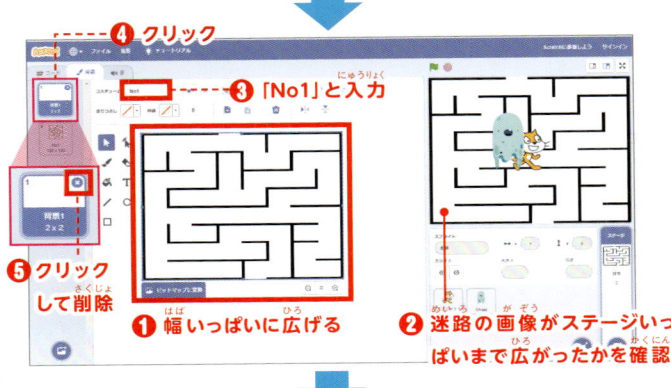

❹ クリック
❸ 「No1」と入力
❺ クリックして削除
❶ 幅いっぱいに広げる
❷ 迷路の画像がステージいっぱいまで広がったかを確認

▶ 出口にゴールを示す赤い四角を描きます。
❶ 塗りつぶしをクリックします。
❷ をドラッグして、赤色になるように設定します。
❸ □（四角形）をクリックします。
❹ 出口でドラッグして四角を作ります。
❺ 同様に、迷路画像を2つ読み込んで、赤い四角を描きます。背景名はそれぞれ「No2」「No3」とします。

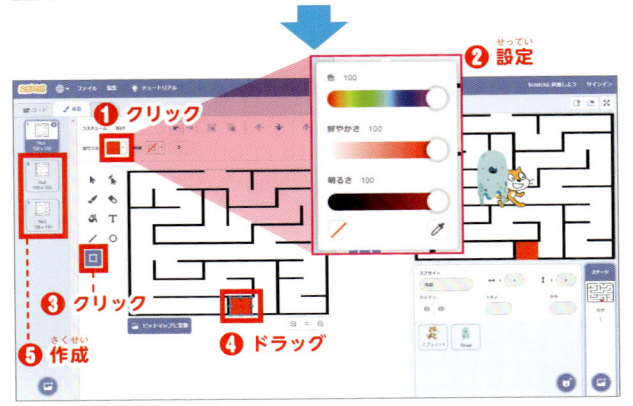

❷ 設定
❶ クリック
❸ クリック
❹ ドラッグ
❺ 作成

3　迷路の中を移動させよう

| できること
わかること | ●迷路内での移動
●キー操作によるスプライトの移動 |

● スプライトの移動には色を利用します

ここでは、ゲームに登場する2つのキャラクターである、ネコとオバケの「動き」に関するコードを作ります。

ネコはキーボードで動かします。その際、色を利用して、進める方向を決めます。赤色まで進むと、次のステージに進めます。オバケは乱数を利用して移動し、ネコをゆっくりと追いかけます。

進む方向に黒があるとキーを押しても進めない

ネコのスプライト

ネコのスプライトをそのまま利用します。

■ 役割
・はじめに大きさと位置を指定します。
・次に、キーボードで上下左右に移動します。
・迷路のゴールについたら次の迷路に移動します。

オバケのスプライト

Ghost

オバケのスプライトを追加します。「スプライトを選ぶ」から選びます。

■ 役割
・はじめに大きさと位置を指定します。
・次に、ランダムに進みます。
・ネコのスプライトに近づきます。
・ネコのスプライトに触れたらゲームオーバーです。

迷路脱出法

迷路の脱出方法についても、さまざまな方法が考え出されています。

（1）右手法
迷路の壁に右手をつけて離さず進みます。一続きの迷路であれば必ず出口まで行けます。

ただし、迷路に切れ目（島）があるとそこから抜け出せません。

（2）しらみつぶし法
迷路内の一度通った床に、矢印を書いて、迷路内を歩き回ります。最悪でも迷路内の距離の2倍歩けば必ず出口につきます。

右手法がうまくいく場合

右手法がうまくいかない場合

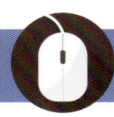

ネコの動きを作ろう

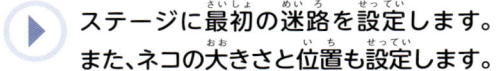

※黄色で囲んでいる箇所は画面のとおりに入力や設定をしてください。

ステージに最初の迷路を設定します。
また、ネコの大きさと位置も設定します。
❶スプライトリストのネコをクリックします。
❷コードタブをクリックします。
❸ブロックを並べて数値を入力します。

> **Point** 背景を No1 ▾ にする でゲームスタート時に表示する迷路を指定します。

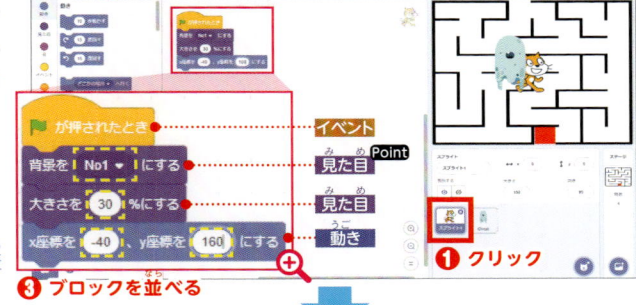

↓キーが押されたときのネコの動きを設定します。
❶ブロックを追加します。移動方向に黒（迷路の壁）があると進めないように設定します。
❷ ● 色に触れた の色のところをクリックします。
❸ 🖌 をクリックします。
❹ステージの黒いところ（迷路の壁）でクリックします。

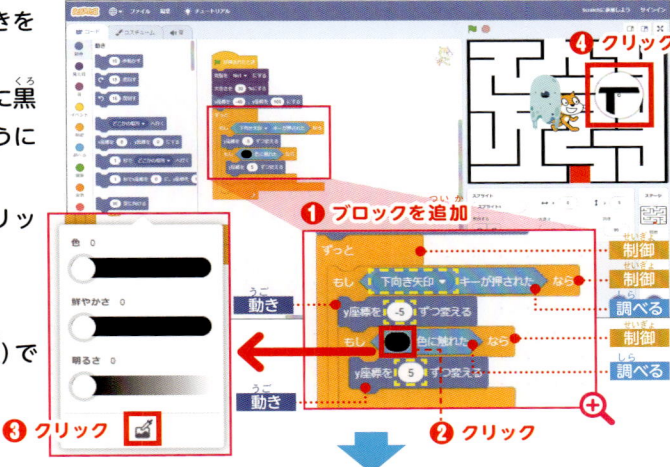

↑、←→キーも同様に作ります。同様に、進む方向に黒（迷路の壁）がある場合は、進めないように設定します。

> **Point** 黒（迷路の壁）に触れたら、進んだ距離と同じ距離を戻るように処理をしています。

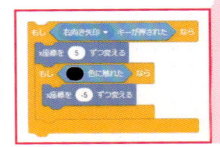

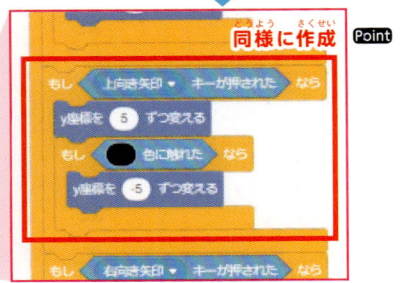

ネコがゴールの印（赤色の四角）に触れたら、次の迷路が表示されるようにします。ブロックを追加して、数値を入力します。

🚩をクリックして動作させてみましょう。

ここまでできたら一度動作チェックをします。

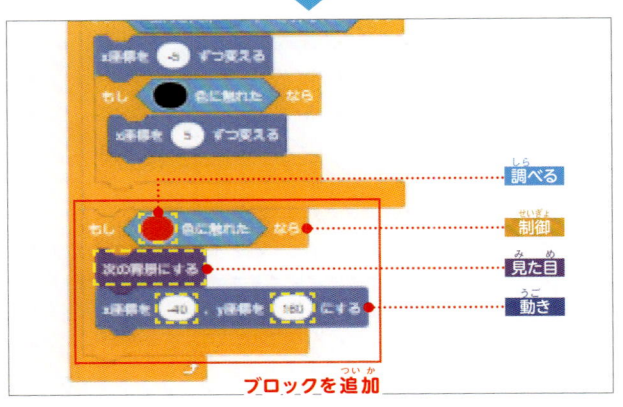

オバケの動きを作ろう

▶ オバケの大きさと位置を設定します。
❶ スプライトリストのオバケをクリックします。
❷ ブロックを並べて、数値を入力します。

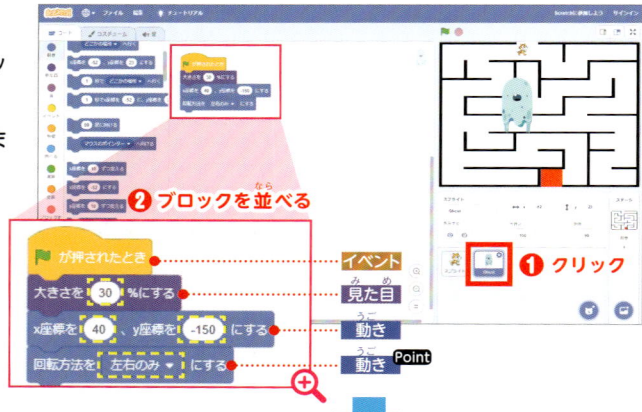

▶ オバケは乱数を利用して動かします。ブロックを追加します。

スプライト1▼ へ向ける ブロックでネコを追いかけます。

Point オバケの動きを遅くしたいときは、乱数の範囲を小さくします。
例 0.5 から 1 までの乱数

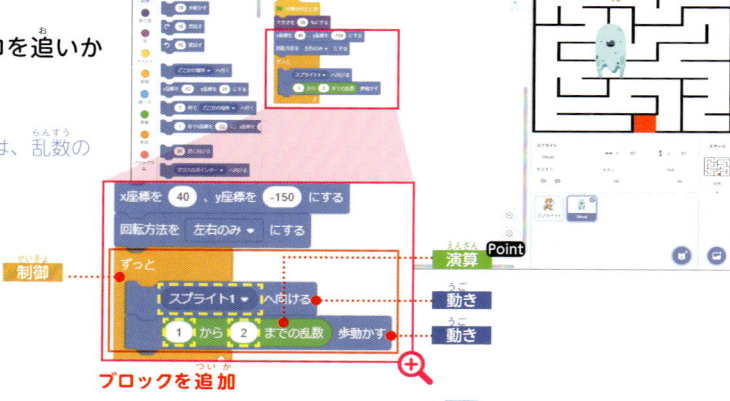

▶ オバケとネコがぶつかるとゲームオーバーにします。ブロックを追加します。

🏳 をクリックして動作させてみましょう。

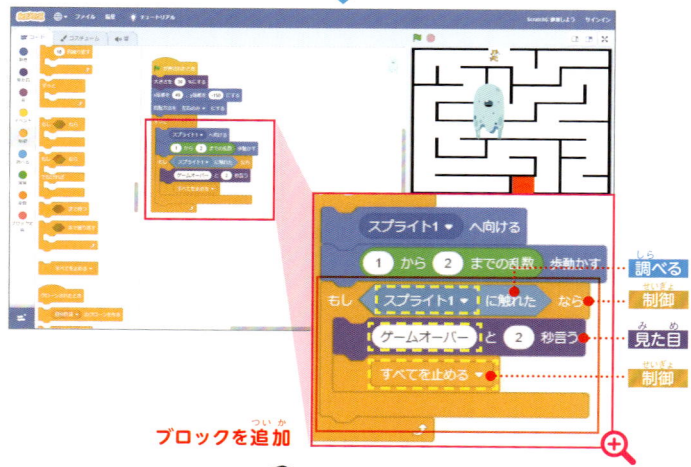

ここまでできたら、動作チェックをします。
オバケの速度が速いようでしたら、乱数を小さな数（0.5 から 1 など）にしてみてください。

● コードを1つのブロックにまとめることができます

　コードが長くなると、全体の処理が見にくくなります。複数のブロックを1つのブロックにまとめることで、コードが見やすくなります。ここでは、ネコの「キー操作」の部分を1つのブロックにまとめてみます。

　この「まとめたブロック」のことを、一般的なプログラミング言語ではサブルーチンと呼びます。

▶ ❶スプライトリストのネコをクリックします。
❷「ブロックの定義」をクリックします。
❸「ブロックを作る」をクリックします。
❹ブロック名を「移動」と入力します。
❺「OK」をクリックします。

❻ ができます。

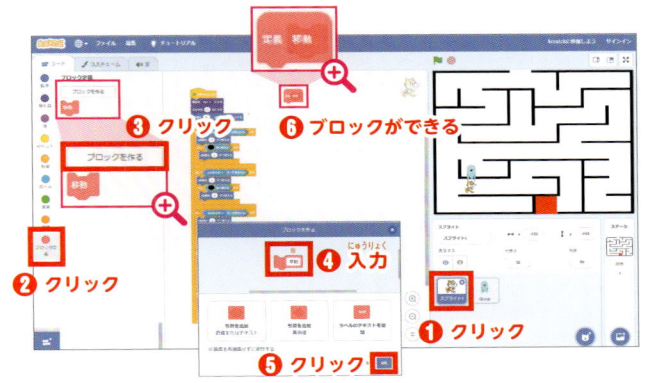

▶ 新しくできたブロック に、まとめたいキー処理のブロックをドラッグして結合します。

▶ 実行するためのブロックをコードに追加します。
❶「ブロックの定義」をクリックします。
❷「移動」ブロックをコードに加えます。

・新しく作ったブロックは「定義」する部分と「実行」する部分とに分かれています。実行するときは、ブロック名のついたブロックをコード中に置くことで実行されます。

・🏁 をクリックして動作させてみましょう。

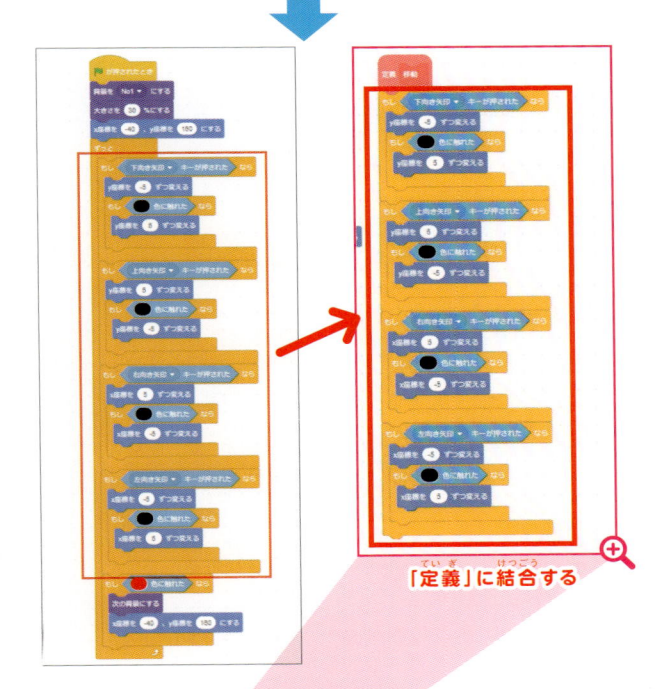

「定義」に結合する

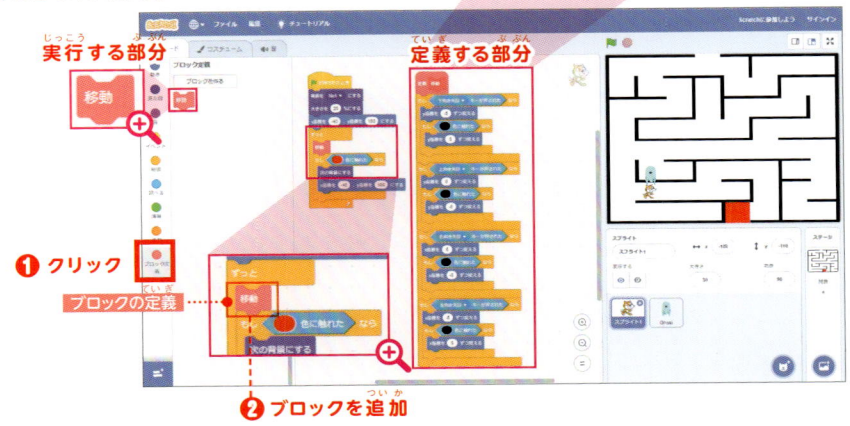

実行する部分　　　　　定義する部分

❶ クリック

ブロックの定義

❷ ブロックを追加

4　オープニングを作ろう

できること わかること	● 文字入りの画像の作成
	● 画像の種類

● オープニング画面の役割を知りましょう

　ゲームを設計する上でオープニング画面は重要です。

　オープニング画面ではゲームの操作方法や目的、クリアーの方法、ゲームオーバーの条件などをユーザーに伝えることができます。さらにゲームの世界観を伝えることができます。

　これらの画面はスクラッチのお絵書き機能や、その他の画像ソフトなどで作ることができます。

　本書では、ペイントを使って、オープニングとゴール画面の画像を作成します。ペイントの起動については6-1（113ページ）を参照してください。

> **「迷路ゲーム」のオープニングに使いたい説明**
>
> 迷路ゲーム
>
> [ルール]
> ・迷路の中を矢印キーを使ってネコを動かします。
> ・迷路のゴールは赤い場所です。
> ・迷路は3面あり、3面クリアーすると終わります。
> ・オバケがゆらゆらと追いかけてきますので、逃げてください。
> ・オバケに当たるとゲームオーバーです。
>
> どれかキーを押すとはじまります。

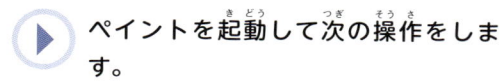

ペイントでオープニング画像を作成しよう

▶ ペイントを起動して次の操作をします。

❶「ホーム」タブの「サイズ変更」をクリックします。

❷「サイズ変更」欄の「単位」の「ピクセル」をクリックします。

❸「縦横比を維持する」のチェックを外します。

❹「水平方向」を「960」と入力します。

❺「垂直方向」を「720」と入力します。

❻「OK」をクリックします。

ペイントの起動については6-1（113ページ）を参照してください。

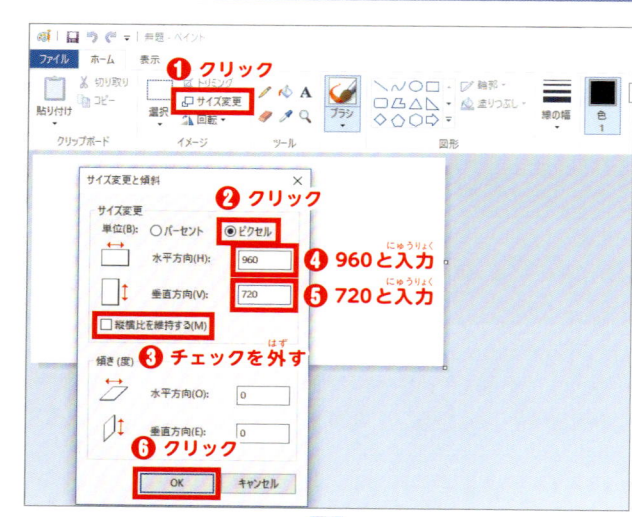

▶ 背景色をつけます。

❶ （塗りつぶし）をクリックします。

❷色をクリックします。

❸クリックして塗りつぶします。

ここでは「薄いターコイズ」を選んでいます。

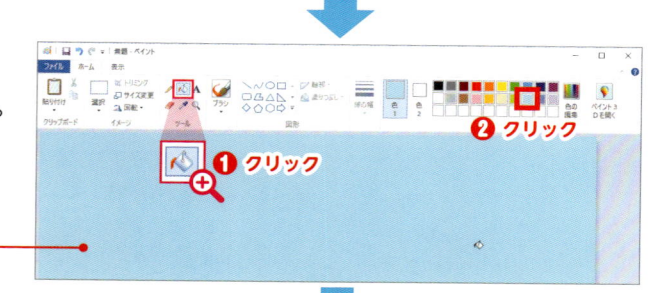

ゲームのルールを入力します。

❶ 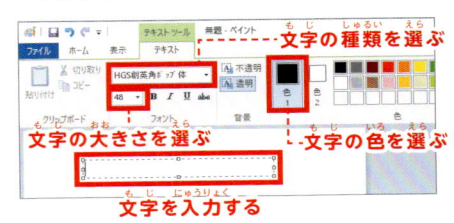 **A** (テキスト) をクリックします。

・文字を書きたい領域をドラッグするか、クリックします。領域はあとから変更もできます。

・テキストタブが表示され、文字の種類や大きさなどを選べます。

文字の種類を選ぶ

文字の大きさを選ぶ — 文字の色を選ぶ

文字を入力する

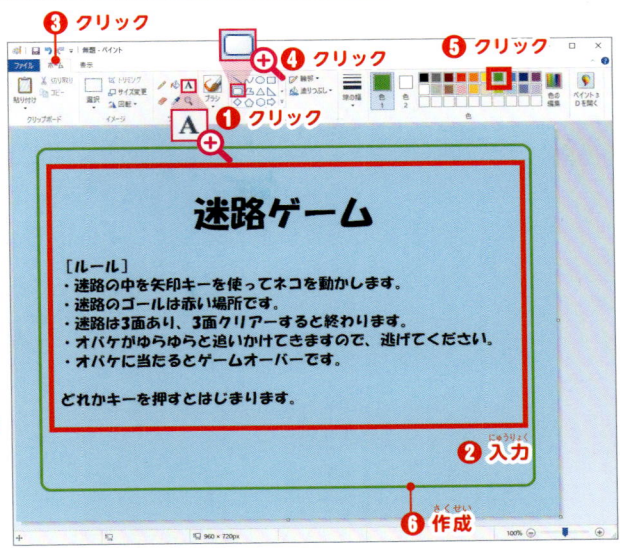

③ クリック ④ クリック ⑤ クリック

❶ クリック

迷路ゲーム

[ルール]
・迷路の中を矢印キーを使ってネコを動かします。
・迷路のゴールは赤い場所です。
・迷路は3面あり、3面クリアーすると終わります。
・オバケがゆらゆらと追いかけてきますので、逃げてください。
・オバケに当たるとゲームオーバーです。

どれかキーを押すとはじまります。

❷ 入力

❻ 作成

❷ 文字を入力します。

❸ 「ホーム」をクリックします。

❹ 「角丸四角形」 をクリックします。

❺ 緑色を選択します。

❻ 説明の文字を囲むようにドラッグして、四角い線の図形を配置します。

作成した画像を保存します。

❶ 「ファイル」をクリックします。

❷ 「名前を付けて保存」をクリックします。

❸ 「PNG画像」をクリックします。

「JPEG画像」を選んでもかまいません。

 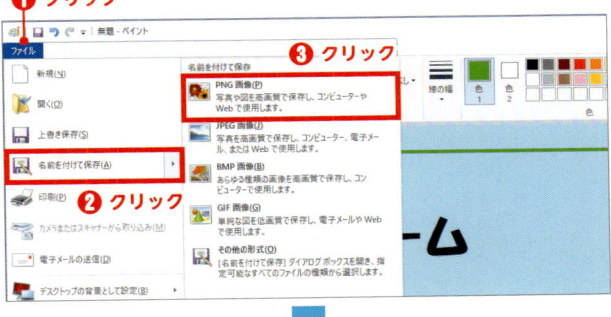

❶ クリック

❸ クリック

❷ クリック

「名前を付けて保存」画面が表示されますので、ファイル名を入力して保存します。

❶ 保存先をクリックします。

ここでは、「ドキュメント」フォルダーに保存しています。

❷ ファイル名を入力します。

ここでは、ファイル名を「opening.png」にしています。

❸ 「保存」をクリックします。

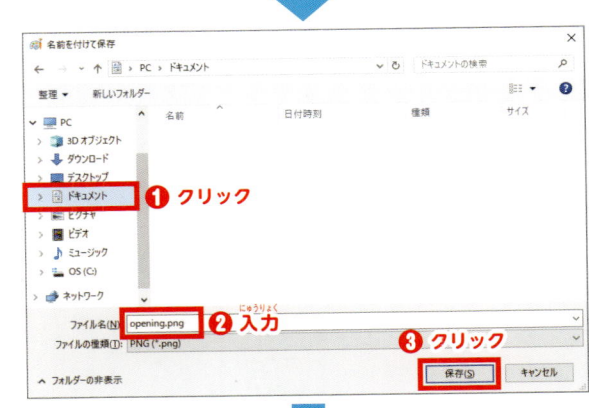

❶ クリック

❷ 入力

❸ クリック

同じようにペイントを使ってゴール画面も作成します。

ゴール！
おめでとう！

オープニングとゴールのコードを作ろう

▶ 6-3（119ページ）のスクラッチの画面に戻ります。作成したオープニングの画像をステージの背景に加えます。

❶ （背景を選ぶ）にマウスを重ねます。

❷ （背景をアップロード）をクリックします。

❸読み込む画像をクリックします。

❹「開く」をクリックします。

❺画像が読み込まれます。

ここでは、「ドキュメント」フォルダーにある「opening.png」を読み込みます。

❻コスチュームに「opening」と入力します。

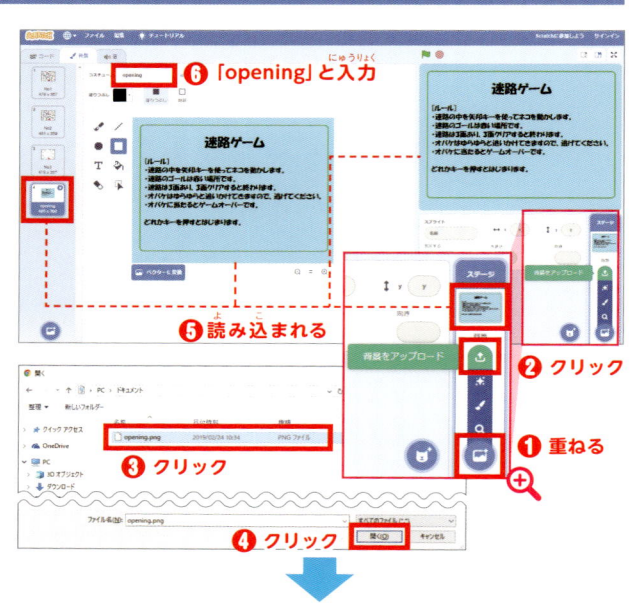

❻「opening」と入力
❺読み込まれる
❷クリック
❶重ねる
❸クリック
❹クリック

▶ オープニング画面のコードを作ります。何かキーが押されたら迷路を表示し、ネコとオバケのスプライトにスタートメッセージを送ります。

❶コードタブをクリックします。

❷ブロックを並べます。

Point 「スタートメッセージ」は次の手順で作ります。

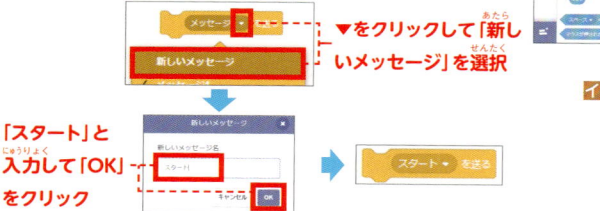

▼をクリックして「新しいメッセージ」を選択

「スタート」と入力して「OK」をクリック

「スタートメッセージ」を受け取ったら、他のスプライトのコードを開始するようにします。

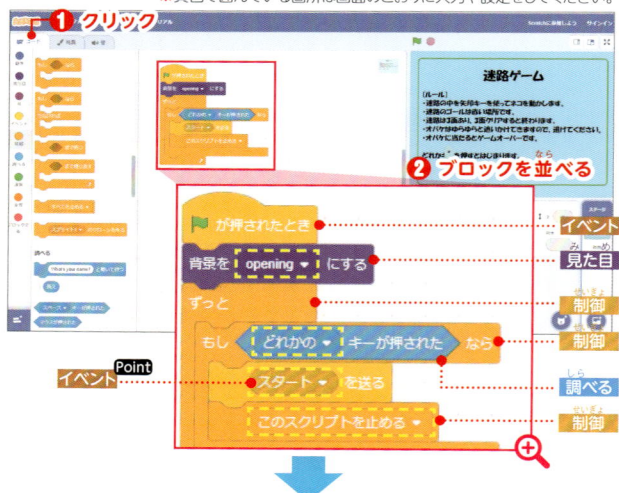

❶クリック
※黄色で囲んでいる箇所は画面のとおりに入力や設定をしてください。
❷ブロックを並べる

が押されたとき — イベント
背景を opening にする — 見た目
ずっと — 制御
もし どれかの キーが押された なら — 制御 / 調べる
スタート を送る — イベント Point
このスクリプトを止める — 制御

▶ スタートメッセージを受け取ったらネコが動くようにコードを変更します。

❶スプライトリストのネコをクリックします。

❷ブロックを追加します。

Point

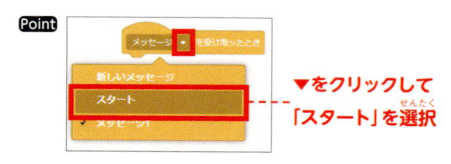

▼をクリックして「スタート」を選択

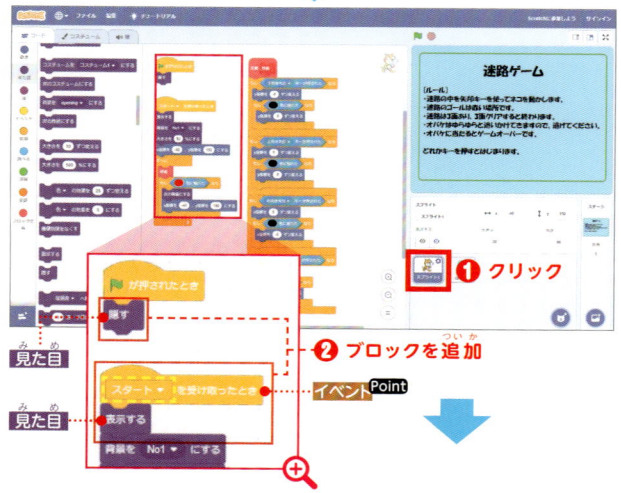

❶クリック
❷ブロックを追加
が押されたとき
隠す — 見た目
スタート を受け取ったとき — イベント Point
表示する — 見た目
背景を No1 にする

▶ オバケもスタートメッセージを受け取ったら動くようにコードを変更します。

❶ スプライトリストのオバケをクリックします。

❷ ブロックを追加します。

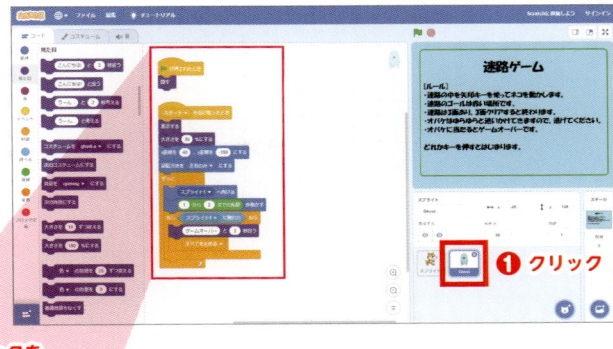

❶ クリック

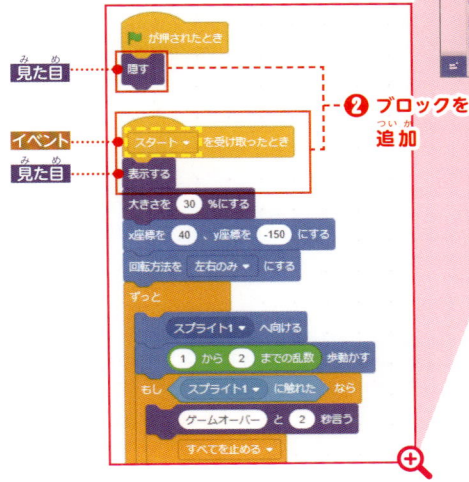

見た目 ┄┄┄ 隠す

❷ ブロックを追加

イベント ┄┄┄ スタート▼ を受け取ったとき
見た目 ┄┄┄ 表示する

大きさを 30 %にする
x座標を 40 、y座標を -150 にする
回転方法を 左右のみ にする
ずっと
　スプライト1▼ へ向ける
　1 から 2 までの乱数 歩動かす
　もし スプライト1▼ に触れた なら
　　ゲームオーバー と 2 秒言う
　すべてを止める▼

▶ 迷路を3面クリアーしたらゴールです。ゴールしたときの処理を作ります。

❶ オープニング画像（122ページ）と同様に、ゴールの画像を読み込みます。

❷ コスチュームを「goal」とします。

❸ 「opening」を一番上にドラッグして移動ます。

❹ 背景の順番を確認します。

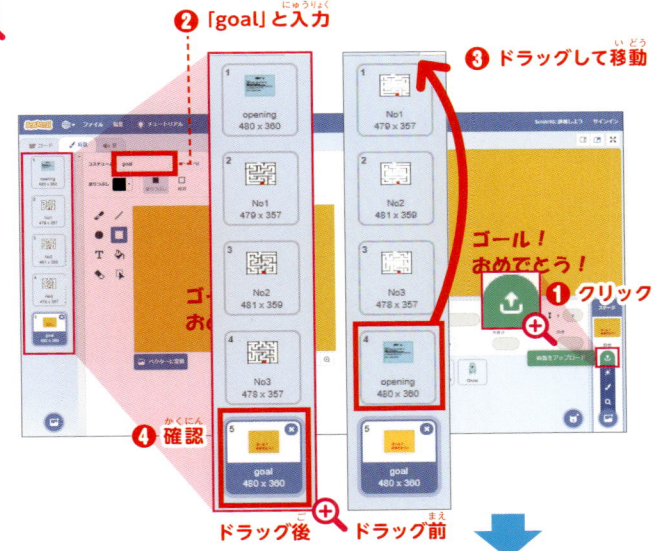

❷ 「goal」と入力

❸ ドラッグして移動

❶ クリック

❹ 確認

ドラッグ後　ドラッグ前

▶ ❶ スプライトリストのネコをクリックします。

❷ コードタブをクリックします。

❸ ブロックを並べます。

🚩 をクリックして動作させてみましょう。

Point

背景が goal▼ になったとき

opening
No1
No2
No3
✓ goal

▼をクリックして「goal」を選択

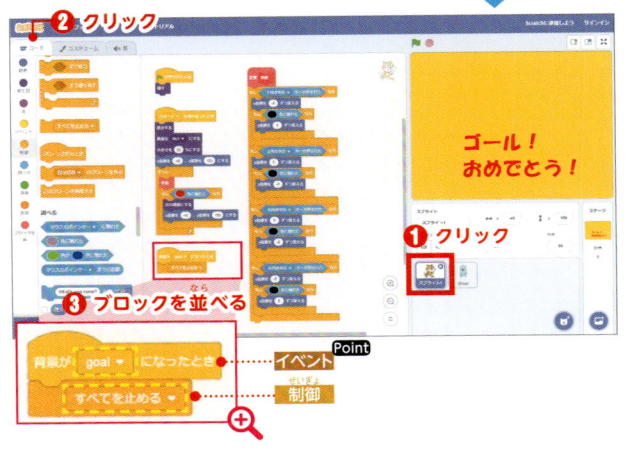

❷ クリック

❸ ブロックを並べる

❶ クリック

Point

背景が goal▼ になったとき ┄┄ イベント
すべてを止める▼ ┄┄ 制御

5 ゲームを改良しよう

● ゲームのいろいろな改良を考えましょう

ここではじめに考えていたゲームのストーリーを確認してみます。そして、どんな改良ができるか考えてみます。

場面とストーリーを確認

- オープニング (操作方法やゲーム内容の説明)
- 迷路の中をネコが移動する
- 迷路の中にはオバケがただよっている
- オバケに触れたらゲームオーバー
- 迷路にはスタートとゴールがある
- 1面のスタートからゴールまで移動する
- ゴールについたら2面に移動する
- 2面のゴールで3面へ移動する
- 3面のゴールでゲームクリアー
- エンディング

改良前

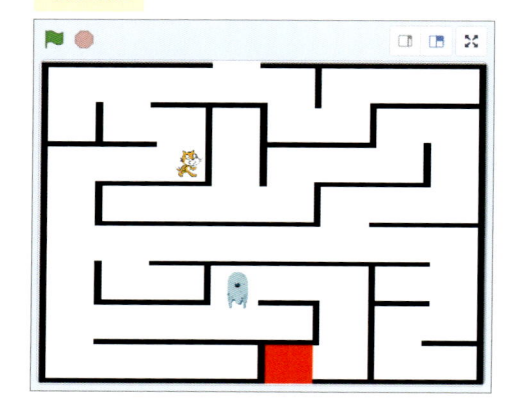

次のような改良が考えられます。

ネコがオバケに触れてもよい回数を増やす
ネコがオバケに何回か触れたらゲームオーバーにします。

スプライトを増やす
オバケを増やしたり、仲間を増やしたりします (スプライトの「複製」を利用します)。

迷路の数を増やす
迷路の数を増やします (ステージの背景に追加します)。

改良後

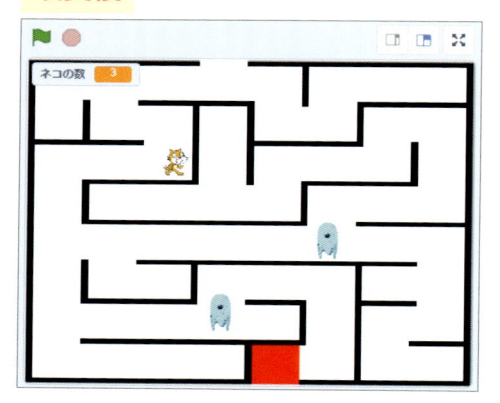

ここでは、オバケに触ってすぐゲームオーバーになるのをやめて、3回まで許すように改良してみましょう。

ゲームの高得点をとっておきたいとき
ゲームの高得点を出した人の名前や得点をとっておきたいときは、「リスト」を利用します。
リストの値は、スクラッチのプログラムを保存すると、一緒に保存されます。なお、リストを新しく作る場合や、リストの中味をクリアする場合は初期化を行います。
リストについて、詳しくは8章で説明します。

オバケに3回触ったらゲームオーバーにする

▶ ゲームオーバーの画面を作ります。
❶ （背景を選ぶ）にマウスを重ねます。
❷ 🖌（描く）をクリックします。
❸ コスチュームに「gameover」と入力します。
❹ 🇹（テキスト）をクリックします。
❺ 文字を入れたい位置でクリックして「ゲームオーバー」と日本語で入力します。

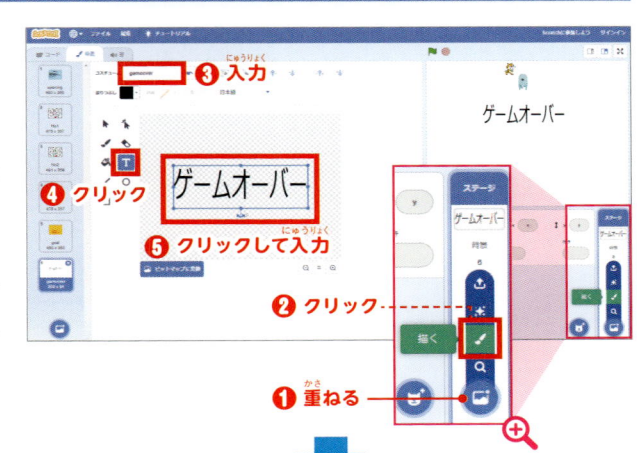

▶ オバケのコードを変更します。
❶ スプライトリストのオバケをクリックします。
❷ コードタブをクリックします。
❸ 「変数」をクリックします。
❹ 「変数を作る」をクリックして、「ネコの数」という変数を作ります。
❺ ブロックを削除・追加して、コードを変更します。

Point 「新しいメッセージ」で「さわった」を作ります。

❻ ブロックを並べます。

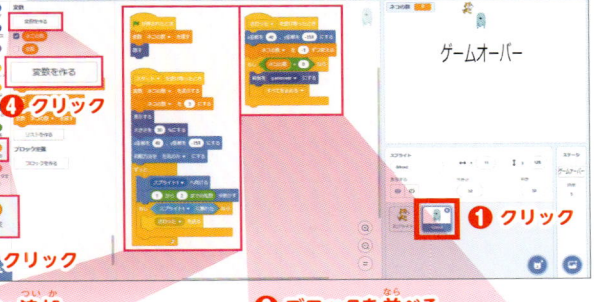

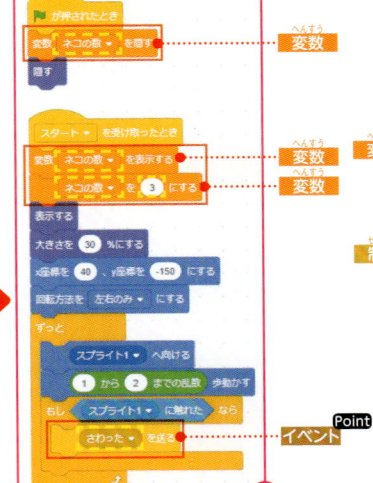

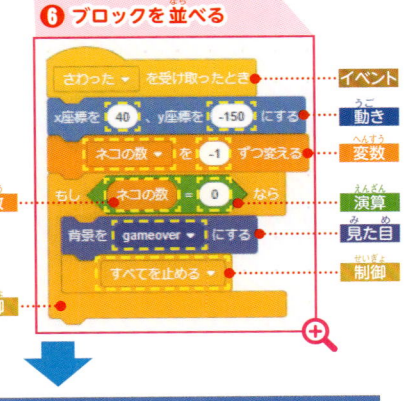

▶ ネコのコードを変更します。
❶ スプライトリストのネコをクリックします。
❷ ブロックを並べます。

🏳 をクリックして動作させてみましょう。

Windowsのペイントによる画像の作り方

　Windowsには標準で画像ソフトの「ペイント」が用意されています。「ペイント」を利用すると、さまざまな画像を作ることができます。ここでは、Windowsのペイントで日本語の文字が入った画像の作成方法を紹介します。

起動とサイズの指定

　ペイントは、スタートボタンの「Windowsアクセサリ」にあります。ペイントをクリックして起動したら、白い背景の右下にマウスを移動します。マウスの形が両矢印になったら、クリックしながら動かして、画像のサイズを指定します。ペイントの起動については**6-1**（113ページ）、画像サイズの指定については**6-4**（120ページ）も参照してください。

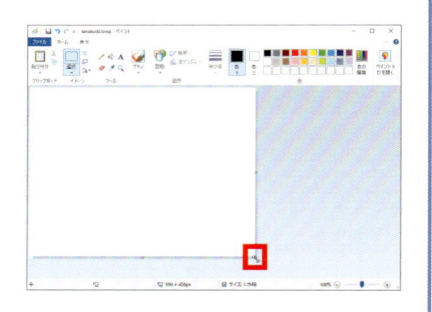

背景の色を塗りつぶし

　メニューの塗りつぶしを選択し、次に色をパレットから選択します。その後背景をクリックすると指定した色で塗りつぶされます。

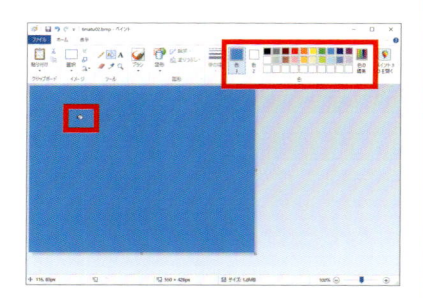

文字の入力と編集

　メニューの「テキスト」で文字の挿入ができます。文字の編集中はメニューに「テキストツール」メニューが増えています。
　文字の編集を終了すると、再度その文字を編集することができないので注意します。
　フォントもこのときに指定します。

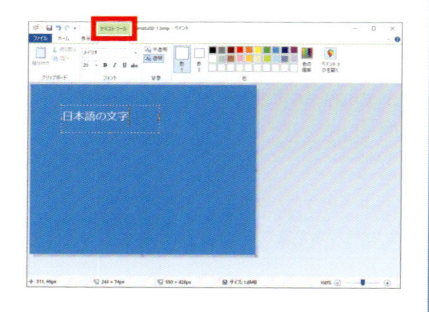

保存とファイル形式

　背景画像が完成したら保存をします。「ファイル」→「名前を付けて保存」でファイルの形式は「JPEG画像」または「PNG画像」のどちらかを選択します。スクラッチで扱える画像の種類はJPEGとPNGです。

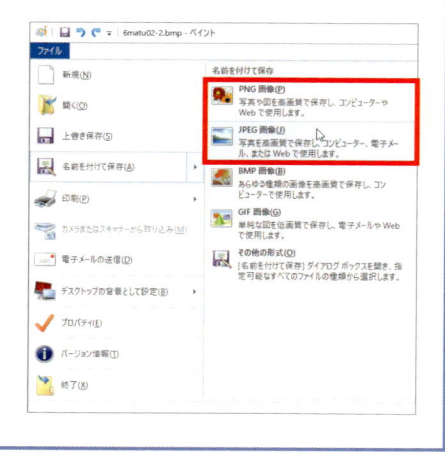

7章

教材を作ってみよう

この章では、スクラッチを利用したプログラミング教育の
ヒントとなるプログラムを紹介しています。プログラミン
グ的な思考を育むための教科の例として、7-1（国語）、7-2
（算数）、7-3（理科）、7-4（社会）、7-5（図工）、7-6（音楽）
を取り上げました。本章に加え、6章までの知識を使えば、
さまざまな教科や単元でスクラッチを活用するアイディア
が生まれるでしょう。

1　絵本を作ってみよう（国語）

できること わかること	●背景の切り替え、コスチュームの切り替え、メッセージ ●逐次処理

● 絵本を作りましょう

国語科で利用できる絵本を作ります。スクラッチに用意されているスプライトや背景を利用したり、絵を自作したりしながら、絵本を作ることができます。

● シーンごとの内容を考えましょう

実際にスクラッチで絵本を作ってみましょう。ここでは、かんたんな会話形式の絵本を作ってみます。会話をするキャラクターを切り替えるときは「メッセージの送受信」が必要です。キャラクターが「メッセージを送信」し、別のキャラクターがその「メッセージを受信する」と会話を開始します。

シーン1　地上	シーン2　海	シーン3　地上
ペンギン君、君は鳥なの？動物なの？	ほら、海の中を飛んでいるように泳いでいるでしょ。	メッセージ2受信
メッセージ1送信	メッセージ2送信	ほんとだ。
メッセージ1受信		
ぼくは鳥の仲間だよ。		
今から泳ぐから見てて。		

 背景とキャラクターを用意しよう

ステージの背景を設定します。

❶ （背景を選ぶ）をクリックします。

❷「背景を選ぶ」から「Blue Sky」と「Underwater1」をそれぞれクリックして読み込みます。

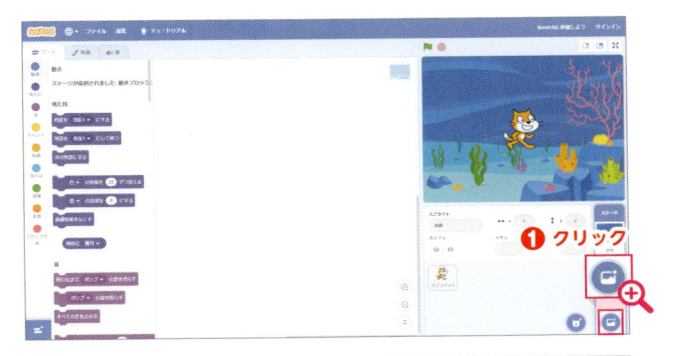

キャラクター（鳥とペンギン）のスプライトを読み込みます。ネコのスプライトは不要なので削除します。

❶ スプライトリストのネコをクリックします。

❷ をクリックしてネコを削除します。

❸ （スプライトを選ぶ）をクリックします。

❹「スプライトを選ぶ」から鳥「Parrot」とペンギン「Penguin2」をそれぞれクリックして読み込みます。

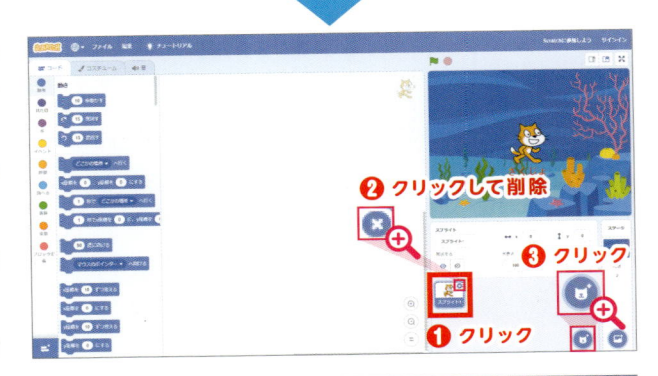

▶ 鳥とペンギンの位置や向きを変えます。

❶ ステージの鳥とペンギンをドラッグして右のように配置します。

❷ スプライトリストの鳥をクリックします。

❸ コスチュームタブをクリックします。

❹ ▶◀（左右反転）をクリックします。

❺ スプライトリストのペンギンをクリックします。

❻ 3番目のコスチューム（Penguin2-C）をクリックします。

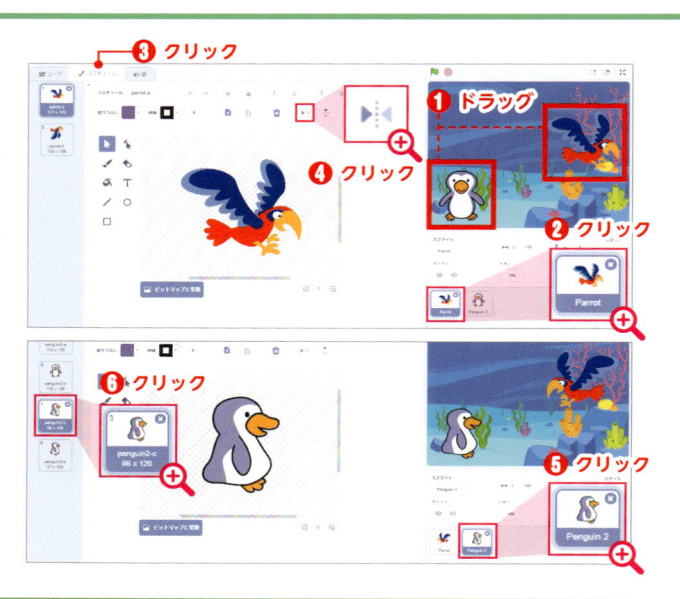

🖱 シーンを作ろう

※黄色で囲んでいる箇所は画面のとおりに入力や設定をしてください。

▶ 「シーン1」の鳥に関する部分を作成します。会話を表示したあとに「メッセージ1」を送信します。

❶ スプライトリストの鳥をクリックします。

❷ コードタブをクリックします。

❸ ブロックを並べます。

メッセージについては4-6（78ページ）を参照してください。

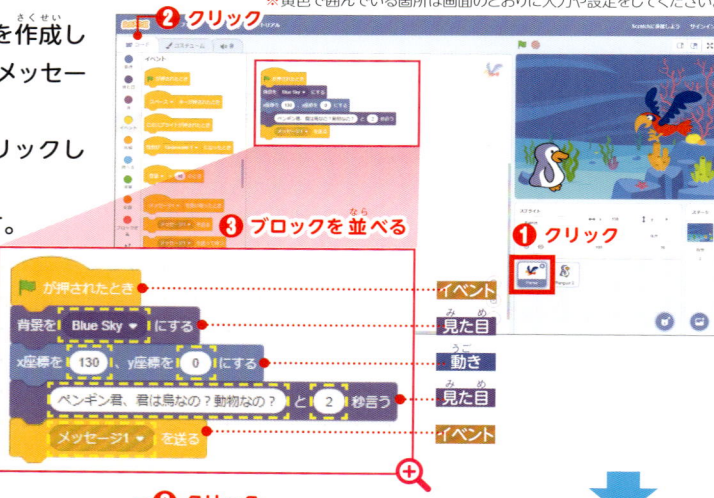

▶ 「シーン1」のペンギンに関する部分を作成します。「メッセージ1」を受信すると、鳥の会話に対して返答します。

❶ スプライトリストのペンギンをクリックします。

❷ コードタブをクリックします。

❸ ブロックを並べます。

シーン1ができたね。

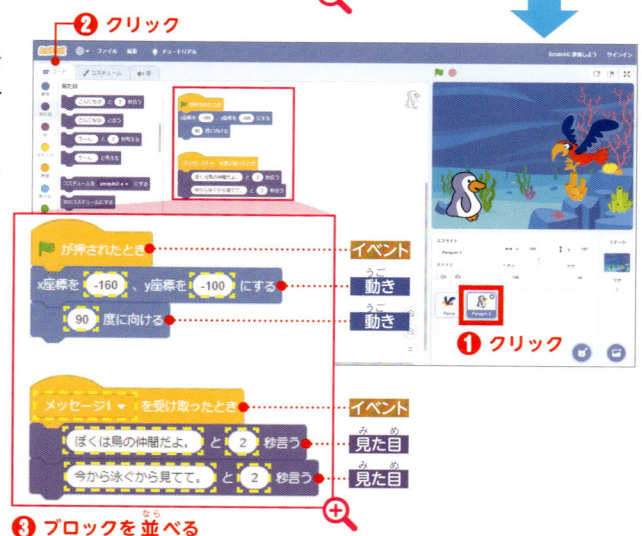

「シーン2」のペンギンに関する部分を作成します。背景を「underwater1」にして、ペンギンが話します。
話し終ったあとに「メッセージ2」を送信します。
ペンギンにブロックを追加します。

Point 「メッセージ2」は次のように作ります。

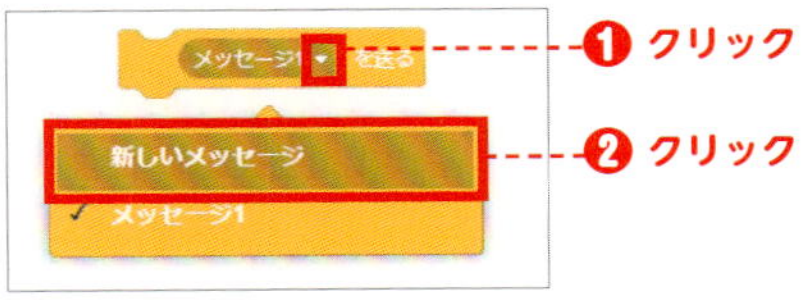

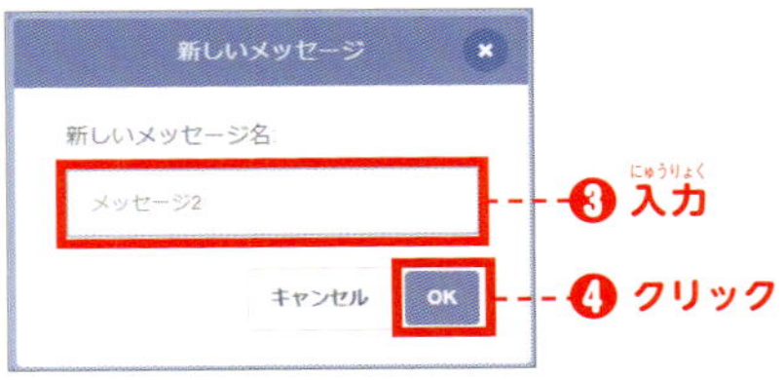

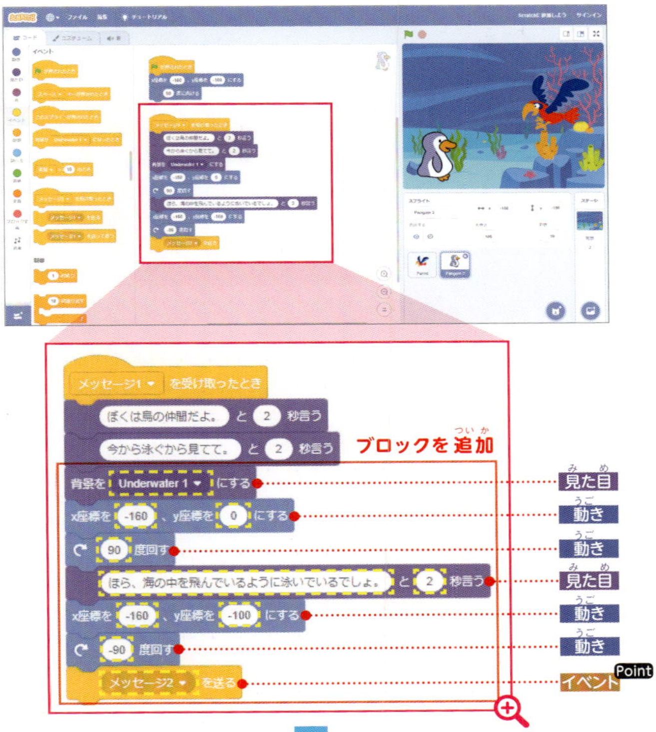

「シーン3」の鳥に関する部分を作成します。
「メッセージ2」を受信したら、背景を「Blue Sky」にして、鳥が話します。
❶スプライトリストの鳥をクリックします。
❷ブロックを追加します。

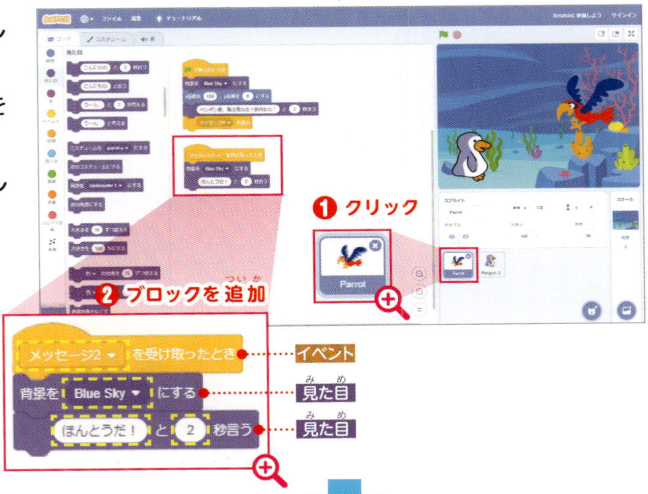

絵本が完成しました。

をクリックして動作させてみましょう。

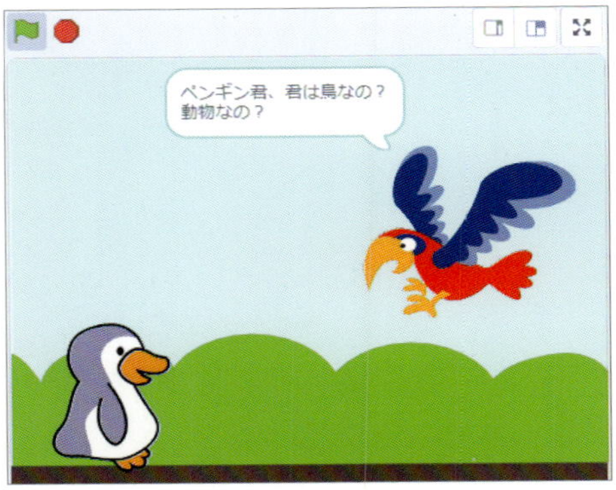

2 計算ドリルを作ってみよう（算数）

できること わかること	●繰り返し ●変数、乱数

● 計算ドリルを作成します

算数で利用できる計算ドリルを作ります。プログラムを利用すれば、レベルに応じた出題も可能です。スクラッチには
ユーザーからの数字や文字の入力を待つブロック　〔あなたの名前は何ですか？ と聞いて待つ〕　があります。
を使用して、利用者からの入力と、出題した問題の正解を照合することができます。

メッセージを表示して、ユーザーからの
入力を待つのね。

● ドリルの内容を決めましょう

「リンゴとバナナがあわせていくつか？」を問う問題を出す計算ドリルを作ってみます。さらに、正解が繰り返されると、
レベルが上がり、表示する数値（リンゴとバナナの個数）の範囲が増えるようにします。
　※バナナは1ふさを1つと数えます。

> ### プログラムの流れ
>
> （1）はじめのレベルは0にする。
> （2）リンゴとバナナの数をそれぞれ乱数で決める。 ┐
> （3）リンゴとバナナを表示して、入力を待つ。
> （4）入力の正誤の判定を行う。　　　　　　　　　　├─── **(2)から(6)をずっと繰り返す**
> （5）正解で出題範囲（レベル）を1つ増やす。
> （6）もしレベル5以上ならば終了する。 ┘

 計算問題を出題し、正誤を判定させてみよう

▶ ステージの背景を設定し、と「リンゴ」「バナナ」のスプライトを追加します。

❶ （背景を選ぶ）をクリックし、「背景を選ぶ」から「Blue Sky」を読み込みます。

❷ （スプライトを選ぶ）をクリックし、「スプライトを選ぶ」から「Apple」と「Bananas」をそれぞれ読み込みます。

「背景を選ぶ」は**4-2**（71ページ）、「スプライトを選ぶ」は**3-1**（49ページ）を参照してください。

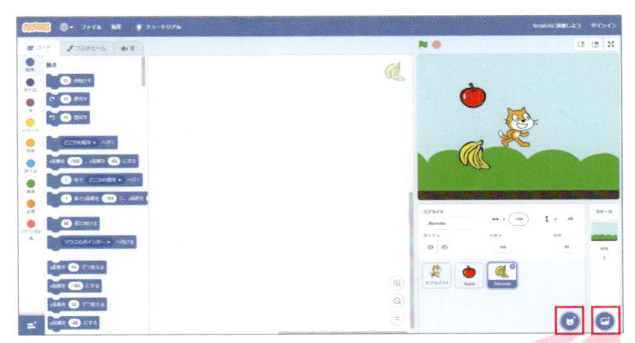

❷ クリック ❶ クリック

▶ ネコのコードに「リンゴ」「バナナ」「レベル」という名前の3つの変数を作ります。

❶ スプライトリストのネコをクリックします。

❷ 変数をクリックします。

❸ 「変数を作る」をクリックします。

❹ 「リンゴ」と入力します。

❺ 「OK」をクリックします。

❻ チェックを外します。

❼ 同じようにして、「バナナ」と「レベル」の変数を作ります。

変数については**4-8**（84ページ）を参照してください。

❷ クリック

変数 ❸ クリック

変数を作る

❻ 外す バナナ
リンゴ
レベル ❼ 作成

❶ クリック

※黄色で囲んでいる箇所は画面のとおりに入力や設定をしてください。

▶ ネコの位置と変数「レベル」の初期化を行います。
ブロックを並べます。

開始時の問題のレベルを0に初期化します。

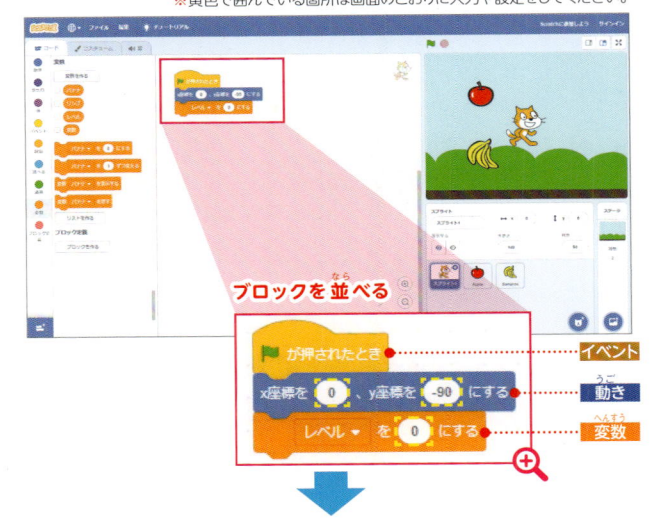

ブロックを並べる

🏴 が押されたとき …… イベント

x座標を 0 、y座標を -90 にする …… 動き

レベル ▼ を 0 にする …… 変数

▶ レベルに応じた範囲の乱数を、変数「リンゴ」と変数「バナナ」に入れます。ブロックを追加します。

Point 4つのブロックを組み合わせて作ります。

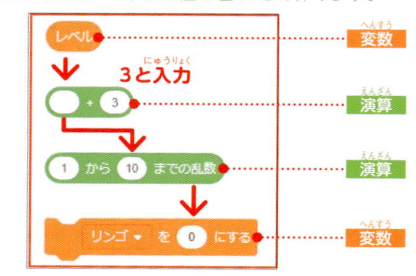

レベルが上がるほど乱数の範囲を広くします。

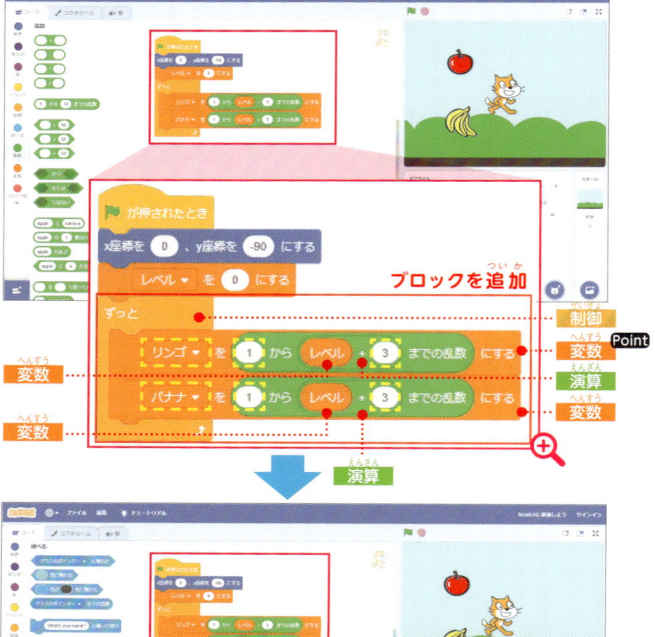

▶ 問題を表示して、答えの入力を求めます。リンゴとバナナの動きを合わせるため、メッセージブロックを使います。ブロックを追加します。

メッセージについては **4-6**(78ページ)を参照してください。

Point  を使って入力された数字や文字は、 答え に入ります。

▶ 入力した答えが正解かどうかを判定し、結果を表示します。ブロックを追加します。

Point 5つのブロックを組み合わせて作ります。

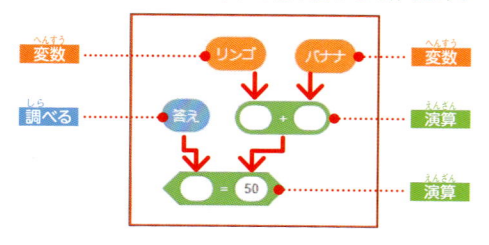

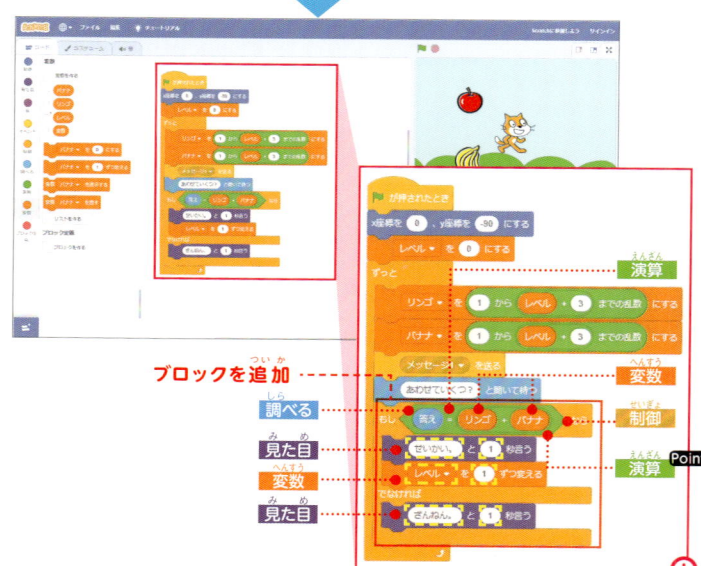

▶ レベルが5よりも上になったら、ゲームを終了させます。

Point 前の問題で表示したリンゴとバナナを消去してから、新しい問題を出します。

❶ （拡張機能を選ぶ）をクリックします。

❷ 「ペン」をクリックします。

❸ ブロックを追加します。

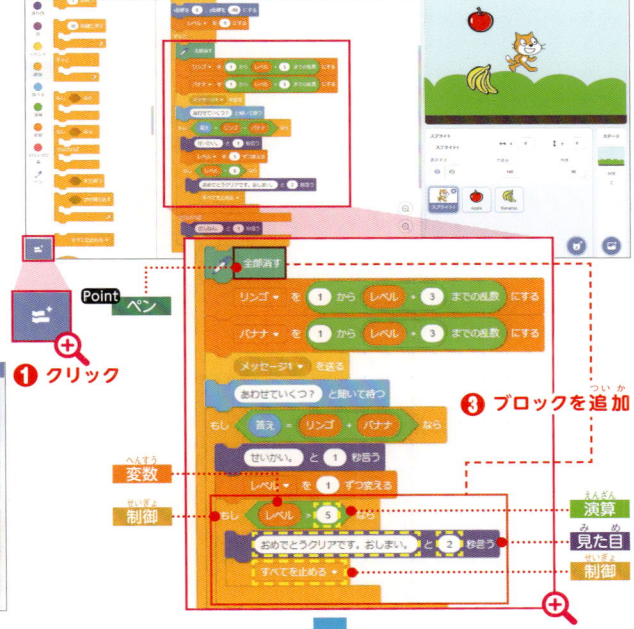

▶ リンゴのコードを作ります。メッセージを受け取ったら、リンゴの大きさと描画開始位置を設定し、必要な数のリンゴを表示します。

❶ スプライトリストのリンゴをクリックします。

❷ ブロックを並べます。

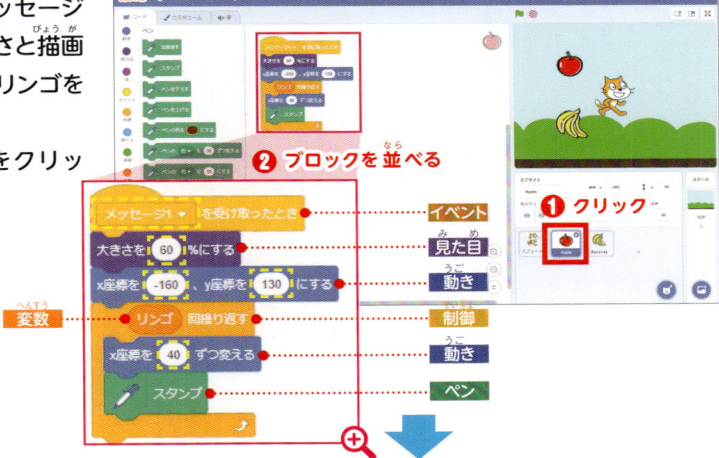

▶ バナナのコードを作ります。メッセージを受け取ったら、バナナの大きさと描画開始位置を設定し、必要な数のバナナを表示します。

❶ スプライトリストのバナナをクリックします。

❷ ブロックを並べます。

・座標がリンゴとは異なります。

・ 🚩 をクリックして動作させてみましょう。

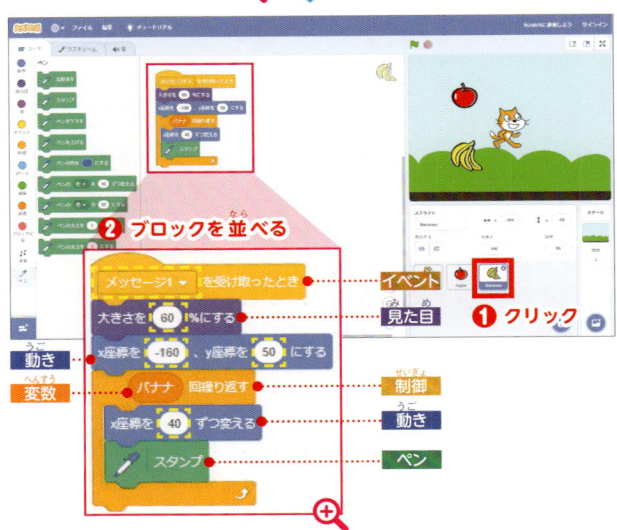

3　月の満ち欠けのしくみ（理科）

できること
わかること
● スプライトの回転
● 画像の切り替え

● 地球と月のシミュレーションソフトを作ります

月の満ち欠けについて学べるソフトを作成します。太陽と地球の間を月が動くことで、月にできる影を表示します。

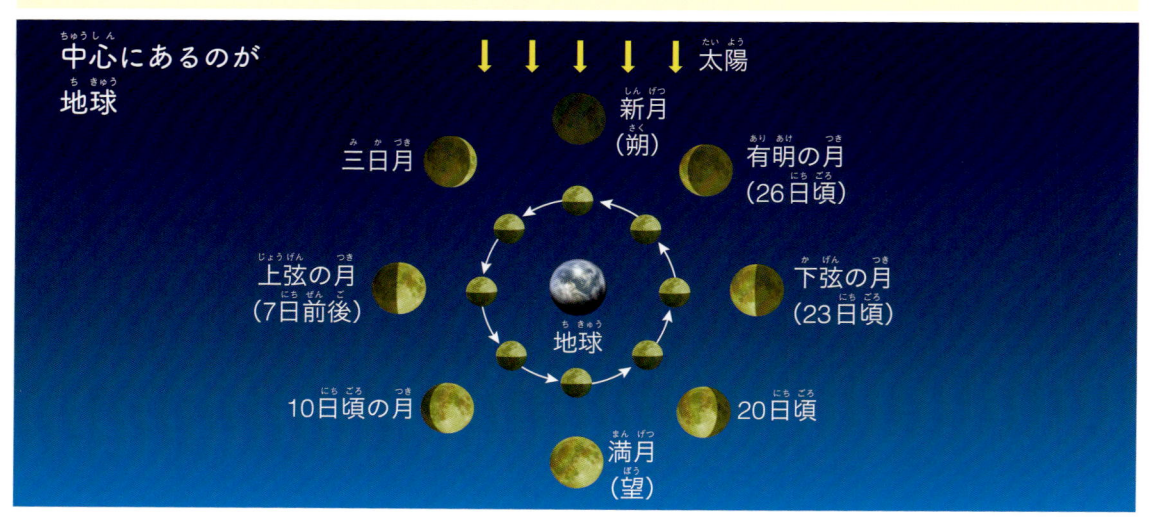

月の満ち欠けの様子

中心にあるのが地球

太陽

新月（朔）
三日月
有明の月（26日頃）
上弦の月（7日前後）
下弦の月（23日頃）
地球
10日頃の月
20日頃
満月（望）

● シミュレーションソフトの内容を考えましょう

　地球と太陽と月のスプライトを使います。月のスプライトは画像を用意します。月のコードで満ち欠けを表現します。
　月齢の画像はWindows付属のペイントなどを使って自分で作成するか、インターネットの画像検索により用意します。または教科書会社からも教材として提供されています。もし、1枚の画像に複数の月齢があるときは、ペイントなどで画像を月齢ごとにわけて利用してください。なお、ここで利用する画像は、本書サポートサイトでも提供しています。サポートサイトについては6ページを参照してください。ペイントについては113ページ、120ページを参照してください。

プログラムの概要

（1）月齢に合わせた月の画像を用意する。
（2）地球は動かず中心にある。
（3）月が地球の周りをまわる。
（4）月の位置に合わせてコスチュームを変更する。

用意する画像

1.png　2.png　3.png　4.png　5.png　6.png　7.png　8.png

 # 月齢のシミュレーションをしよう

▶ ステージの背景を設定します。「地球」と「太陽」のスプライトを追加し、ネコのスプライトを削除します。

❶ 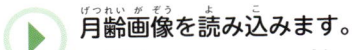 （背景を選ぶ）をクリックして、「背景を選ぶ」から「Stars」を選びます。

❷ スプライトリストのネコをクリックします。

❸ ✖ をクリックしてネコを削除します。

❹ （スプライトを選ぶ）をクリックして、「スプライトを選ぶ」から「Earth」と「Sun」をそれぞれ選びます。

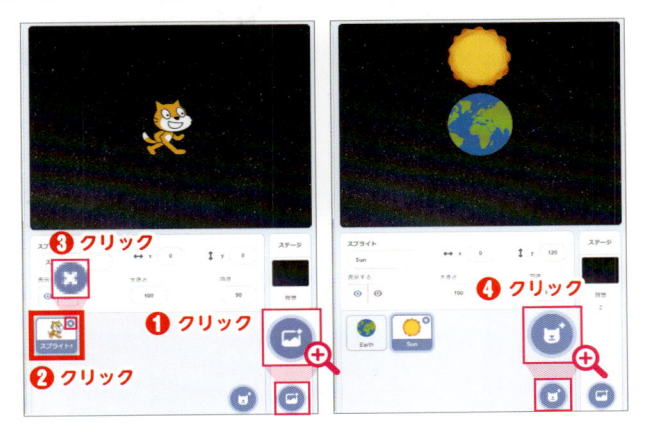

▶ 月齢画像を読み込みます。

❶ （スプライトを選ぶ）にマウスを重ねます。

❷ （スプライトをアップロード）をクリックして、月齢画像（1.png）を読み込みます。

❸ コスチュームタブをクリックします。

❹ （コスチュームを選ぶ）にマウスを重ねます。

❺ （コスチュームをアップロード）をクリックします。

❻ 残りの月齢画像（2.png〜8.png）を追加します。

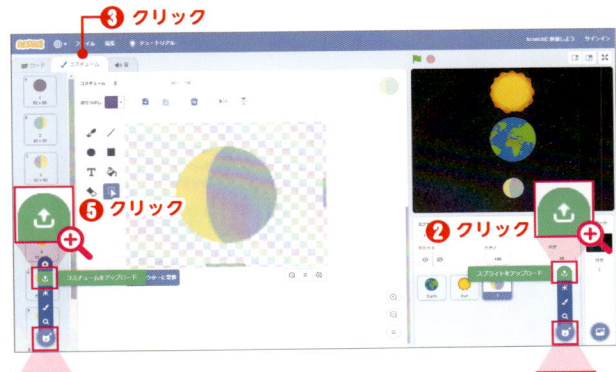

・月の大きさ 大きさ 100 の数値を変更して調整します。

・ここでは地球の周りを8等分にして回るために、8つの画像を用意しました。これらの画像はコスチュームリストに月齢順に並べます。順番に番号をつけましょう。

▶ 地球の位置をステージの中心（0, 0）に設定します。

❶ スプライトリストの地球をクリックします。

❷ コードタブをクリックします。

❸ ブロックを並べます。

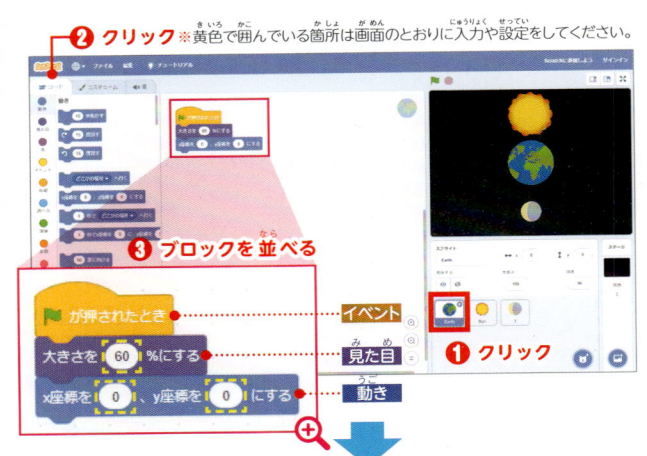

❷ クリック ※黄色で囲んでいる箇所は画面のとおりに入力や設定をしてください。

❸ ブロックを並べる

❶ クリック

🏁 が押されたとき ・・・・・ イベント

大きさを 60 %にする ・・・・・ 見た目

x座標を 0 y座標を 0 にする ・・・・・ 動き

▶ 太陽の位置をステージの上方(0, 160)に設定します。

❶スプライトリストの太陽をクリックします。

❷ブロックを並べます。

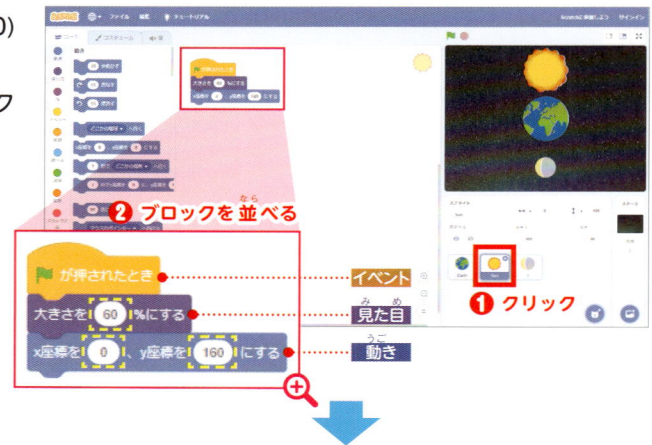

▶ 月のスプライトが地球の周りを回るように、月を45度ずつ地球の周りを動かします。そのために「角度」という変数を作ります。

❶スプライトリストの月をクリックします。

❷変数をクリックします。

❸「変数を作る」をクリックします。

❹変数名に「角度」と入力します。

❺「OK」をクリックします。

❻チェックを外します。

▶ 月のコードを作ります。地球の中心から月までの距離を80として、45度ずつ回転させます。月はコスチュームを次のコスチュームへと変えていきます。ブロックを並べます。

・コスチュームはあらかじめ月齢に合わせて並べ替えておきます。

・さらに、工夫したい場合は、もっと細かく回転させて、実際の月齢と月の位置を合わせることや、角度を自由に変更できるようにするなどがあります。

・🏳 をクリックして動作させてみましょう。

Point 角度を90度にするのは、月のスタート位置を太陽と地球のあいだにしているためです。

Point 最初に表示する月を指定します。

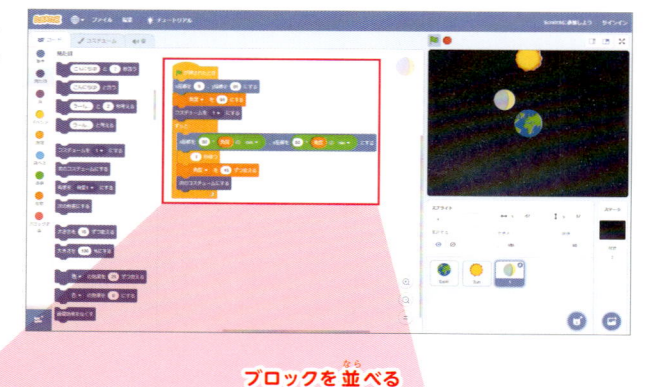

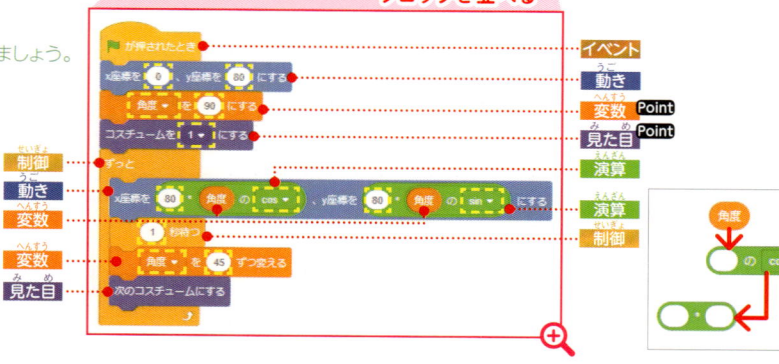

● スクラッチであつかえる画像の種類

画像にはさまざまな形式があります。主なものでは、Windowsで使われているBMP（ビットマップ）形式や、インターネットやデジタルカメラでよく使われるJPEG（ジェイペグ）形式があります。

スクラッチでは、JPEG形式とPNG形式の画像が利用できます。

種類	特徴	拡張子
BMP（ビットマップ）形式	Bitmapの略。ビーエムピー形式ともいう。圧縮されていないため画像の劣化のない形式。Windows標準。サイズが大きい。	BMP
JPEG（ジェイペグ）形式	Joint Photographic Experts Groupの略。圧縮されている画像形式。デジカメなどで標準。サイズを小さくできる。	JPG
GIF（ジフ）形式	Graphics Interchange Formatの略。圧縮されていて、最大色数に制限がある。挿絵などで利用される。	GIF
PNG（ピーエヌジー）形式	Portable Network Graphicsの略。ピング形式ともいう。圧縮されている。ネットで利用されることを目的に開発された。	PNG

Windows付属のペイントで利用できる画像形式は、JPEG、PNG、GIF、TIFF、ICOで、スクラッチよりも多くあります。スクラッチで利用できない画像の場合、いったんペイントで読み込んで、JPEGかPNG形式で保存しなおせば、スクラッチで読み込むことができます。

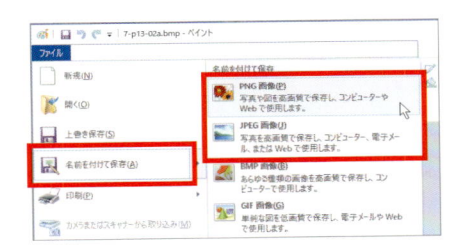

---

xy座標中で回転を表すには、三角関数を利用します。

$$x = （中心からの距離） \times \cos（角度）$$
$$y = （中心からの距離） \times \sin（角度）$$

で、角度に応じた点を表現します。
ブロックで表すと次のようになります。

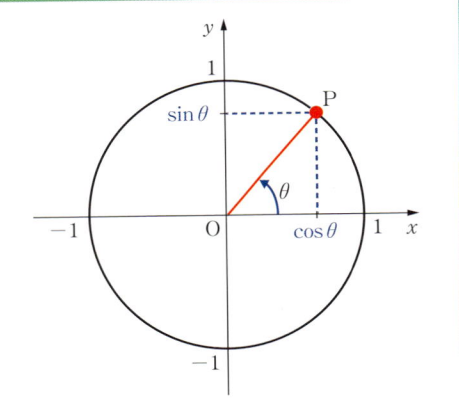

コンピュータシミュレーション

コンピュータ内で現実の世界をモデル化して、計算させることをコンピュータシミュレーションと呼んでいます。コンピュータで気象条件を考慮して計算させることで、天気予報の精度が上がったのはコンピュータシミュレーションの成果です。そのほかにも、車の衝突実験や飛行機の形状設計など、高額な費用が必要で何度も行うような実験には、コンピュータシミュレーションが欠かせません。

4 名勝案内を作ろう（社会）

できること　わかること
● イベント処理
● 画像の表示、画像の調節、複数スプライト、複数コスチューム、レイヤー

● 名勝案内

　社会科で利用できる名勝案内を作ります。スクラッチに写真やイラストを背景やスプライトとして読み込ませることにより、名勝案内を作ることができます。

● 名勝案内を作り、動作させてみましょう

　スクラッチで名勝案内を作ってみましょう。ここでは、横浜山手の西洋館案内を作ってみます。地図上の印をクリックすると、西洋館の画像とかんたんな解説が表示されるようにします。西洋館の画像は、デジタルカメラやスマートフォンなどで撮影したものを用意します。なお、ここで使用する画像は本書サポートサイト（6ページ参照）で提供しています。
　地図は、GoogleマップやYahoo!地図などの地図サービスサイトの画像を、スクリーンキャプチャー（145ページ参照）したものを必要な大きさに加工して利用します。

**使用画像と
地図上の
西洋館の位置**

ベーリックホール.jpg

エリスマン邸.jpg

山手234番館.jpg

ブラフ18番館.jpg

地図.jpg

横浜市イギリス館.jpg

外交官の家.jpg

印.jpg

山手111番館.jpg

［写真］：著者 松下孝太郎博士、2017年5月撮影

地図と印を設定しよう

▶ ネコのスプライトを削除します。
❶スプライトリストのネコをクリックします。
❷ ✕ をクリックしてネコを削除します。

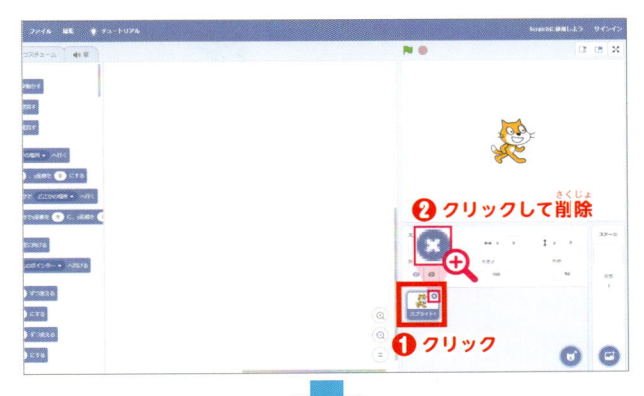

❷クリックして削除
❶クリック

▶ ステージの背景に使う地図の画像を読み込みます。
❶ 🖼 (新しい背景) にマウスを重ねます。
❷新しい背景 ⬆ をクリックして、地図の画像を読み込みます。
ここでは「地図.jpg」を読み込んでいます。

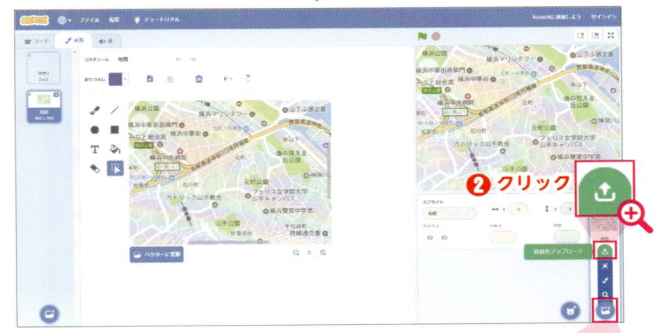

❷クリック

❶重ねる

▶ 地図上の印に使う画像を読み、大きさを調整します。
❶ 🐻 (スプライトを選ぶ) にマウスを重ねます。
❷ ⬆ (スプライトをアップロード) をクリックして、印の画像を読み込みます。
ここでは「印.jpg」を読み込んでいます。
❸大きさを「30」にします。

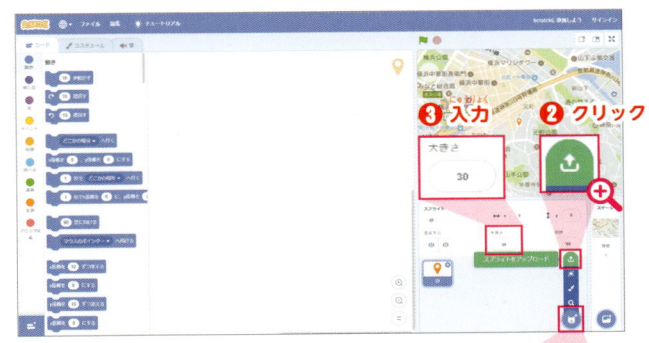

❸入力　❷クリック
大きさ 30

❶重ねる

地図を取得するには
地図は次のサービスサイトから取得できます。
・Google マップ　https://www.google.co.jp/maps/
・Yahoo! 地図　　https://map.yahoo.co.jp/

使用している画像のサイズ
・地図　　　　480×360 pixel
・西洋館　　　1008×756 pixel
・矢印　　　　50×70 pixel

▶ 西洋館の画像を1つ読み込み、大きさを調整します。

❶ コスチュームタブをクリックします。

❷ （コスチュームを選ぶ）にマウスを重ねます。

❸ （コスチュームをアップロード）をクリックして、西洋館の画像を読み込みます。

ここでは「外交官の家.jpg」を読み込んでいます。

❹ 大きさを「30」にします。

▶ 印を地図上の正しい位置に移動します。

❶ 印をクリックします。

❷ 印を地図上の正しい位置にドラッグします。

を地図上の西洋館のある位置へ、ドラッグして移動させます。

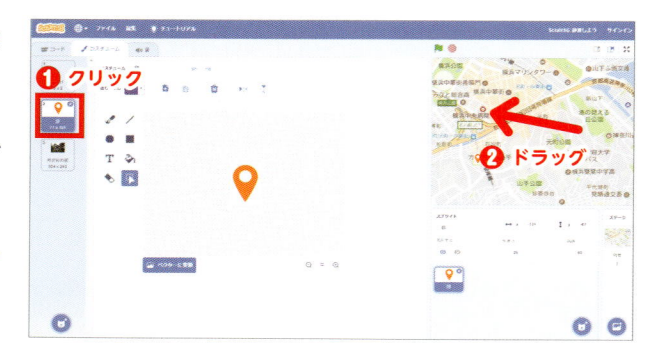

レイヤー

画像などを描画する面（層）のことをレイヤーといいます。同じ位置に複数の画像が重なっている場合、どの画像が上側にくるかの重なり（レイヤーの前後）関係を考えなくてはいけません。スクラッチでは「見た目」のブロックなどを使用することにより、レイヤーの前後関係を調節することができます。

レイヤーの対策なし

印が建物の上に表示されてしまっている（失敗例）。

レイヤーの対策あり

印の上に建物が表示されている（正常な例）。

印のコードを作ろう

 印をクリックすると西洋館の画像と案内が表示されるようにします。

※黄色で囲んでいる箇所は画面のとおりに入力や設定をしてください。

❶ コードタブをクリックします。

❷ 初期化のためのブロックを並べます。

❸ 印がクリックされたときの処理を行うブロックを並べます。レイヤー対策として 最前面 ▼ へ移動する ブロックを使います。

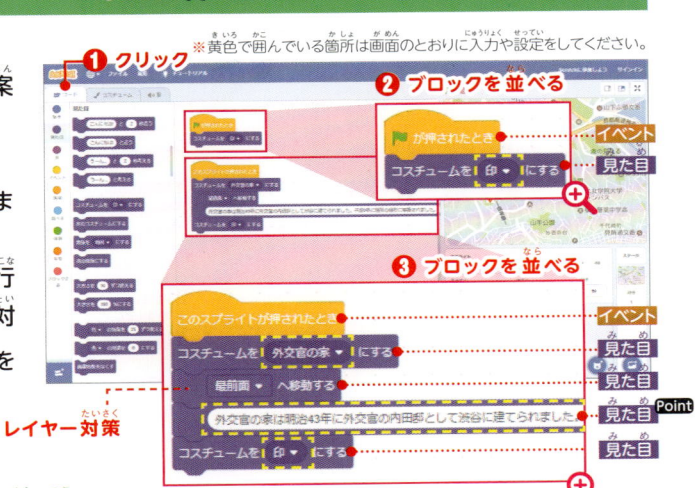

❶ クリック

❷ ブロックを並べる

❸ ブロックを並べる

レイヤー対策

Point 長いので切れていますが、ブロックと入力内容は次のとおりです。

外交官の家は明治43年に外交官の内田邸として渋谷に建てられました。平成9年に現在の場所に移築されました。 と 2 秒言う

 同じように他の西洋館の案内も作ります。

▶ をクリックして動作させてみましょう。

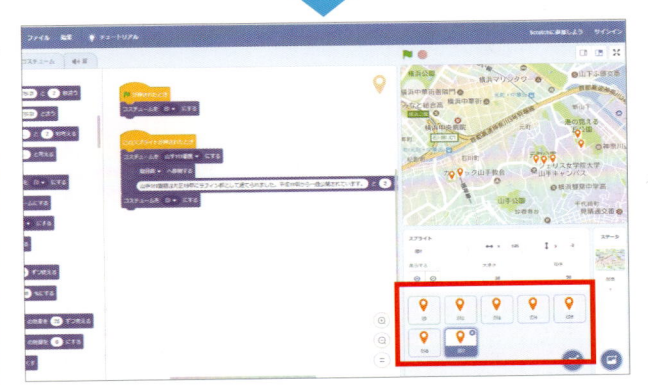

 一番左の ▮ をクリックしたところ。

複製機能の利用

同じ種類のスプライトを作成するときは、複製機能を利用すると便利です。スプライトリストのスプライトを右クリックし、「複製」を選ぶと、スプライトのコスチュームやコードなどすべてが複製されます。必要な数を複製し、コスチュームの画像やコードの内容を変更するだけなので、一から作るよりもかんたんで便利です。

5　名画を鑑賞しよう（図工）

**できること
わかること**
- 回転、色の効果
- 画像の読み込み、画像の切り替え

● ネット上で公開されている名画にアクセスしよう

　著作権法では、著作権の保護期間が過ぎた著作物は、人類の宝として自由に利用できます。インターネットの普及とともに、著作権の保護期間が切れた作品が共有されています。これらは画像ファイルとしてダウンロードすることができます。本書では次のサイトを利用します。パブリックドメインとは著作権を気にせず、自由に利用できる状態の作品を指します。検索サイトで「世界の名画」「パブリックドメイン」のキーワードで検索してみてください。何点かダウンロードしてみましょう。

> パブリックドメイン　世界の名画
>
> http://www.bestweb-link.net/PD-Museum-of-Art/index.html

● 鑑賞用プログラムの役割を決めよう

　名画を表示して、回転したり、色の効果を変えたりしながら、鑑賞できるようにします。コンピュータならではの鑑賞方法を実現してみます。

> **プログラムの概要**
>
> （1）鑑賞用画像ファイルを用意する。
> （2）名画（画像）を表示する。
> （3）名画（画像）を回転させる。
> （4）名画（画像）の色を変化させる。

スクラッチに絵を読み込もう

▶ コスチュームとして名画（画像）を読み込みます。

❶ コスチュームタブをクリックします。

❷ 🐻（コスチュームを選ぶ）にマウスを重ねます。

❸ 🔼（コスチュームをアップロード）をクリックして、名画（画像）を読み込みます。

❹ 他の名画（画像）も、同様にして読み込みます。

あらかじめダウンロードしておいた名画のファイルを指定します。

▶ 不要なコスチュームを削除します。

❶ ネコのコスチュームをクリックします。

❷ ❌ をクリックして、ネコのコスチュームを削除します。

❸ もう1つのネコのコスチュームも、同様にして削除します。

❹ 最初に表示したい名画をクリックします。

画像のダウンロードと加工

インターーネット上の画像を取得する方法には何通りかあります。ここでは、「画像としてファイルに保存する方法」と「スクリーンショットを撮る方法」を説明します。

①画像としてファイルに保存

Webブラウザで表示した画像を「右クリック」するとメニューが現れます。メニューの「名前を付けて画像を保存」をクリックすると、画像ファイルがダウンロードできます。

ドキュメントフォルダーなどに保存したファイルをペイントなどの画像処理ソフトで加工します。

なお、保存する際は、スクラッチであつかえる画像形式で保存する必要があります（138ページ参照）。

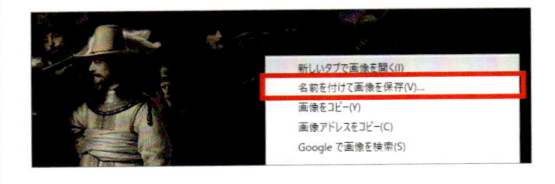

②スクリーンショットを撮る

スクリーンショットはスクリーンキャプチャーともいいます。キーボードの Print Screen キーを押すと、コンピュータの画面を撮影できます。このキーはコンピュータによって場所が違いますので注意してください。

Print Screen キーを押したあと、ペイントなどの画像処理ソフトで「貼り付け」を選ぶと、撮影した画像が表示されますので、編集などして保存します。この方法は画面上に表示されていれば、どんなものも画像になります。

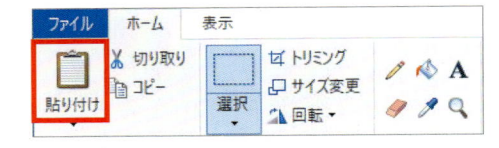

スクラッチで画像をあやつろう

初期設定をします。
❶コードタブをクリックします。
❷ブロックを並べます。

※黄色で囲んでいる箇所は画面のとおりに入力や設定をしてください。

スペースキーを押すと次の名画が表示されるようにします。
ブロックを追加します。

↑↓キーで色の効果を加えられるようにします。
ブロックを追加します。

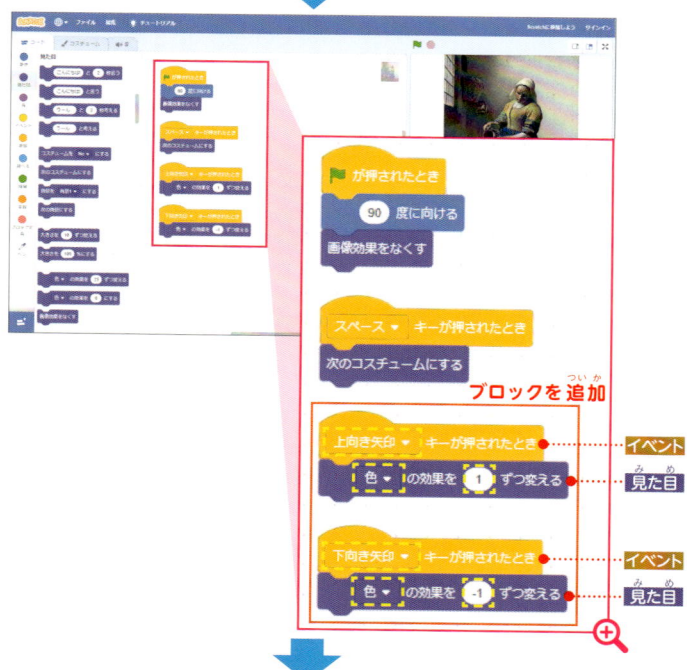

色の効果とは

　スクラッチでは、色を数値で変化させることができます。

　色▼の効果を1ずつ変える は数値の分だけ表示している色を変化させます。

▶ ←→キーを押すと明るさの効果を加えられるようにします。
ブロックを追加します。

ブロックを追加

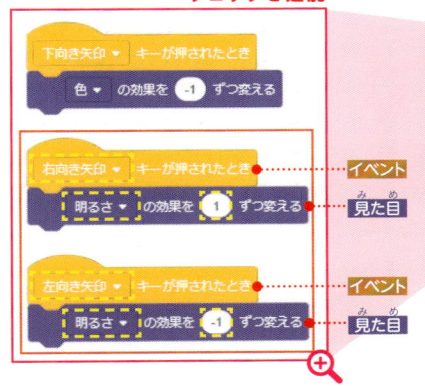

下向き矢印 ▼ キーが押されたとき
色 ▼ の効果を -1 ずつ変える

右向き矢印 ▼ キーが押されたとき …… **イベント**
明るさ ▼ の効果を 1 ずつ変える …… **見た目**

左向き矢印 ▼ キーが押されたとき …… **イベント**
明るさ ▼ の効果を -1 ずつ変える …… **見た目**

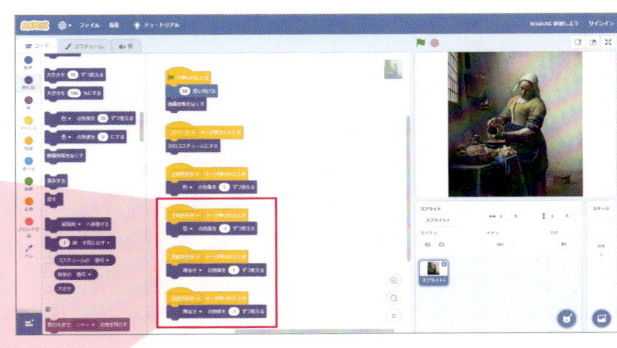

▶ 名画（画像）をクリックすると回転するようにします。
ブロックを追加します。

・🚩 をクリックして動作させてみましょう。
・画像に対するさまざまな効果を試してみましょう。

ブロックを追加

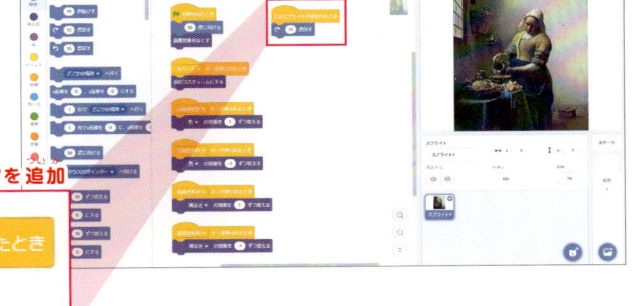

イベント …… このスプライトが押されたとき
動き …… ⟳ 15 度回す

著作物を取り扱うときの注意

　日本の著作権法では、行為ごとに権利がわかれています。学校の授業における「複製」の行為は、著作権法35条で例外としてあつかわれています。したがって、授業で著作物を複製し、配布しても、権利者への許諾なく行えます。

　しかし、ネットに公開すること（公衆送信権）はその例外の対象外です。つまり、授業で利用するために作成したスクラッチのプロジェクトをネットに公開するときには、著作権に配慮する必要があります。

　一方で、著作権の保護期間（著作者の死後70年）を過ぎたものは、自由に利用できます。さらに、著作権者がもっと多くの人々に作品を利用してほしいために、利用方法に関する意思表示としてクリエイティブ・コモンズ・ライセンスという制度があります。このマークのついている作品も教材として利用することが可能です。

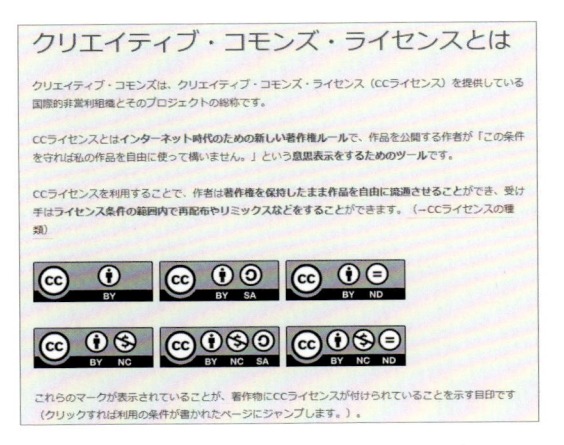

クリエイティブ・コモンズ・ジャパンのホームページと使用許可範囲を示すマーク
https://creativecommons.jp/

6 曲を作ってみよう（音楽）

- -

| できること
わかること | ●繰り返し
●音、音楽 |

● 曲を作ってみましょう

スクラッチでは音をあつかうことができます。名曲の再現や作曲を行うことができ、音楽を楽しむことができます。スクラッチでドレミファソラシドを表現するときは、音のブロックに音の番号を入力します。音のブロックの番号入力の部分をクリックすると鍵盤が表示されます。鍵盤をクリックしても、音の番号を入力することができます。

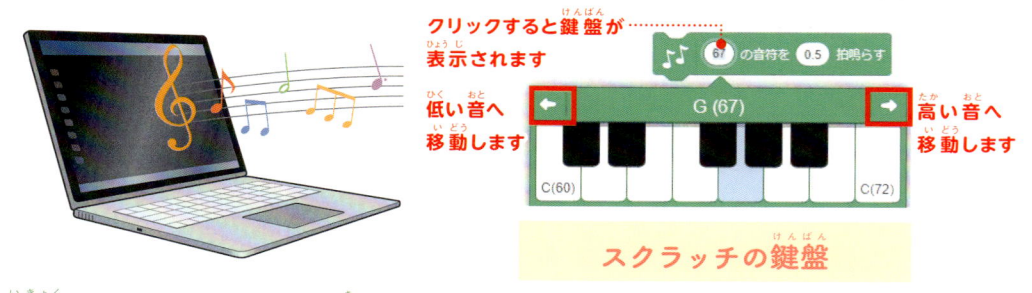

クリックすると鍵盤が表示されます

低い音へ移動します　高い音へ移動します

スクラッチの鍵盤

● 名曲をスクラッチで聞いてみましょう

実際にスクラッチで曲を作ってみましょう。作曲はむずかしいので、ここでは名曲の「きらきら星」を作ってみます。本書ではコードを作成する際、曲を3つのパートに分けています。また、音階はスクラッチの鍵盤番号に、拍数はスクラッチのブロックの拍数数値に対応させています。

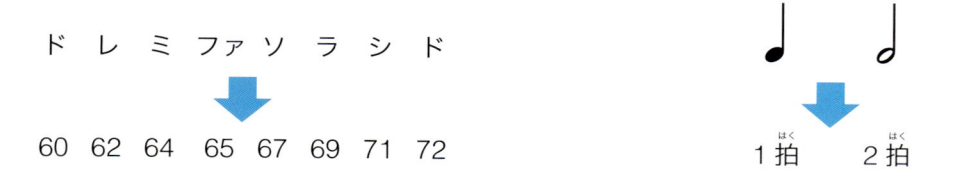

ド　レ　ミ　ファ　ソ　ラ　シ　ド

60　62　64　65　67　69　71　72

1拍　2拍

きらきら星

フランス民謡

ド　ド　ソ　ソ　　ラ　ラ　ソ　　ファ　ファ　ミ　ミ　　レ　レ　ド
60　60　67　67　　69　69　67　　65　65　64　64　　62　62　60

ソ　ソ　ファ　ファ　　ミ　ミ　レ　　ソ　ソ　ファ　ファ　　ミ　ミ　レ
67　67　65　65　　64　64　62　　67　67　65　65　　64　64　62

ド　ド　ソ　ソ　　ラ　ラ　ソ　　ファ　ファ　ミ　ミ　　レ　レ　ド
60　60　67　67　　69　69　67　　65　65　64　64　　62　62　60

スクラッチで曲を書いてみよう

※黄色で囲んでいる箇所は画面のとおりに入力や設定をしてください。

▶ 曲を3つのパートに分けます。ブロックを並べ、テンポを設定し、と1番目のパートを作ります。

❶  (拡張機能を追加)をクリックします。

❷「音楽」をクリックします。

❸ブロックを並べます。

❶ クリック

❷ クリック

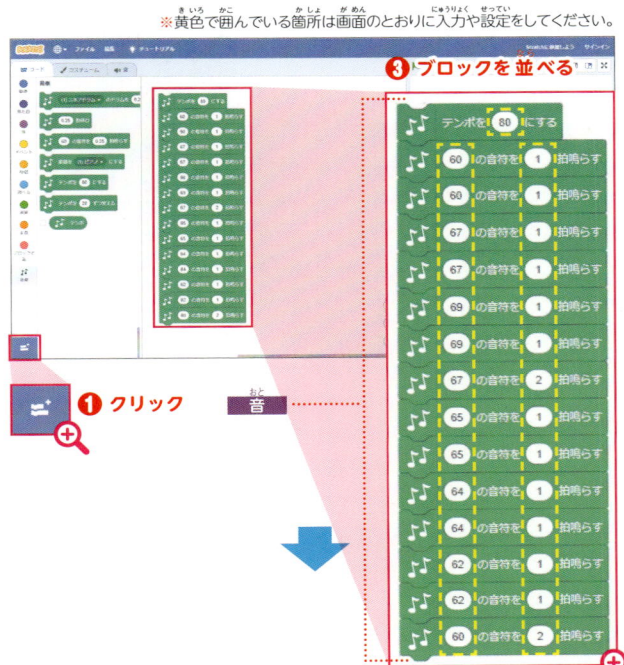

❸ ブロックを並べる

音

▶ ブロックを追加して、2番目のパートを作ります。
ブロックを並べます。

ブロックを並べる

音

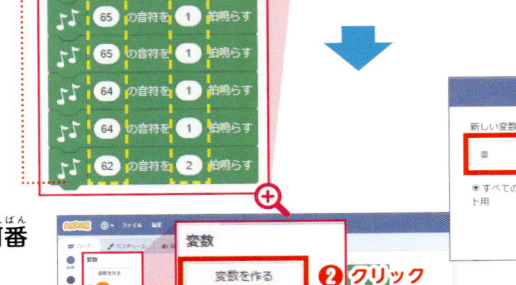

▶ 「番」という名前の変数を作って、何番目のパートかの判断に利用します。

❶「変数」をクリックします。

❷「変数を作る」をクリックします。

❸「番」と入力します。

❹「OK」をクリックします。

❶ クリック

❷ クリック

❸ 入力

新しい変数

新しい変数名

番

⦿すべてのスプライト用 ◯このスプライトのみ

キャンセル　OK

❹ クリック

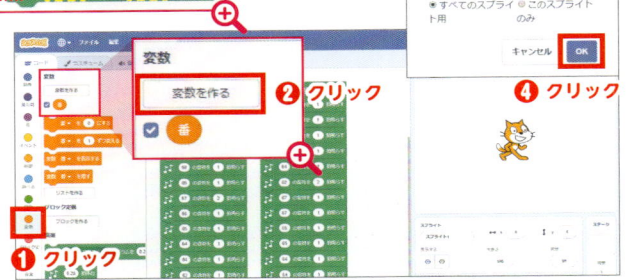

▶ 1から3番を繰り返す処理を加えます。
ブロックを追加します。

ブロックを追加

変数
制御
変数

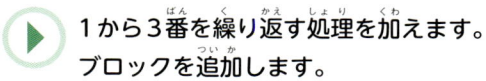
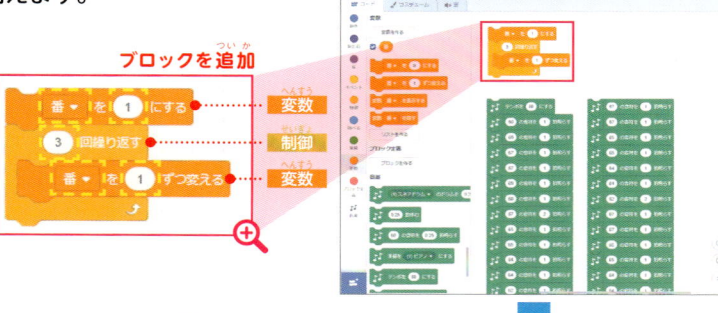

❶ 移動

テンポを 80 にする
番▼ を 1 にする
3 回繰り返す
番▼ を 1 ずつ変える

▶ 3番目のパートは1番目と同じなので、
「もし〜でなければ」のブロックで処理
を分けます。
❶テンポのブロックを移動します。
❷「もし〜でなければ」のブロックを追
加し、音楽のブロックを入れます。

❷ ブロックを追加

変数　演算　演算
制御
変数
演算

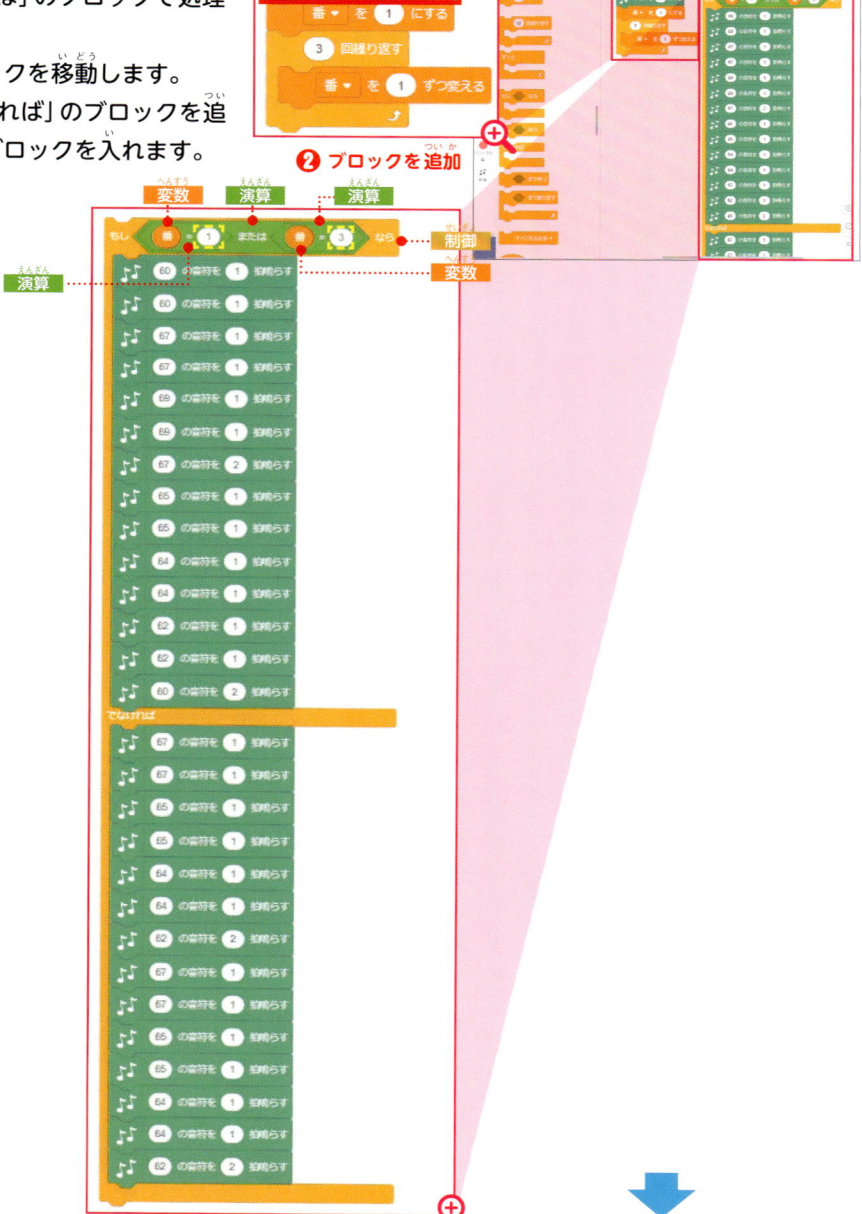

曲を完成させます。

❶ を追加します。

❷ ブロックを入れます。

・🚩 をクリックして動作させてみましょう。

・音が出ない場合、パソコンの音の出力がONになっているかを確認してください。

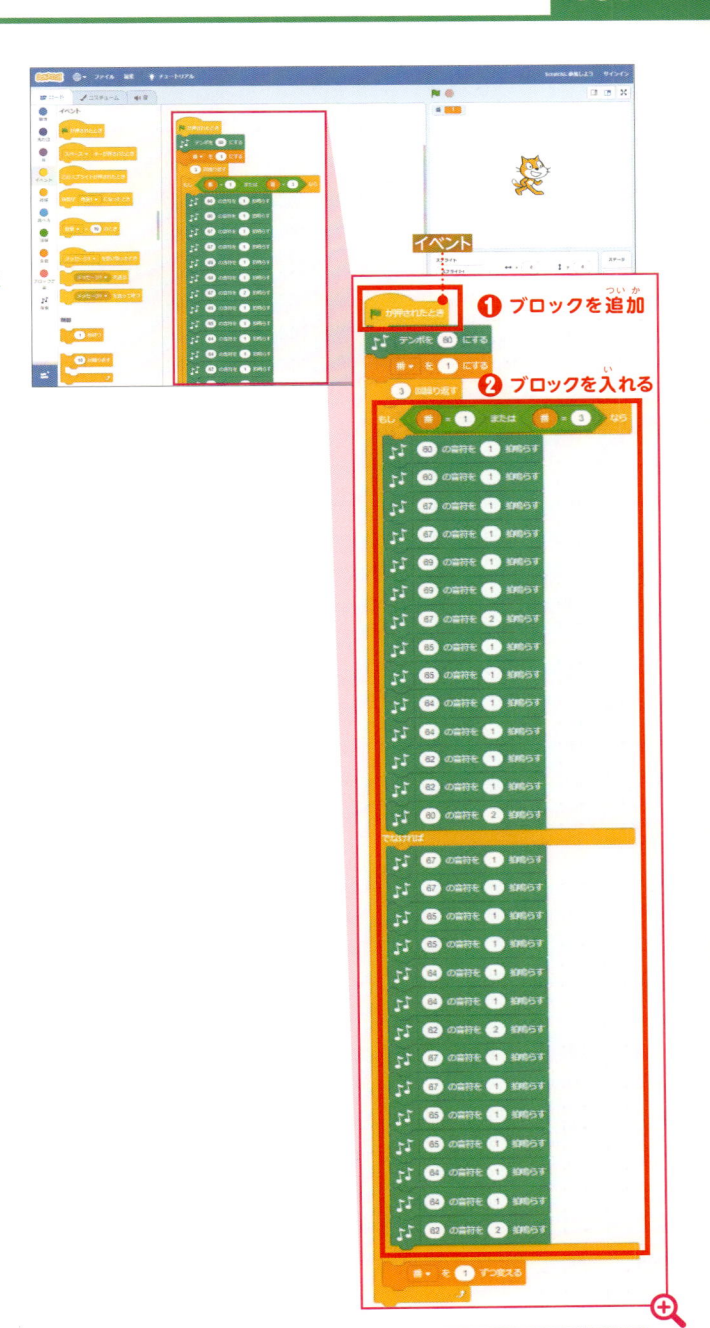

テンポの調節

　曲のテンポを指定をするブロックの数値を変えることにより、曲の速さを変えることができます。個人で楽しむ場合は、自分の聞きやすい速さにしてみましょう。

倍速にする

　➡　

1分間に60拍　　　　　　　　1分間に120拍

スクラッチの公式Webサイト

　スクラッチは、マサチューセッツ工科大学のミッチェル・レズニック教授により開発されました。スクラッチは、公式サイトにアクセスすることにより、Web上で利用できます。さらに、ユーザー登録してログインすれば、スクラッチのプログラムを世界中の人たちと共有できます。

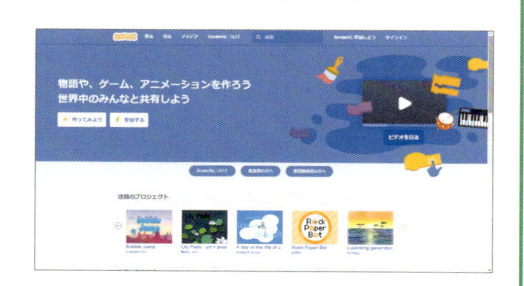

https://scratch.mit.edu/

　スクラッチの公式サイトにはスクラッチに関する情報がたくさんあります。上部にあるメニューには「作る」「見る」「ヒント」「Scratchに参加する」があります。

作る

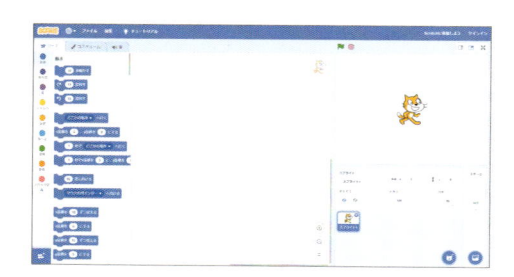

　「作る」では、スクラッチをWeb上で利用できます。

見る

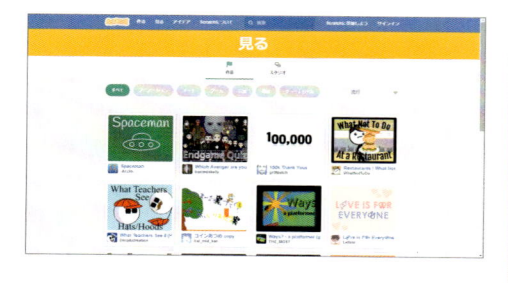

　「見る」では他の人が作成し共有した作品を見ることができます。作品の実行だけではなく、右上の　中を見る　をクリックするとスプライトやコードを見ることができます。
　他の人の作品を見ることで、さまざまな考え方を知ることができます。

ヒント

　「ヒント」では、チュートリアル（かんたんな例）や指導者向けのガイドがあります。

Scratchに参加する

　スクラッチのWebサイトの右上にある「Scratchに参加しよう」をクリックします。詳しくは巻末付録（180ページ）も参照してください。
　1. ユーザー名とパスワードの選択
　2. 誕生年月、性別、国の選択
　3. 電子メールアドレスの選択
を行うとアカウントの登録が完了します。
　良い作品ができたらぜひ公開しましょう。

8章

アルゴリズムを学ぼう

この章では、スクラッチによるプログラミングを通して、基本アルゴリズムを理解していきます。変数、リストなど、アルゴリズムの理解に欠かせない概念を学びます。本章を通して、スクラッチの実用性、論理的分野への利用を体験することで、さらなるスクラッチやプログラミングの可能性を知ることができます。また、将来情報科学を学びたい人への入り口となります。

1 リストと乱数を知ろう

できること わかること
- リストの作成、乱数の発生、リストへの乱数の自動入力
- リスト（配列）、乱数

● リストを知りましょう

リストを使いこなせるようになると、さまざまな数学的な処理ができるようになります。なお、スクラッチでいうリストは、プログラミングの世界では**配列**といいます。リスト（配列）は、**リスト名**（配列名）、**添字**（要素番号）、**値**（データ）により構成されています。次の例は、5つの要素からなるリスト（配列）のしくみとスクラッチでの表し方です。

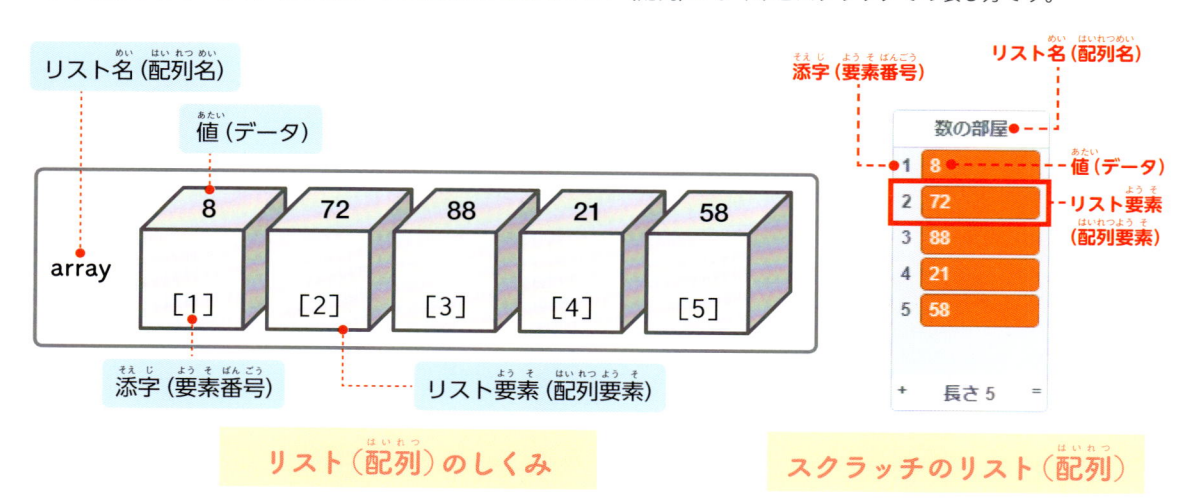

リスト（配列）のしくみ　　　スクラッチのリスト（配列）

● リストの用途を知りましょう

リスト（配列）は多くのデータを扱うときに利用します。プログラミングによるデータの並べ替えにもリスト（配列）が便利です。リスト（配列）は成績判定、データ集計、データ分類などで利用されています。

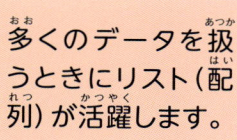

多くのデータを扱うときにリスト（配列）が活躍します。

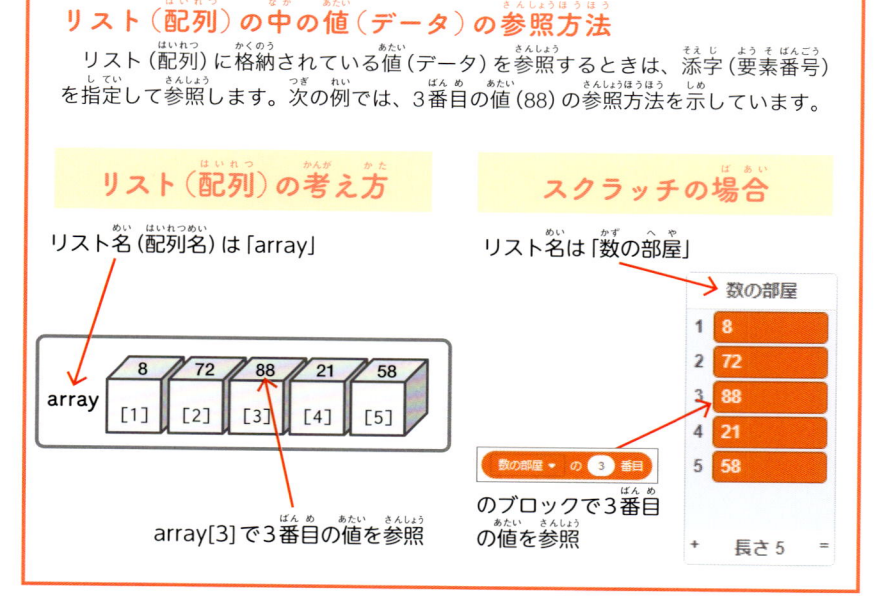

リスト（配列）の中の値（データ）の参照方法

リスト（配列）に格納されている値（データ）を参照するときは、添字（要素番号）を指定して参照します。次の例では、3番目の値（88）の参照方法を示しています。

リスト（配列）の考え方

リスト名（配列名）は「array」

array[3]で3番目の値を参照

スクラッチの場合

リスト名は「数の部屋」

のブロックで3番目の値を参照

リスト（配列）を作ってみよう

「数の部屋」という名前のリストを作って、3つの要素を作成し、その中に値を入れます。

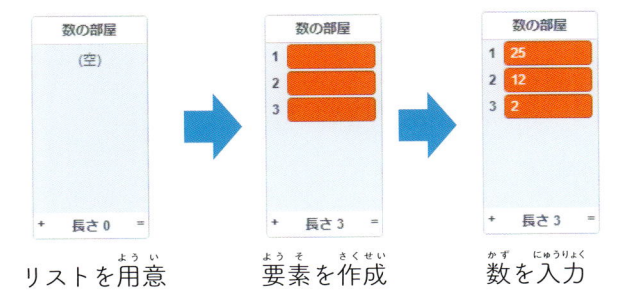

リストを用意 → 要素を作成 → 数を入力

リスト（配列）を作成します。
❶変数をクリックします。
❷「リストを作る」をクリックします。
❸「数の部屋」と入力します。
❹「OK」をクリックします。
❺空のリストが作成されます。

リストの名前は、内容がわかりやすいようにつけよう。

リストの要素を作成します。
❶リストの ➕ を3回クリックします。
❷リストの要素（部屋）が3つ作成されます。

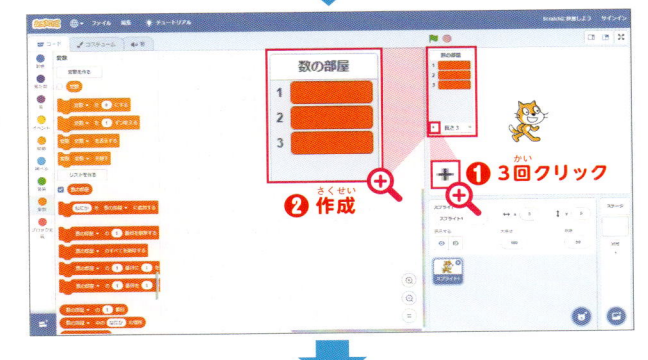

リストの要素に数を入力します。
❶25と入力します。
❷12と入力します。
❸2と入力します。

数は半角数字で入力します。

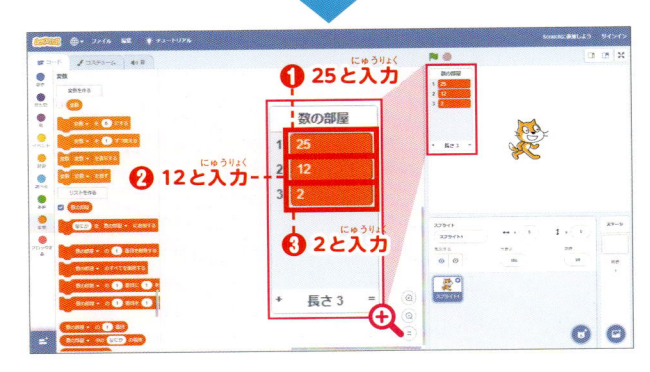

リストの要素の消去

　リストの要素は削除することができます。削除したい要素をクリックし、右に表示される ✕ をクリックすると、その要素が削除されます。

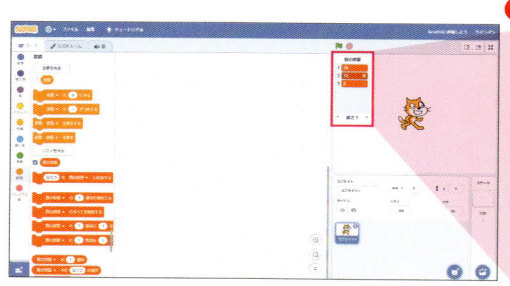

❶ 要素を選んでクリック

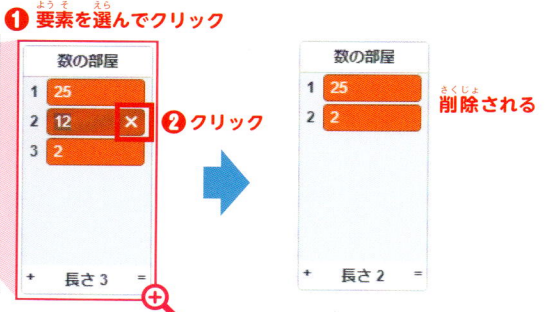

❷ クリック

削除される

● リストと乱数を組み合わせてみましょう

　リストに適当な数を入力する場合、リストと乱数を組み合わせて使用すると便利です。リストの要素が多いと入力作業に時間がかかりますが、乱数を使用すれば入力の手間を省くことができます。

乱数を使ってリストに数値を入れよう

▶ 「数の部屋」という名前のリストを作ります。
　❶「変数」をクリックします。
　❷「リストを作る」をクリックします。
　❸「数の部屋」と入力します。
　❹「OK」をクリックします。
　❺空のリストが作成されます。

リストに乱数を
入れてみよう。

❷ クリック

❺ リストができる

❶ クリック

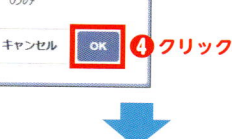

❸ 入力

❹ クリック

▶ 「部屋の数」という名前の変数を作ります。

❶ 「変数を作るを」をクリックします。
❷ 「部屋の数」と入力します。
❸ 「OK」をクリックします。
❹ 変数が作成されます。

・変数「部屋の数」は、リスト「数の部屋」の要素数を定義します。
・変数については **4-8**（84ページ）を参照してください。

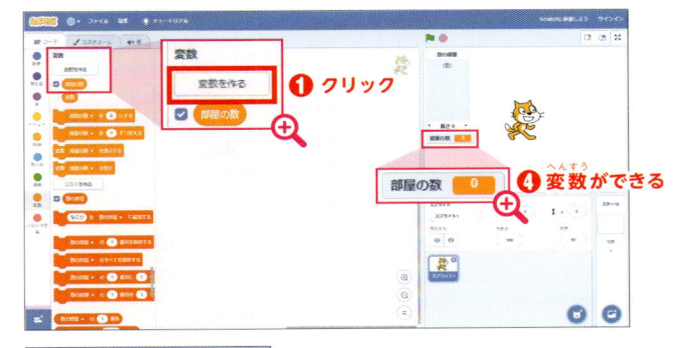

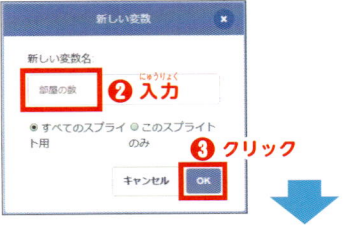

※黄色で囲んでいる箇所は画面のとおりに入力や設定をしてください。

▶ リスト「数の部屋」を初期化します。リスト「数の部屋」を空にして、要素を5つ作る準備をします。

・部屋の数（リストの要素の数）は、いくつでもかまいません。ここでは5つにしています。
・リストを初期化しないと、実行するたびに、新しい要素が今ある要素の後ろに追加され、リストが大きくなっていってしまいます。
・ 数の部屋 ▼ のすべてを削除する は、リスト「数の部屋」の全ての要素を削除し、空にします。

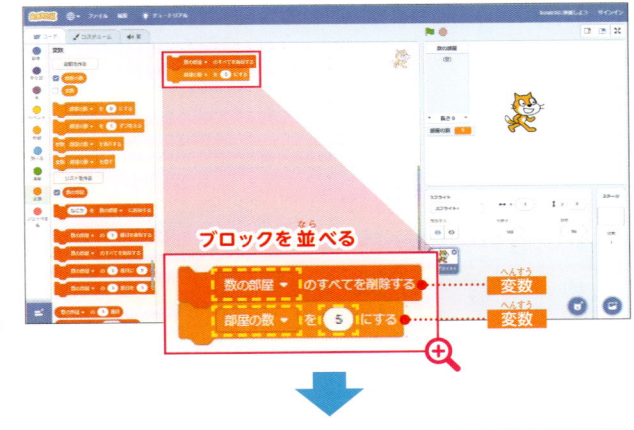

▶ 1から100の乱数を「部屋の数」だけ発生させて、リスト「数の部屋」に入れます。

❶ ブロックを追加します。
❷ ▶ をクリックして実行すると、リスト「数の部屋」に値が入ります。

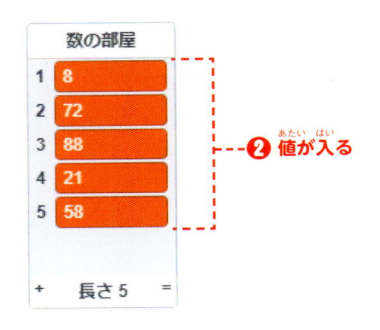

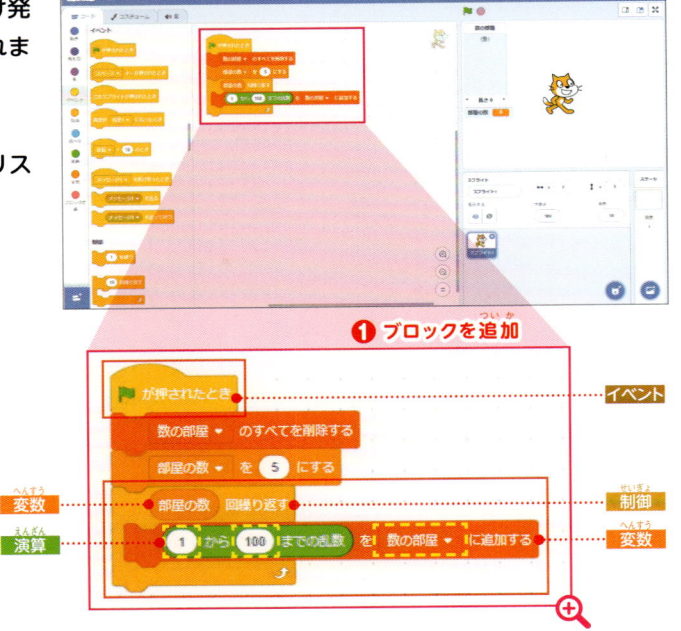

2 目的の数を探してみよう

できること わかること
● 数の並べ替え
● 探索、線形探索

● 線形探索を知りましょう

目的の数（探したい数）を探す方法で、最もよく使われているのが**線形探索**です。リストの最初の要素から順番に調べていき、目的の数を探索します。

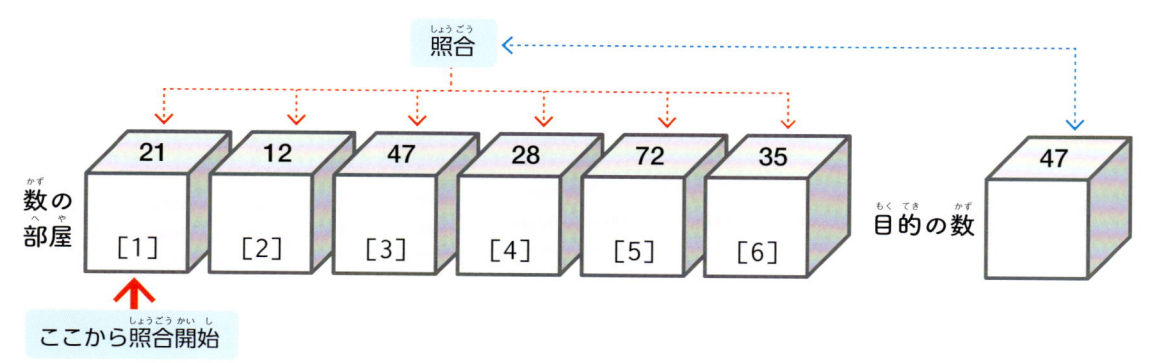

照合

数の部屋

21	12	47	28	72	35
[1]	[2]	[3]	[4]	[5]	[6]

ここから照合開始

目的の数

47

● 目的の数探索のフローチャート

n個の要素からなるリストから、目的の数の入っている要素（部屋）を探索するアルゴリズムのフローチャートは次のようになります。入力した数と一致する数の入っている要素（部屋）を見つけたら、その要素の添字（部屋番号）を表示します。複数ある場合は、全ての添字（部屋番号）を表示します。

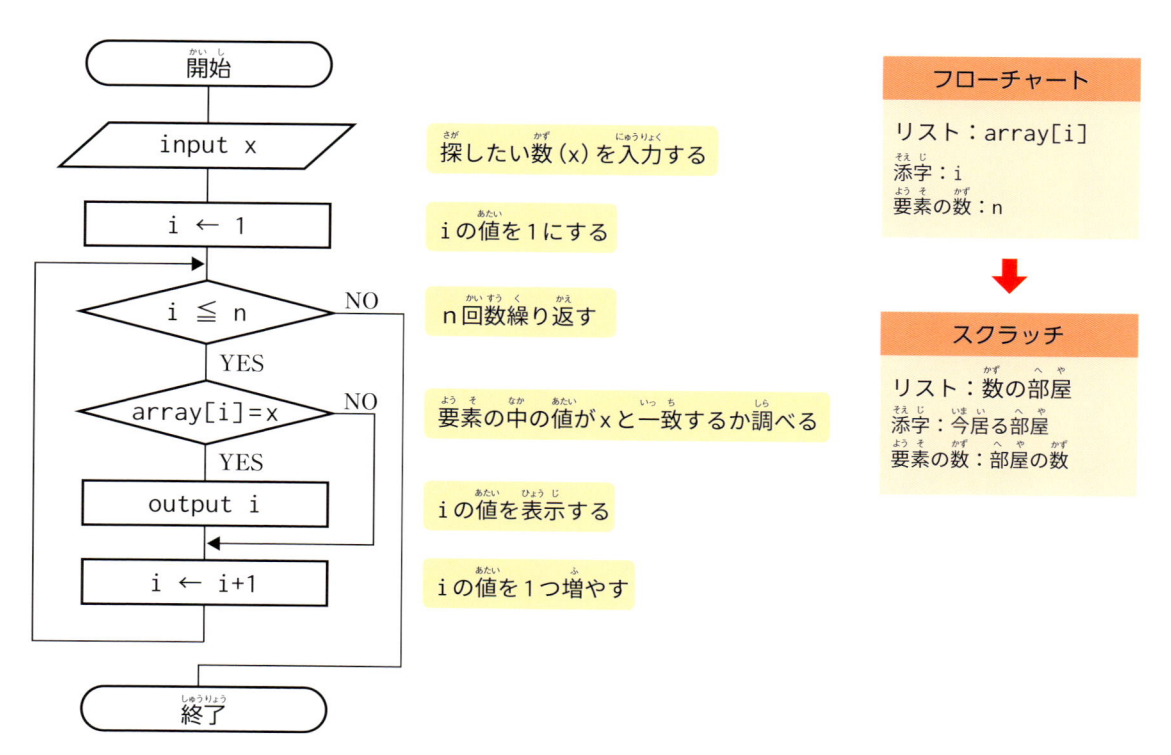

開始

input x — 探したい数（x）を入力する

i ← 1 — iの値を1にする

i ≦ n — n回数繰り返す

array[i]=x — 要素の中の値がxと一致するか調べる

output i — iの値を表示する

i ← i+1 — iの値を1つ増やす

終了

フローチャート

リスト：array[i]
添字：i
要素の数：n

スクラッチ

リスト：数の部屋
添字：今居る部屋
要素の数：部屋の数

部屋番号を探すコードを作ろう

▶ プログラムを実行したときの流れは次のようになります。

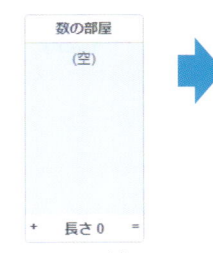

リストを用意

リストに乱数で数を自動的に入力

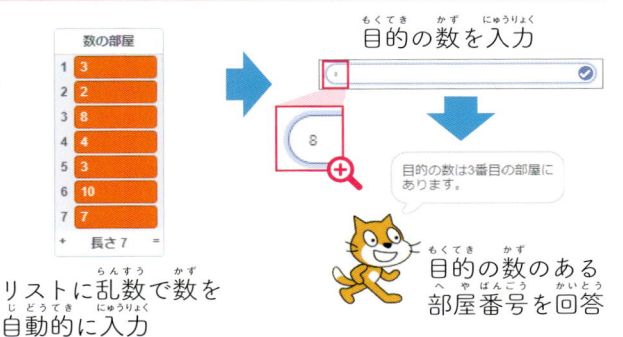

目的の数を入力

目的の数は3番目の部屋にあります。

目的の数のある部屋番号を回答

▶ 「数の部屋」という名前のリストを作ります。
❶「変数」をクリックします。
❷「リストを作る」をクリックします。
❸「数の部屋」と入力します。
❹「OK」をクリックします。
❺空のリストが作成されます。

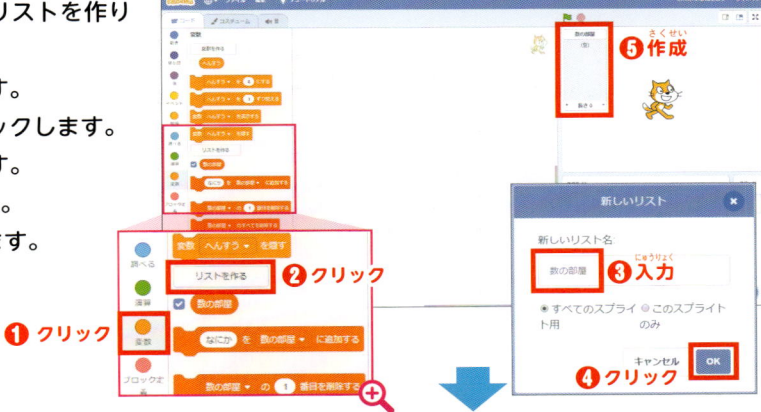

▶ 「今居る部屋」という名前の変数を作ります。
❶「変数を作る」をクリックします。
❷「今居る部屋」と入力します。
❸「OK」をクリックします。
❹変数が作成されます。

▶ 「部屋の数」という名前の変数を作ります。
❶「変数を作る」をクリックします。
❷「部屋の数」と入力します。
❸「OK」をクリックします。
❹変数が作成されます。

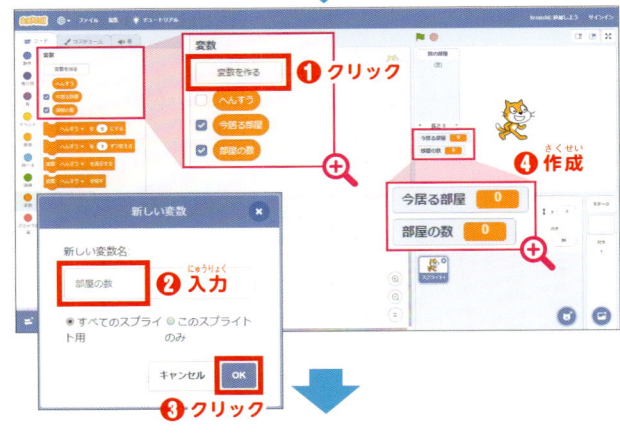

※黄色で囲んでいる箇所は画面のとおりに入力や設定をしてください。

リスト「数の部屋」を初期化し、「部屋の数」を7にします。

・ 数の部屋 ▼ のすべてを削除する は、リスト「数の部屋」の全ての要素を削除し、空にします。
・部屋の数（リストの要素の数）はいくつでもかまいません。ここでは7つにしています。

1から10の乱数を発生させ、リスト「数の部屋」に入れます。

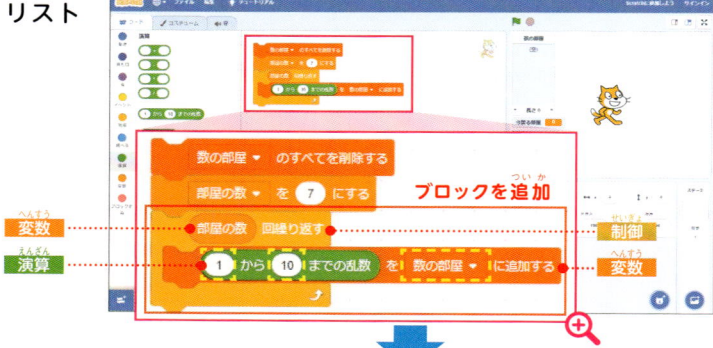

目的の数を入力する部分を作ります。探しはじめる部屋を1番目の部屋（最初の部屋）からにします。

入力された目的の数と、リスト「数の部屋」に入ってる数を照合する部分を作ります。

答え は入力した数（目的の数）です。リストの要素と一致したら、部屋番号（要素の添字）をネコが表示します。

Point ブロックは次のように作ります。

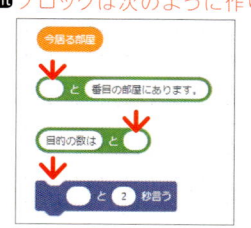
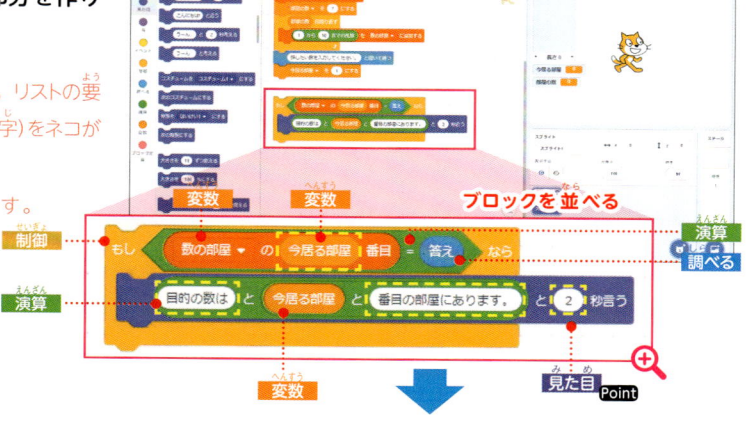

▶ 入力された目的の数を、リスト「数の部屋」の最初の部屋から順に照合していく部分を作ります。

「部屋の数」回繰り返します。

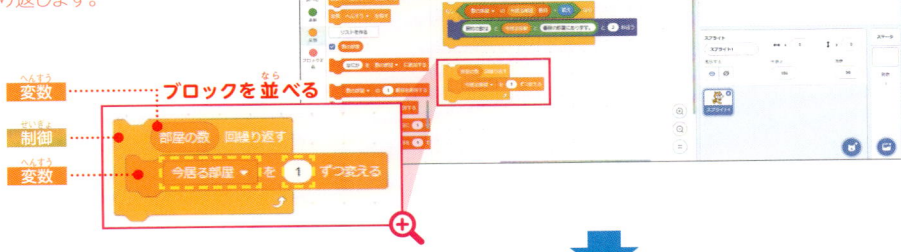

変数 ············ **ブロックを並べる**

制御 ············

変数 ············

▶ ブロックをつなげてコードを完成させます。

❶ [🏁が押されたとき] を追加します。

❷ ブロックをつなげます。

もっと前の段階でつなげてもかまいません。

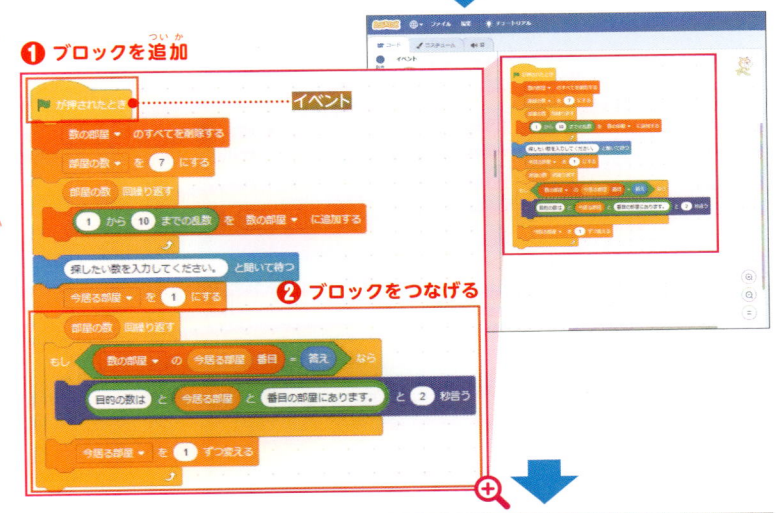

❶ **ブロックを追加**

イベント

❷ **ブロックをつなげる**

▶ 実行してみましょう。

❶ 🏁をクリックします。

❷ リスト「数の部屋」に数が入ります。

❸ 目的の数を入力します。

❹ ✅ をクリックします。

❺ 目的の数が見つかるとネコが何番目の要素にあるかしゃべります。

目的の数が複数ある場合はネコが複数回しゃべります。目的の数が見つからなかった場合はネコはしゃべりません。

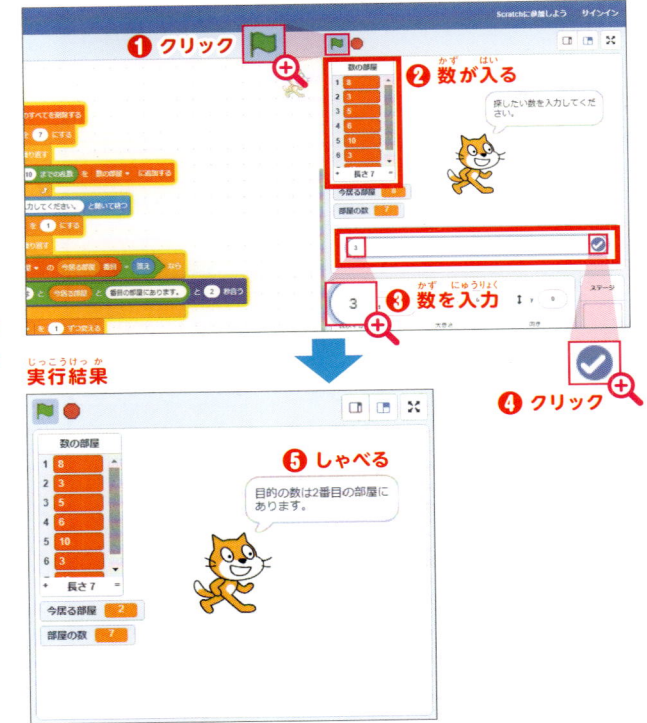

❶ **クリック**

❷ **数が入る**

探したい数を入力してください。

❸ **数を入力**

❹ **クリック**

実行結果

❺ **しゃべる**

目的の数は2番目の部屋にあります。

3 成績判定をしてみよう

できること わかること
- ●成績判定
- ●条件分岐

● データを分類する処理を知りましょう

成績の判定などのデータを分類する場合は、条件分岐によって処理することができます。

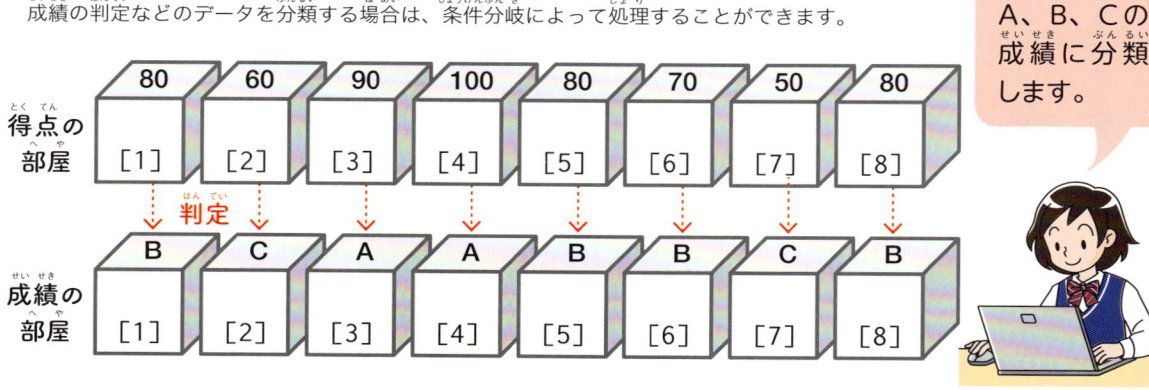

得点により、A、B、Cの成績に分類します。

● 成績判定のフローチャート

n人の生徒の得点を判定するフローチャートは次のようになります。81点〜100点はA、61点〜80点はB、60点以下はCに分類しています。得点は0から100点までの整数です。

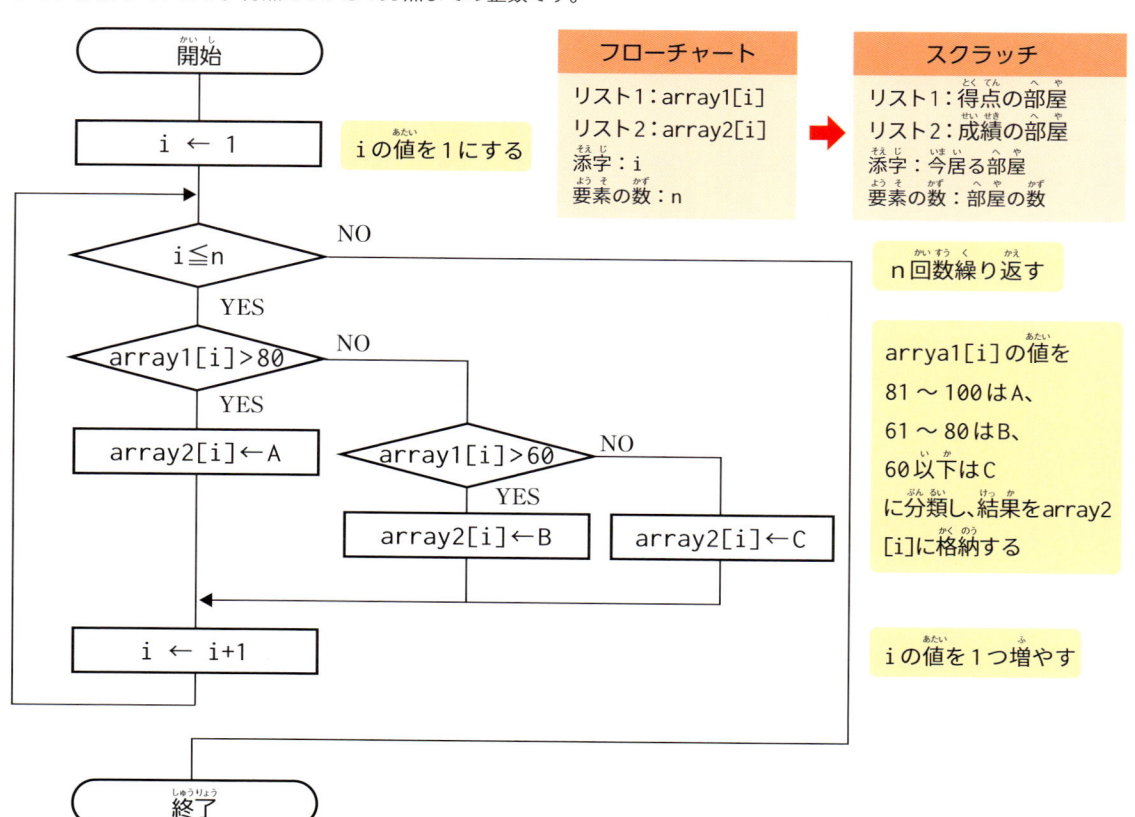

成績を判定するコードを作ろう

▶ プログラムを実行した時の流れは次のようになります。

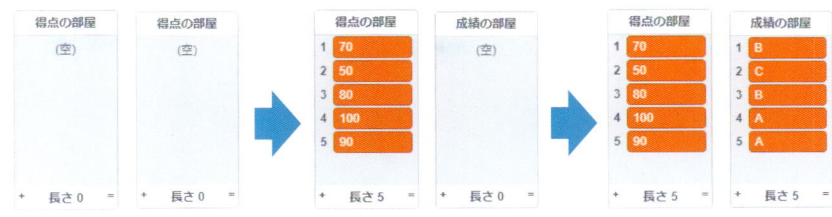

リストを2つ用意　　　リストに得点を入力　　　リストに成績を表示

▶ 「得点の部屋」という名前のリストを作ります。
❶「変数」をクリックします。
❷「リストを作る」をクリックします。
❸「得点の部屋」と入力します。
❹「OK」をクリックします。
❺リストが作成されます。

ステージのネコは、スプライトリストの  (表示する)の右の 👁 をクリックして、非表示にしておきます。

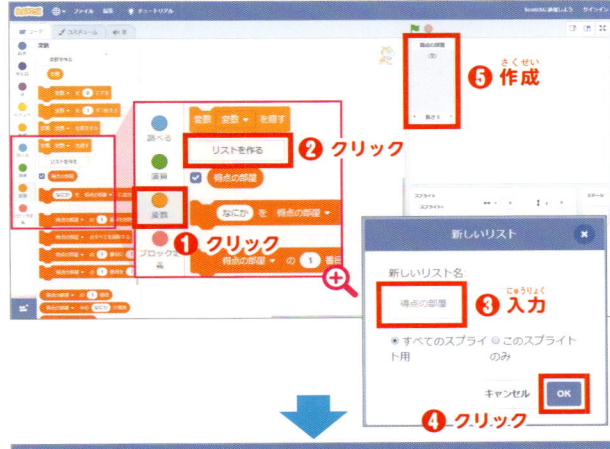

▶ 「成績の部屋」という名前のリストを作ります。
❶「リストを作る」をクリックします。
❷「成績の部屋」と入力します。
❸「OK」をクリックします。
❹リストが作成されます。

リストは横並びに配置すると見やすくなります。
リストはドラッグして移動できます。

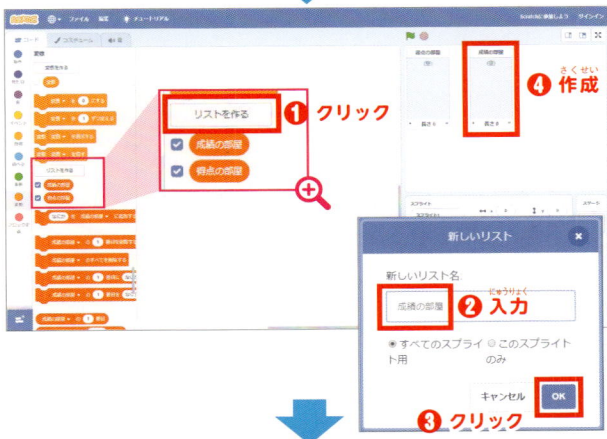

▶ 「今居る部屋」という名前の変数を作ります。
❶「変数を作る」をクリックします。
❷「今居る部屋」と入力します。
❸「OK」をクリックします。
❹「変数」が作成されます。

変数については4-8（84ページ）を参照してください。

▶ リスト「得点の部屋」に数（得点）を入力します。

・0から100までの範囲の整数を入力します。
・数は半角数字で入力します。
・数の入力は155ページを参照してください。

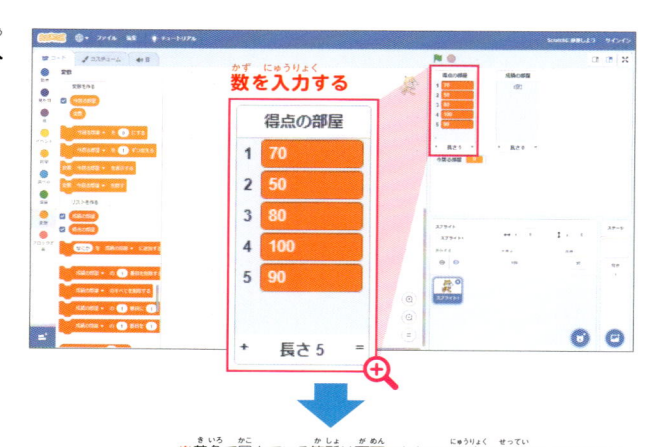

※黄色で囲んでいる箇所は画面のとおりに入力や設定をしてください。

▶ リスト「成績の部屋」を初期化します。

Point 2つのリストのうち、リスト「成績の部屋」のみ初期化します。リストを初期化しないと、実行するたびに、新しい要素が追加され、リストが大きくなってしまいます。リスト「得点の部屋」は先頭の要素から数値を直接入力するため、初期化しなくても影響はありません。

成績の部屋 ▼ のすべてを削除する はリスト「成績の部屋」の全ての要素を削除し、空にします。

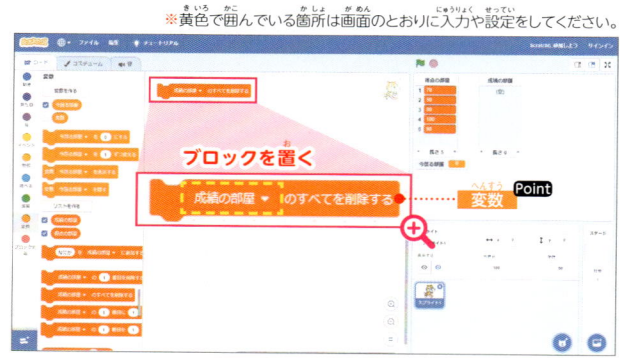

▶ 成績が「A」の場合の処理を加えます。成績は、「A＝81点〜100点」「B＝61点〜80点」「C＝0点〜79点」とします。

▶ 成績が「B」の場合の処理を加えます。

成績が「C」の場合の処理を加えます。

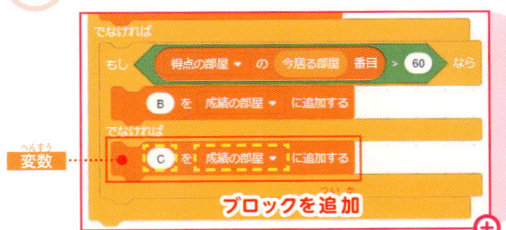
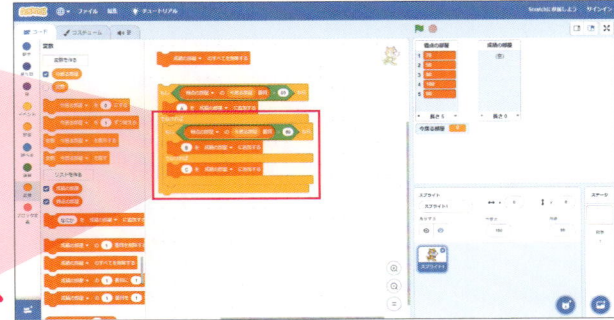

変数

ブロックを追加

リスト「得点の部屋」の中をすべて調べる処理を加えます。

Point データの数（人数）分の数値にします。ここでは5人分の成績を調べるので「5」にしています。

イベント
変数
Point
制御
変数

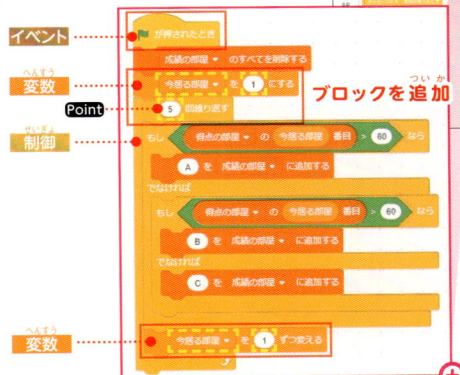

ブロックを追加

をクリックして実行してみましょう。リスト「成績の部屋」に成績が表示されます。

得点の部屋		成績の部屋	
1	70	1	B
2	50	2	C
3	80	3	B
4	100	4	A
5	90	5	A
+	長さ 5 =	+	長さ 5 =

スプライトの非表示
　リストを複数個作る場合、ステージ上のスプライトがじゃまになることがあります。そのようなときは、次の操作でスプライトを非表示にできます。

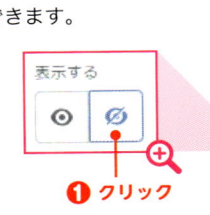

表示する

❶ クリック

❷ 消える

4 最大値を探してしてみよう

できること わかること	● 最大値の探索 ● 線形探索

● 最大値を探すリストの方法を知りましょう

　最大値を探す方法で、最もよく使われている方法は線形探索です。リストの最初の要素から調べていき、最大値を探索します。具体的には、最初の要素の値を最大値にしておき、順番に要素の値を最大値と比較し、最大値より大きい値が見つかったら最大値を入れ替えます。これを最後の要素まで行います。

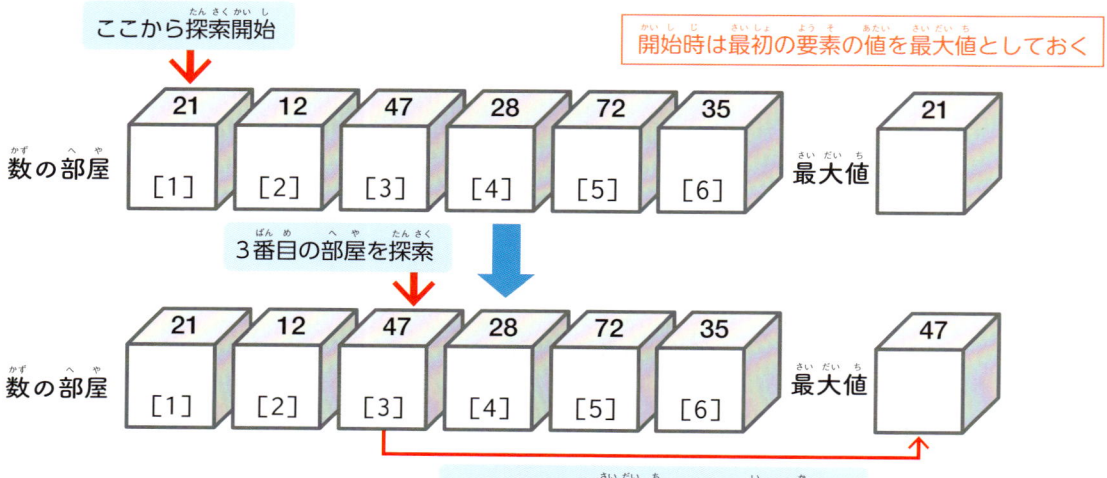

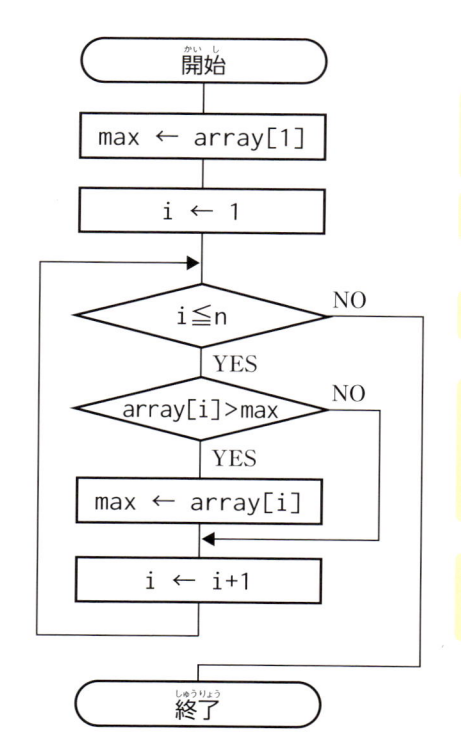

最初の要素を暫定的に最大値にする	
iの値を1にする	
n回数繰り返す	
array[i]の値がmaxより大きい場合、maxの値をarray[i]の値にし、最大値を更新する	
iの値を1つ増やす（隣の要素に移る）	

フローチャート

リスト：array[i]
添字：i
要素の数：n
最大値：max

スクラッチ

リスト：数の部屋
添字：今居る部屋
要素の数：部屋の数
最大値：最大値の部屋

最大値を探すコードを作ろう

▶ プログラムを実行したときの流れは次のようになります。

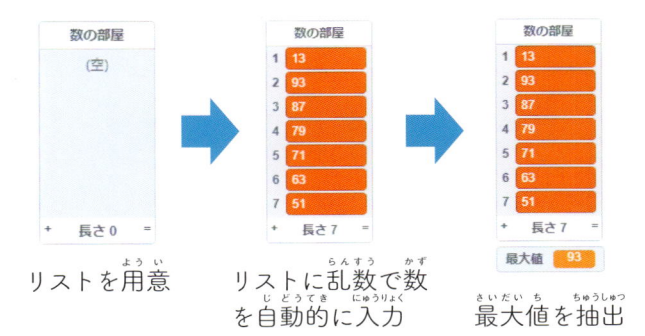

リストを用意 　リストに乱数で数を自動的に入力 　最大値を抽出

▶ 「数の部屋」という名前のリストを作ります。
❶ 「変数」をクリックします。
❷ 「リストを作る」をクリックします。
❸ 「数の部屋」と入力します。
❹ 「OK」をクリックします。
❺ リストが作成されます。

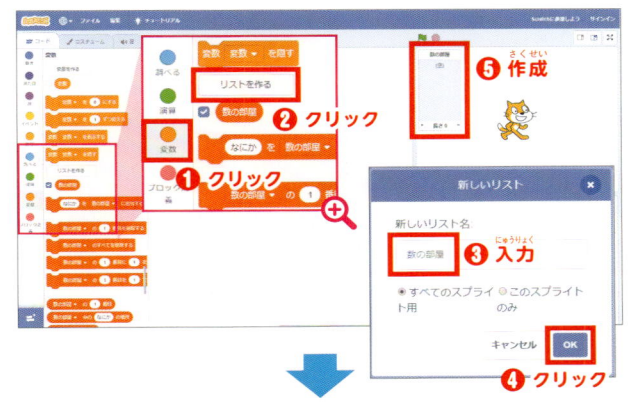

▶ 「部屋の数」という名前の変数を作ります。
❶ 「変数を作る」をクリックします。
❷ 「部屋の数」と入力します。
❸ 「OK」をクリックします。
❹ 変数が作成されます。

変数については **4-8**（84ページ）を参照してください。

▶ リスト「数の部屋」を初期化します。リスト「数の部屋」を空にして、要素を7つ作る準備をします。

・部屋の数（リストの要素の数）はいくつでもかまいません。ここでは7つにしています。

・ 数の部屋 ▼ のすべてを削除する は、リスト「数の部屋」の全ての要素を削除し、空にします。

※黄色で囲んでいる箇所は画面のとおりに入力や設定をしてください。

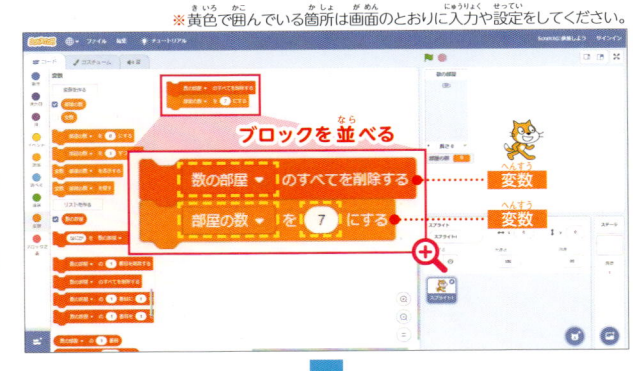

▶ 1から100までの乱数を「部屋の数」だけ発生させ、リスト「数の部屋」に入れます。部屋の数だけ繰り返します。

変数

制御
演算
変数

ブロックを追加

▶ 「今居る部屋」という名前の変数と、「最大値」という名前の変数を作ります。

変数を作る

▶ 「最大値」を1番目の部屋（最初の部屋）の中にある数にします。

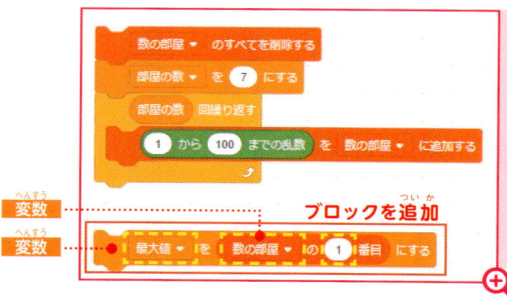

変数
変数

ブロックを追加

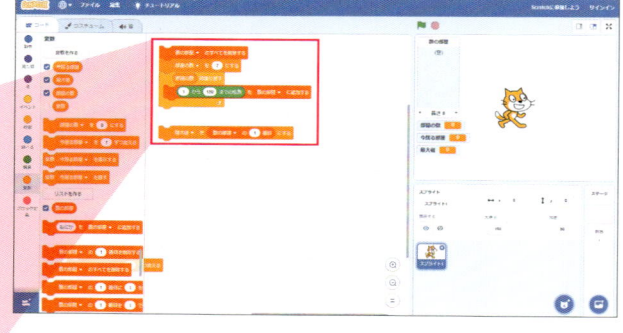

▶ 最大値よりも大きな数が見つかった場合は、その数を最大値とします。

変数　変数　変数

制御

ブロックを追加

演算
変数

変数　変数

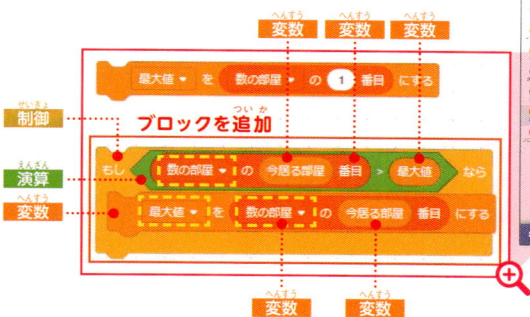
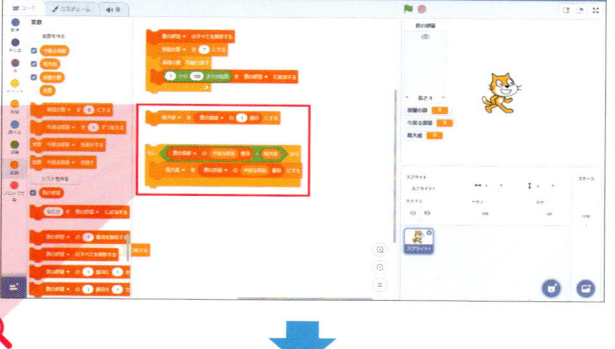

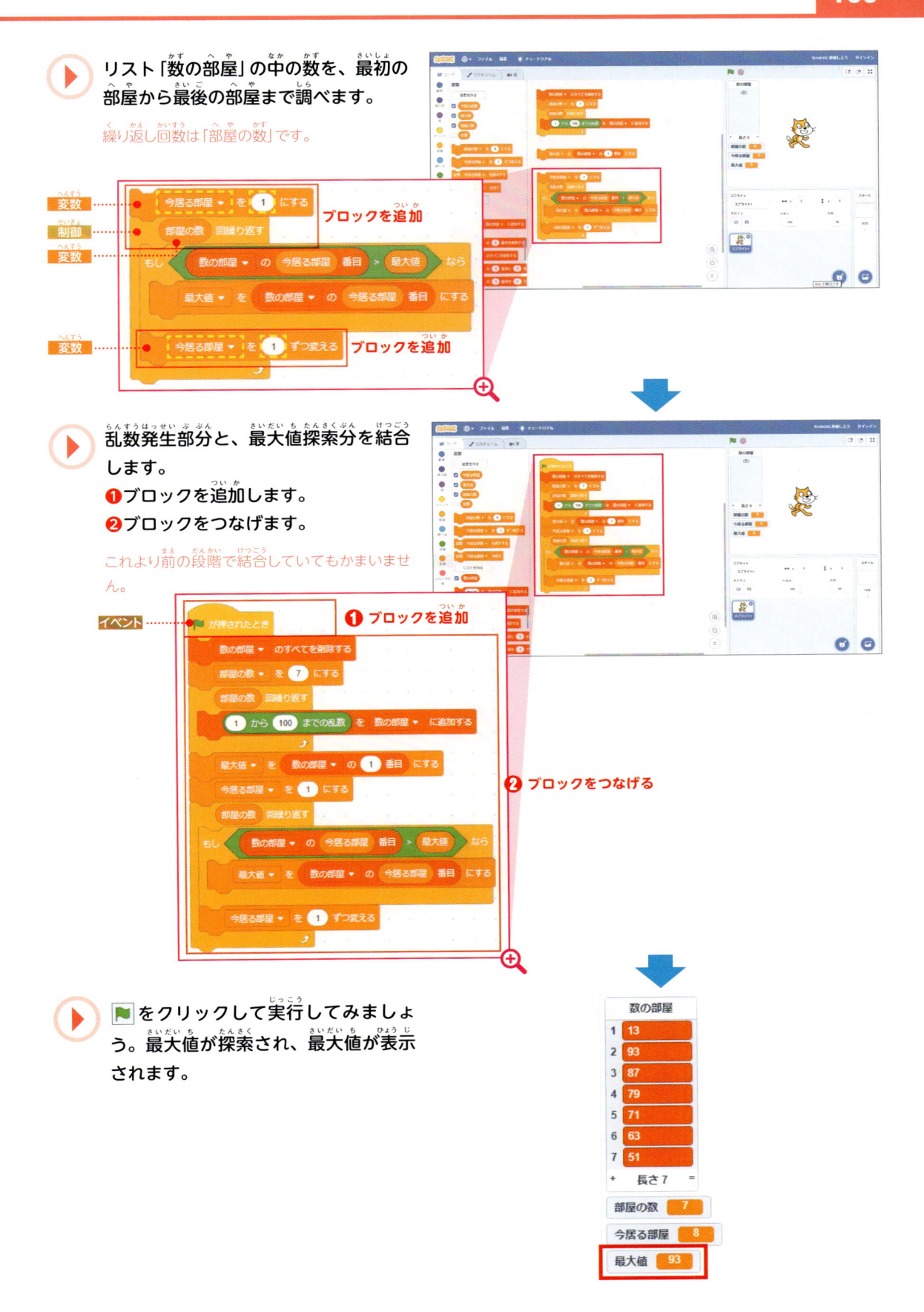

リスト「数の部屋」の中の数を、最初の部屋から最後の部屋まで調べます。
繰り返し回数は「部屋の数」です。

変数 今居る部屋 ▼ を 1 にする　ブロックを追加
制御 部屋の数 回繰り返す
変数 もし 数の部屋 ▼ の 今居る部屋 番目 ＞ 最大値 なら
最大値 ▼ を 数の部屋 ▼ の 今居る部屋 番目 にする
変数 今居る部屋 ▼ を 1 ずつ変える　ブロックを追加

乱数発生部分と、最大値探索分を結合します。
❶ブロックを追加します。
❷ブロックをつなげます。
これより前の段階で結合していてもかまいません。

イベント　が押されたとき　❶ ブロックを追加
数の部屋 ▼ のすべてを削除する
部屋の数 ▼ を 7 にする
部屋の数 回繰り返す
1 から 100 までの乱数 を 数の部屋 ▼ に追加する
最大値 ▼ を 数の部屋 ▼ の 1 番目 にする
今居る部屋 ▼ を 1 にする
部屋の数 回繰り返す
もし 数の部屋 ▼ の 今居る部屋 番目 ＞ 最大値 なら
最大値 ▼ を 数の部屋 ▼ の 今居る部屋 番目 にする
今居る部屋 ▼ を 1 ずつ変える
❷ ブロックをつなげる

▦ をクリックして実行してみましょう。最大値が探索され、最大値が表示されます。

数の部屋	
1	13
2	93
3	87
4	79
5	71
6	63
7	51
+	長さ7

部屋の数 7
今居る部屋 8
最大値 93

5　数を並べ替えてみよう

できること わかること	● 数の並べ替え ● バブルソート

●「並べ替え」と「バブルソート」を知りましょう

数などのデータをなんらかの規則に従って並べ替えることを、**並べ替え（ソート）**といいます。なかでも、大きい順や小さい順への並べ替えは多くの場面で使用されます。

代表的な並べ替えの方法に**バブルソート**があります。バブルソートは隣り合うふたつの数を比較して交換を行う並べ替えのアルゴリズムです。値の小さい順に並べ替えることを**昇順**、値の大きい順に並べ替えることを**降順**といいます。バブルソートはプログラムを実行すると、昇順の場合は小さい値、降順の場合は大きい値が浮かびあがってくるように見えることから、バブル（bubble：泡）ソートと呼ばれています。

昇順	1 2 3 4 5 …
降順	10 9 8 7 6 …

● バブルソートのフローチャート

n個の要素からなるリストを、昇順で並べ替えるバブルソートのフローチャートは次のようになります。繰り返し回数は、要素の数−1回です。隣り合う要素どうしの比較回数は、1回繰り返すごとに1回ずつ減っていきます。

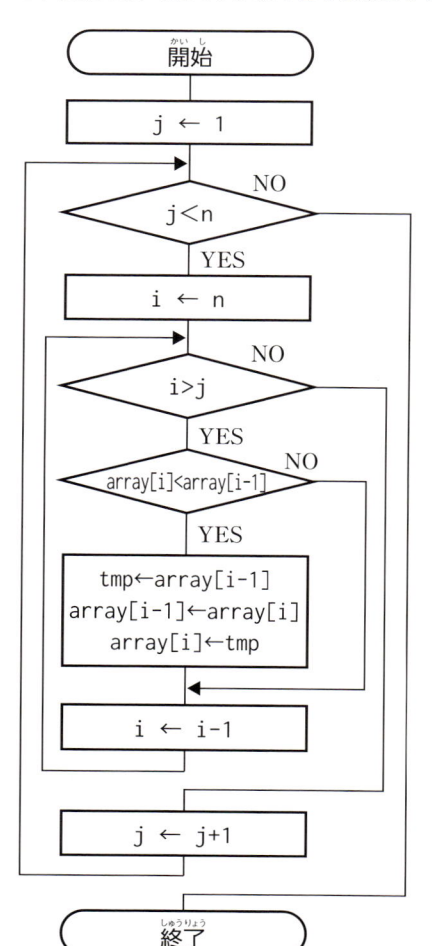

繰り返し回数を1で初期化する

「要素の数−1」回繰り返す

探索を開始する要素を最後の要素にする

確定している要素の直後まで、現在の要素（array[i]）と1つ前の要素（array[i-1]）どうしを比較する

現在の要素（array[i]）の値より、1つ前の要素（array[i-1]）の値の方が大きいときは、お互いの値を交換する

iの値を1つ減らす（1つ前の要素に移動）

jの値を1つ増やす

フローチャート

リスト：array[i]
添字：i
要素の数：n
繰り返し回数：j
一時的な入れ物：tmp

スクラッチ

リスト：数の部屋
添字：今居る部屋
要素の数：部屋の数
繰り返し回数：
　　　　　繰り返し回数
一時的な入れ物：
　　　　　一時的な部屋

右ページの図と比べながらフローチャートも理解しましょう。

● バブルソートの例を見てみましょう

次のように5つの要素からなるリストを、昇順に並べ替える場合を考えてみましょう。

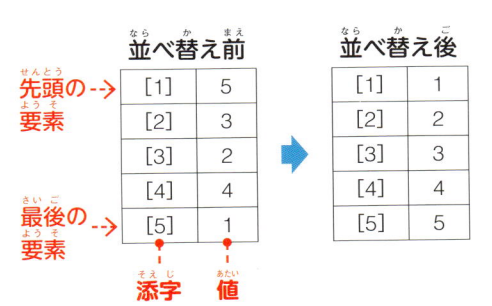

並べ替えた後は、
先頭の要素に一番小さい数、
最後の要素に一番大きい数
が入るよ。

[繰り返し1回目 / 4回比較]

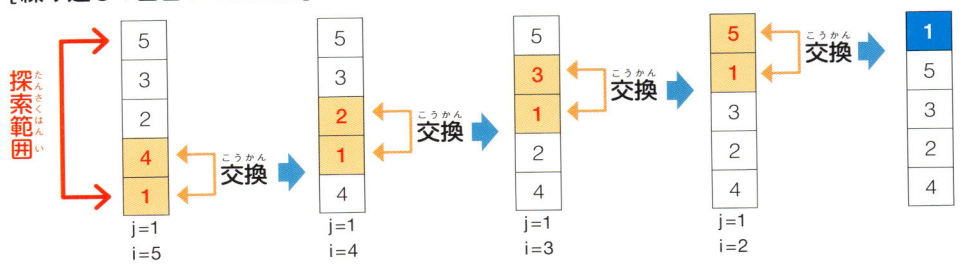

[繰り返し2回目 / 3回比較]

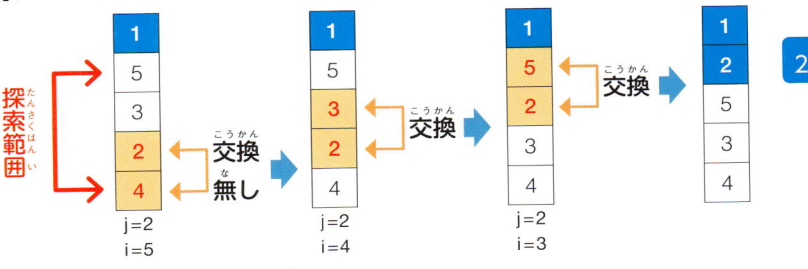

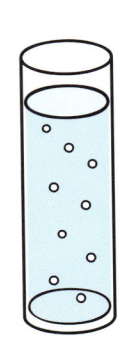

[繰り返し3回目 / 2回比較]

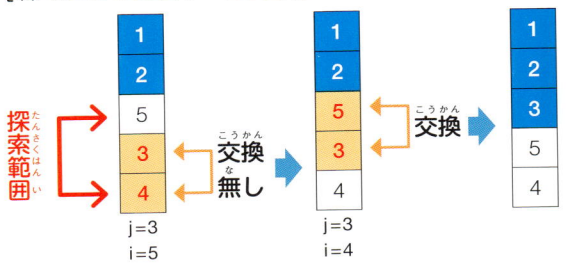

[繰り返し4回目 / 1回比較]

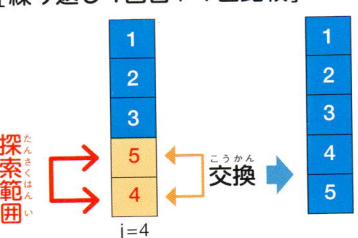

要素の数が5つなので、上から4つめの要素までの値が確定すると、5つめの要素の値は自動的に確定します。このことからも繰り返し回数は「要素の数−1」回ということがわかります。

バブルソートのコードを作ろう

▶ プログラムを実行したときの流れは次のようになります。

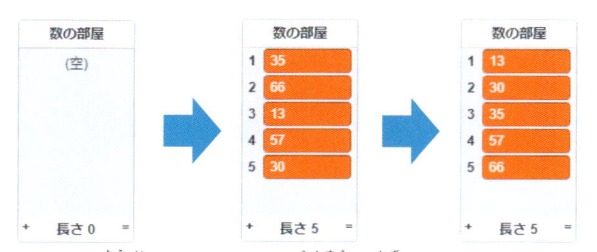

リストを用意　　リストに乱数で数を自動的に入力　　バブルソートを実行

▶ 「数の部屋」という名前のリストを作ります。
❶ 「変数」をクリックします。
❷ 「リストを作る」をクリックします。
❸ 「数の部屋」と入力します。
❹ 「OK」をクリックします。
❺ リストが作成されます。

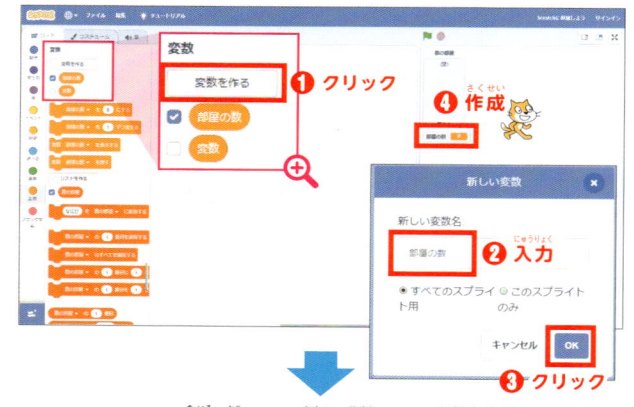

▶ 「部屋の数」という名前の変数を作ります。
❶ 「変数を作る」をクリックします。
❷ 「部屋の数」と入力します。
❸ 「OK」をクリックします。
❹ 変数が作成されます。

・変数「部屋の数」は、リスト「数の部屋」の要素数を定義します。
・変数については**4-8**（84ページ）を参照してください。

※黄色で囲んでいる箇所は画面のとおりに入力や設定をしてください。

▶ リスト「数の部屋」を初期化します。リスト「数の部屋」を空にして、要素を5つ作る準備をします。

・「部屋の数」はいくつでもかまいません。ここでは5つにしています。
・リストを初期化しないと、実行するたびに、新しい要素が今ある要素の後ろに追加され、リストが大きくなっていってしまいます。

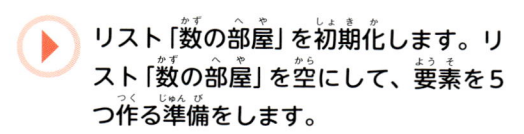 は、リスト「数の部屋」の全ての要素を削除し、空にします。

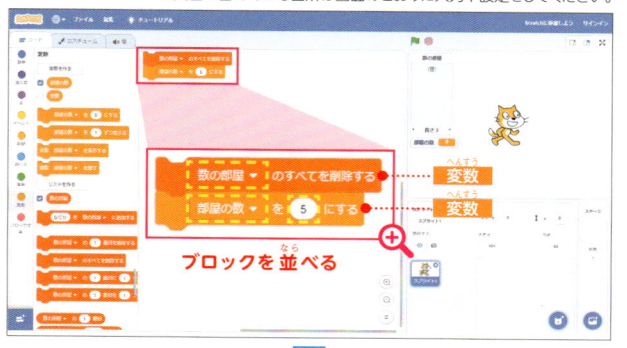

▶ 1から100までの乱数を「部屋の数」だ
け発生させ、リスト「数の部屋」へ入れ
ます。

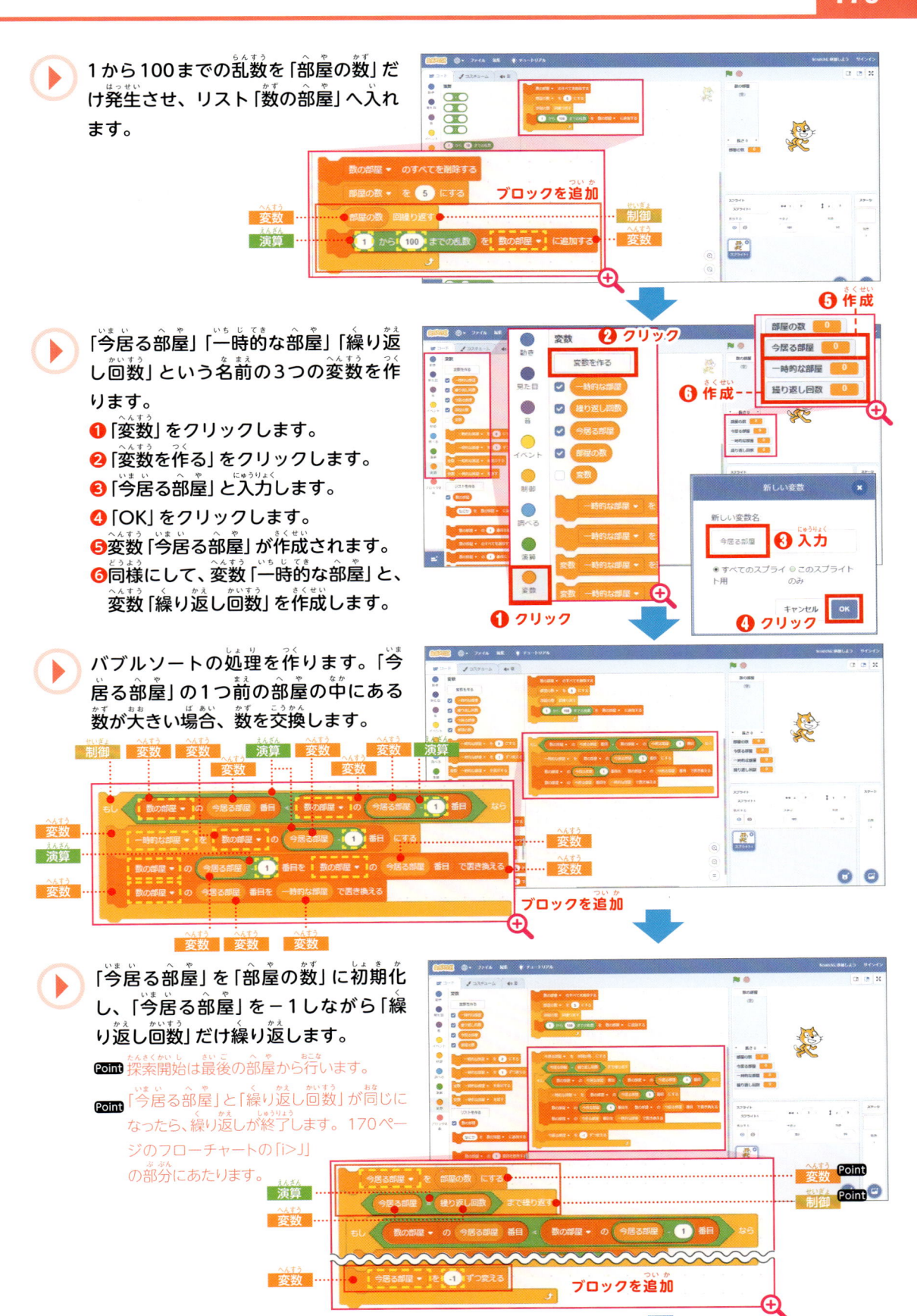

ブロックを追加

変数 …… 演算 …… 制御 変数

▶ 「今居る部屋」「一時的な部屋」「繰り返
し回数」という名前の3つの変数を作
ります。
❶ 「変数」をクリックします。
❷ 「変数を作る」をクリックします。
❸ 「今居る部屋」と入力します。
❹ 「OK」をクリックします。
❺ 変数「今居る部屋」が作成されます。
❻ 同様にして、変数「一時的な部屋」と、
  変数「繰り返し回数」を作成します。

❷ クリック ❺ 作成 ❻ 作成
❶ クリック ❸ 入力 ❹ クリック

▶ バブルソートの処理を作ります。「今
居る部屋」の1つ前の部屋の中にある
数が大きい場合、数を交換します。

制御 変数 変数 演算 変数 変数 演算
変数 変数
変数 …… 変数
演算 …… 変数
変数 ……
変数 変数 変数

ブロックを追加

▶ 「今居る部屋」を「部屋の数」に初期化
し、「今居る部屋」を−1しながら「繰
り返し回数」だけ繰り返します。

Point 探索開始は最後の部屋から行います。

Point 「今居る部屋」と「繰り返し回数」が同じに
なったら、繰り返しが終了します。170ペー
ジのフローチャートの「i＞j」
の部分にあたります。

変数 Point
制御 Point
演算
変数

変数

ブロックを追加

「繰り返し回数」を「1」に初期化し、「繰り返し回数」を＋1しながら、「部屋の数」まで繰り返します。

Point 「繰り返し回数」と「部屋の数」が同じになったら、繰り返しが終了します。170ページのフローチャートの「j＜n」の部分に相当します。

ブロックを追加して、コードを結合します。
❶ブロックを追加します。
❷ブロックを結合します。

これより前の段階で結合していてもかまいません。

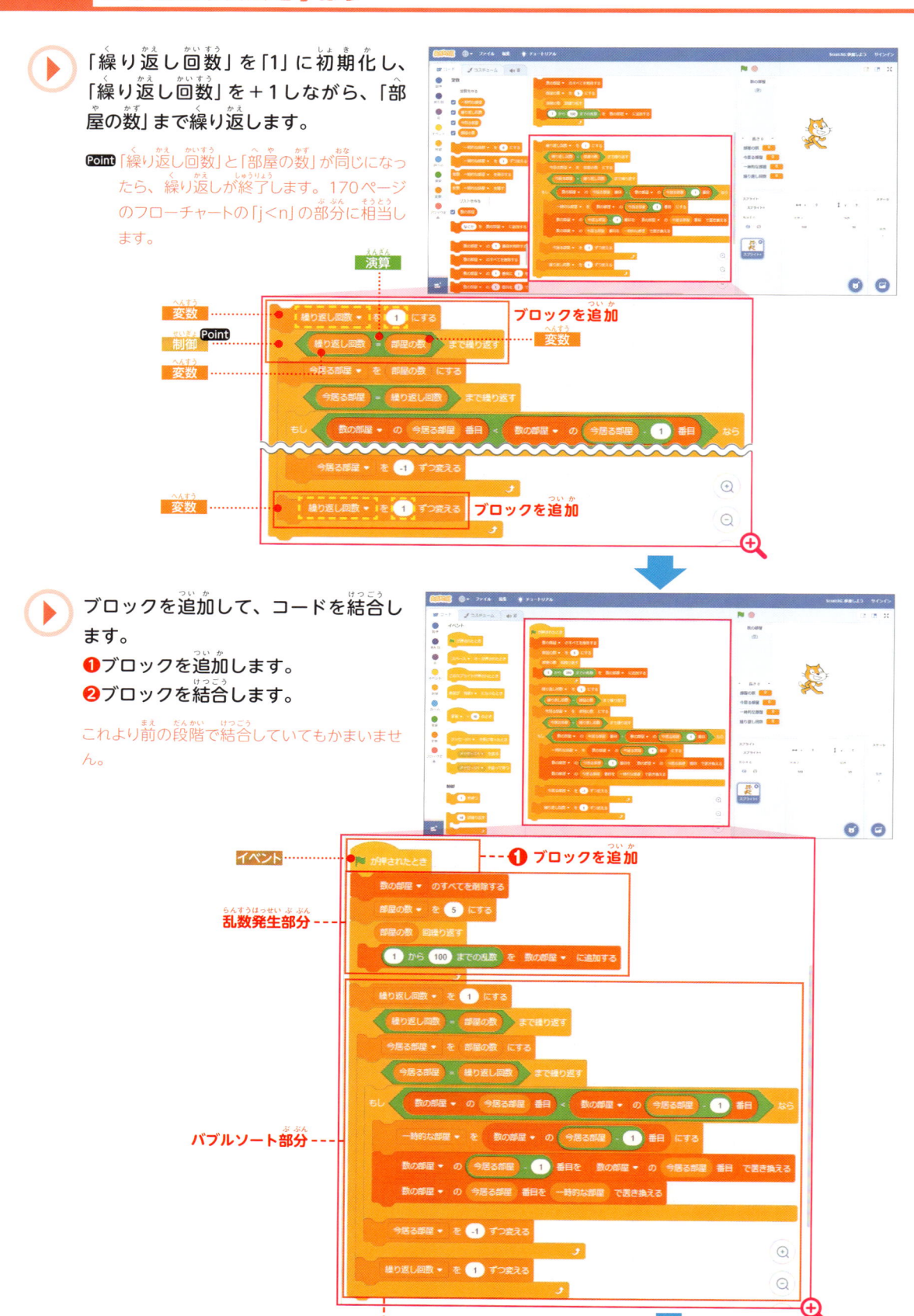

最初の数の並びと、バブルソートの後の数の並びを確認できるようにするため、乱数格納後、3秒停止してからバブルソートを実行します。

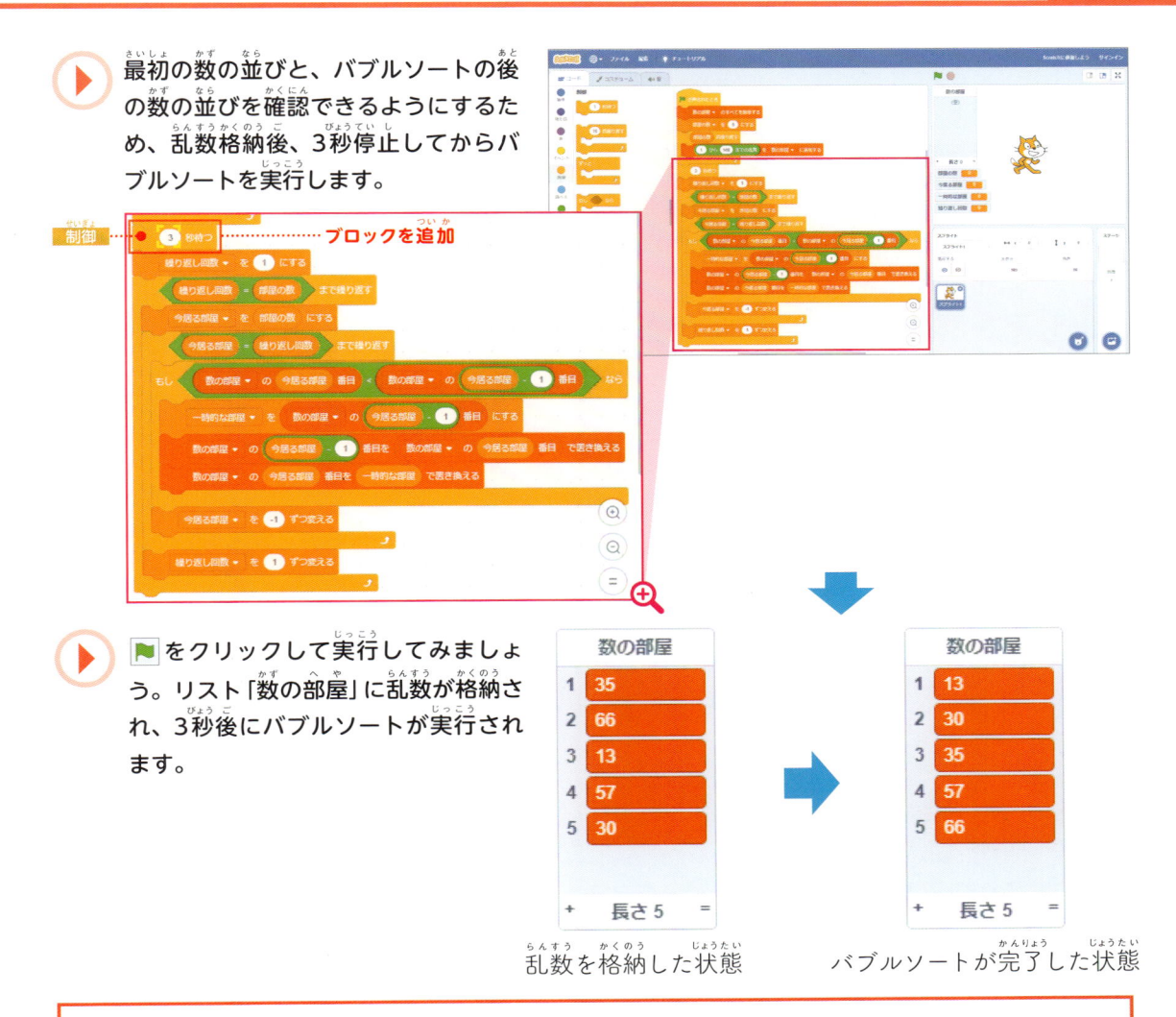

制御 ← 3 秒待つ ·········· **ブロックを追加**

🏳️ をクリックして実行してみましょう。リスト「数の部屋」に乱数が格納され、3秒後にバブルソートが実行されます。

	数の部屋
1	35
2	66
3	13
4	57
5	30
+	長さ5 =

乱数を格納した状態

	数の部屋
1	13
2	30
3	35
4	57
5	66
+	長さ5 =

バブルソートが完了した状態

リストの要素どうしの値の交換

　リストの要素どうしの値の交換は、値を一時的に待避させる変数を用意することにより、行うことができます。次の例では、「部屋1」と「部屋2」の値の交換を、「一時的な部屋」という待避用の変数を用意することにより行っています。

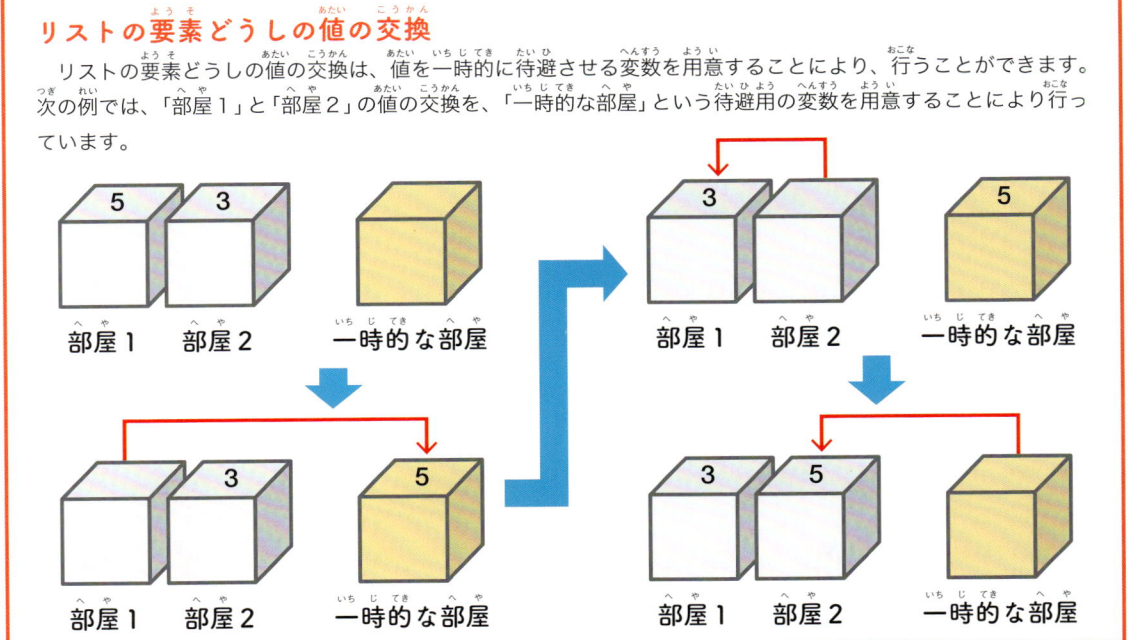

さまざまな並べ替えアルゴリズム

　並び替えのアルゴリズムは、今日までにさまざまなものが開発されてきました。基本的な並べ替えのアルゴリズムには、バブルソート、選択ソート、挿入ソートなどがあります。

　また、高速な並べ替えのアルゴリズムに、クイックソート、マージソート、シェルソートなどがあります。特にクイックソートは広く利用されています。

クイックソート

　クイックソートは、データの中から基準値（軸, ピボット）となる数値を決め、その基準値と大小関係を比較して、データを基準値の左右に振り分ける並べ替えの方法です。繰り返すごとに比較範囲（グループ）内の数値の数が減っていきます。

　例えば、「8,5,10,1,9,6,3,7,2,4」を昇順「1,2,3,4,5,6,7,8,9,10」に並べ替える過程は次のようになります。基準値より小さい数値は基準値の左に、基準値より大きい数値は基準値の右に移動します。

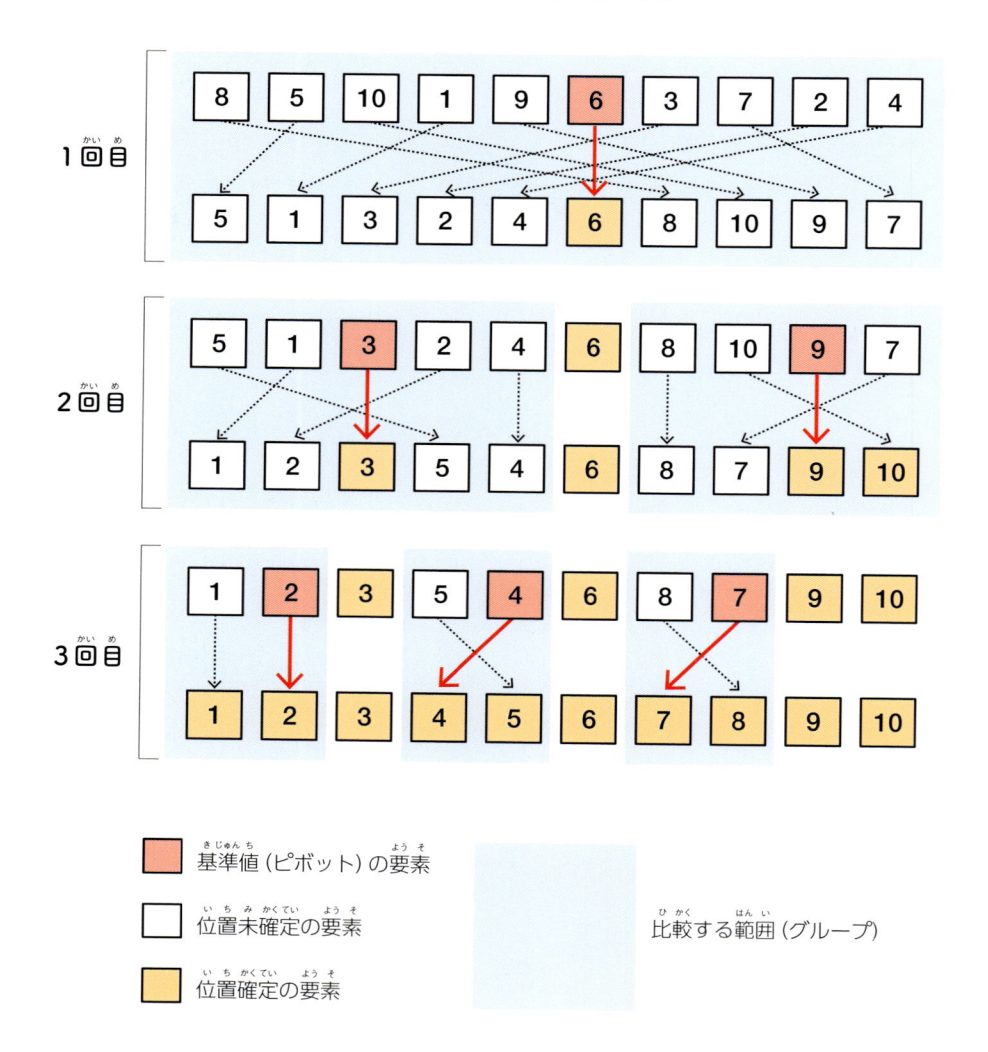

基準値（ピボット）の要素
位置未確定の要素
位置確定の要素
比較する範囲（グループ）

※厳密にはもう少し複雑な方法で基準値の左右への振り分け（交換）を行いますが、ここでは概要を示しています。

付録

スクラッチ3.0は、Webブラウザーでスクラッチの公式サイトにアクセスして使うオンライン版と、パソコンなどにインストールして、オフラインで使用できるScratchデスクトップ（オフラインエディター）が用意されています。また、公式サイトにユーザー登録することにより、より楽しく便利に使うことができます。ここでは、Scratchデスクトップのインストールと起動、スクラッチの参加登録、サインインの方法について解説します。

1 Scratchデスクトップのインストールと実行

　スクラッチ3.0では、パソコンなどにインストールして使用するScratchデスクトップ（オフラインエディター）が用意されています。インストールすれば、インターネットにつながっていなくても使用することができます。　なお、Webブラウザーにより公式サイトにアクセスして使用する方法については、1-6（22ページ）で説明しています。

● Scratchデスクトップのダウンロードの手順

 ❶Webブラウザーでスクラッチの公式サイト「https://scratch.mit.edu/」にアクセスします。
❷画面の下の方にある「オフラインエディター」をクリックします。

 ❶使用しているOSをクリックします。

ここでは「Windows」を選んでいます。

❷ダウンロード（インライン画像）をクリックし、ファイルを保存します。

Windowsを使用している場合は「ダウンロード」フォルダーに保存されます。

● スクラッチデスクトップのインストールの手順

▶ インストール用のファイル「Scratch Desktop Setup 3.3.0」をダブルクリックします。

・「3.3.0」の部分は、スクラッチのアップデートにより数字が変わります。
・ここでは「ダウンロード」フォルダーに保存したファイルをダブルクリックしています。

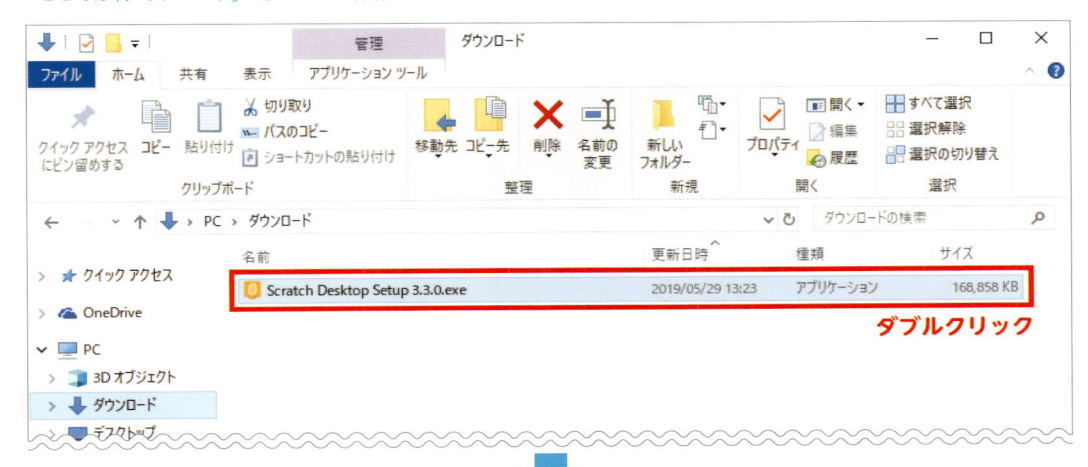

▶ インストールが開始され、「インストールしています」が表示されます。

インストールは自動的に終了し、デスクトップに「Scratch Desktop」のアイコンが作成されます。

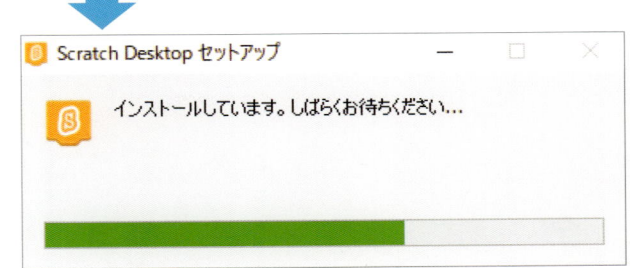

● Scratch デスクトップの起動

▶ デスクトップにある、「Scratch Desktop」のアイコンをダブルクリックします。

▶ 「Scratch Desktop」が起動し、「Scratch Desktop」の画面が表示されます。

プログラミングを開始することができます。

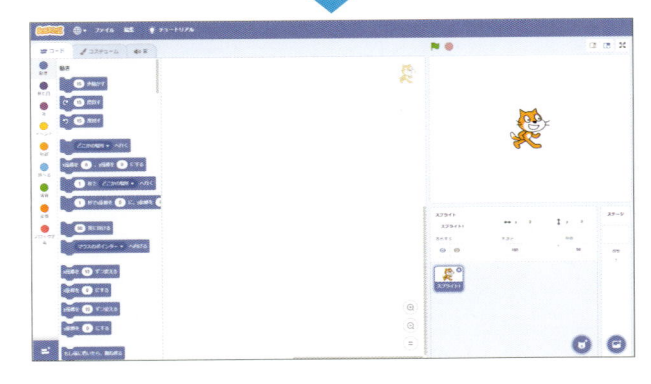

2 スクラッチへの参加登録とサインイン

　スクラッチは、公式サイトで参加登録（Scratchアカウントの作成）をすることができます。スクラッチ公式サイトで参加登録を行い、サインインすることにより、スクラッチをより楽しく便利に使うことができます。

● 参加登録

 ❶ Webブラウザでスクラッチの公式サイト「https://scratch.mit.edu/」にアクセスします。
❷「Scratchに参加しよう」をクリックします。

 ❶「ユーザー名」と「パスワード」を自分で考えて入力します。
❷「次へ」をクリックします。

パスワードは、人に見られないようにするため「*」で表示されます。

❶ 生^うまれた年^{とし}と月^{つき}、性別^{せいべつ}、国^{くに}を選択^{せんたく}します。

❷「次^{つぎ}へ」をクリックします。

❶ 電子^{でんし}メールアドレスを入力^{にゅうりょく}します。

❷「次^{つぎ}へ」をクリックします。

電子^{でんし}メールアドレスは、確認^{かくにん}のため2箇所^{かしょ}に入力^{にゅうりょく}します。

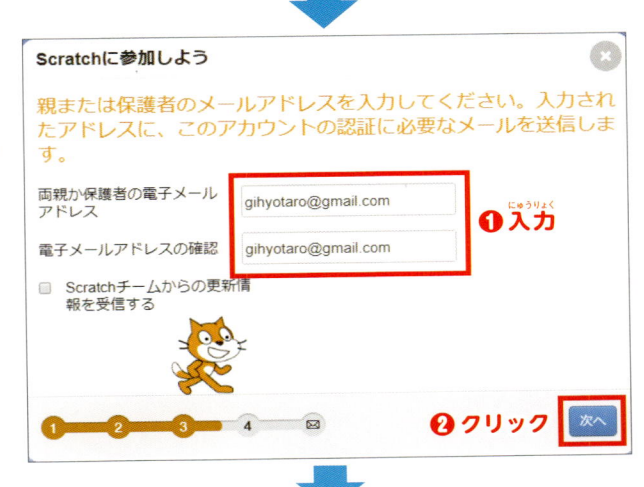

❶ ユーザー名^{めい}、電子^{でんし}メールアドレスが表示^{ひょうじ}されるので、正^{ただ}しいか確認^{かくにん}します。

❷「さあ、はじめよう！」をクリックします。

登録^{とうろく}した電子^{でんし}メールアドレス宛^{あて}に、スクラッチから認証^{にんしょう}メールが届^{とど}きますので、メールに表示^{ひょうじ}されているリンクをクリックして認証^{にんしょう}を行^{おこな}います。

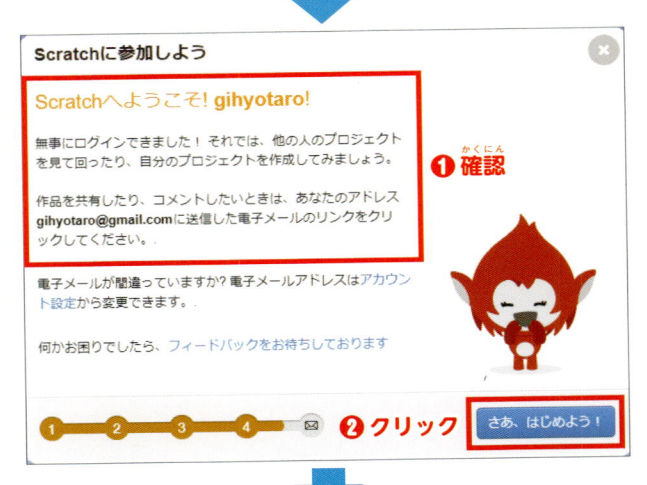

❶登録が完了し、スクラッチの公式ページが表示されます。

❷登録したユーザー名が表示されます。

● サインイン

❶Webブラウザでスクラッチの公式サイト「https://scratch.mit.edu/」にアクセスします。

❷「サインイン」をクリックします。

❸「ユーザー名」と「パスワード」を入力します。

❹「サインイン」をクリックします。

❶サインインが完了し、スクラッチの公式ページが表示されます。

❷ユーザー名をクリックするとログインできます。

サインアウト

ユーザー名の右の ▼ をクリックし、「サインアウト」をクリックすると、サインアウトできます。

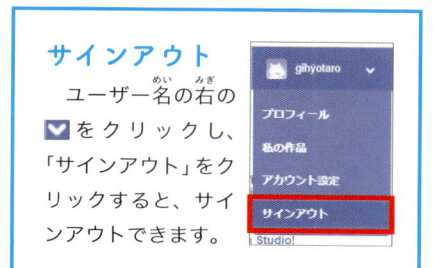

3　サインインして広がるスクラッチの世界

スクラッチは、登録してサインインを行うと、次のようなことができます。

作品のアップロード
自分の作品を公開することができます。

フォロー
他のユーザーをフォローし、そのユーザーの作品にすばやくアクセスすることができます。

スタジオの作成
自分の主宰するスタジオ（グループ）を作り、参加者どうしで作品集を作ることができます。

● 自分の作品の公開

▶ サインインを行います。

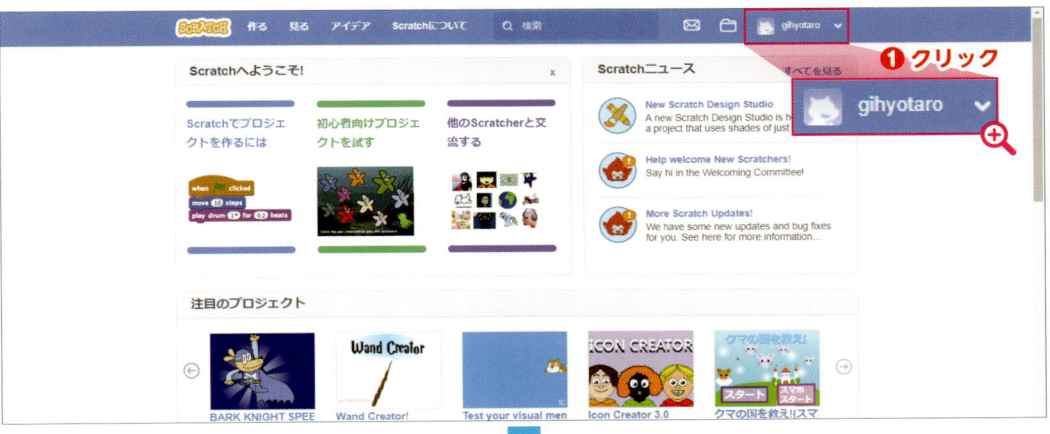

❶「作る」をクリックします。

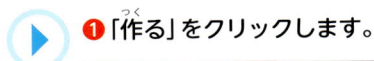

❶ブロックを並べるなどして、作品を作成します。

作品の作り方は、前のページ（本書本編）を参照してください。

❶作品のタイトルを入力します。
❷「共有する」をクリックします。

・タイトル入力欄には「Untitled」と表示されていますので、消してからタイトルを入力します。
・181ページの認証が完了していない場合は「共有」が表示されません。

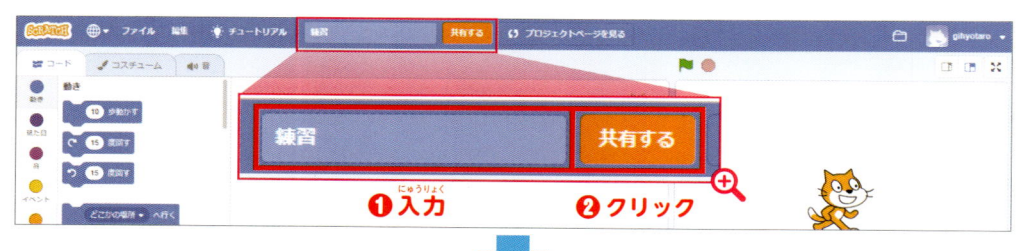

作品の共有（公開）が完了し、作品名が表示されます。

❶ユーザー名の右の▼をクリックします。
❷「私の作品」をクリックします。

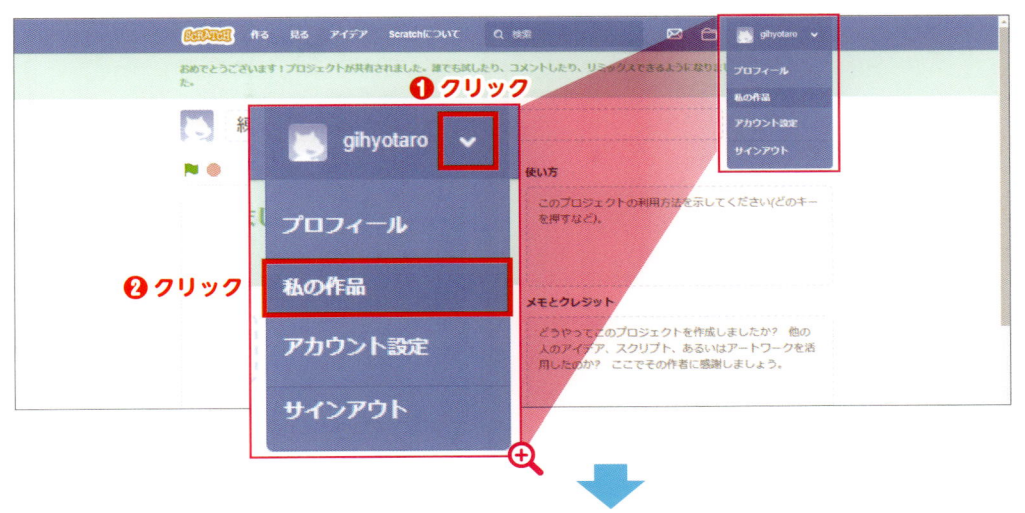

自分の作成した作品一覧が表示されます。

作品の公開をやめたいときや、作品を削除したとき

作品の公開をやめるときは、「共有しない」をクリックします。また、作品を削除したいときは、「共有しない」をクリックしたあと、「削除」をクリックします。

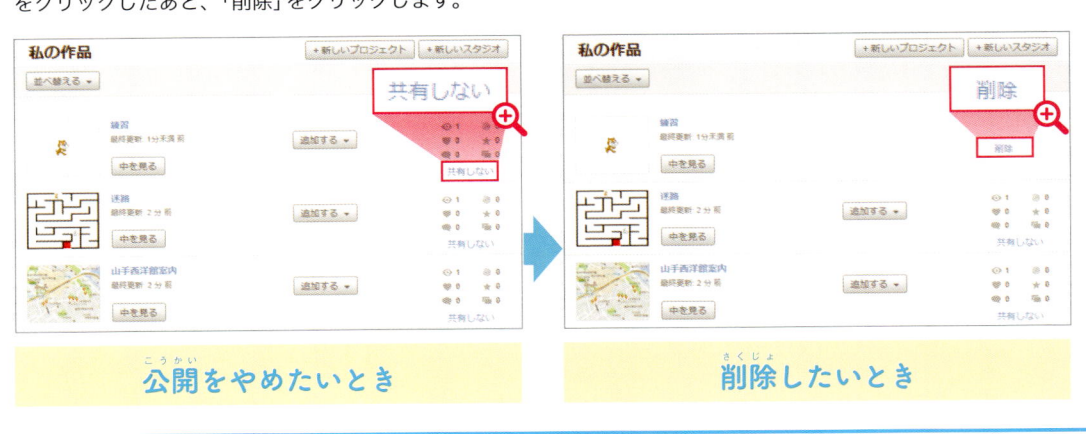

公開をやめたいとき　　　　削除したいとき

さくいん

マ行

ヤ行

ラ行・ワ行

著者プロフィール

松下 孝太郎（まつした こうたろう）

神奈川県横浜市生。

横浜国立大学大学院工学研究科人工環境システム学専攻博士後期課程修了 博士（工学）。

現在、東京情報大学総合情報学部 教授。
(学)東京農業大学

画像処理、コンピュータグラフィックス、教育工学等の研究に従事。

教育面では、プログラミング教育、シニアへのICT教育、留学生へのICT教育等にも
注力しており、サイエンスライターとしても執筆活動および講演活動を行っている。

山本 光（やまもと こう）

神奈川県横須賀市生。

横浜国立大学大学院環境情報学府情報メディア環境学専攻博士後期課程満期退学。

現在、横浜国立大学教育学部 教授。

数学教育、情報教育、離散数学、教育工学等の研究に従事。

教育面では、プログラミング教育、教員養成、著作権教育にも注力しており、
サイエンスライターとしても執筆活動および講演活動を行っている。

●本書サポートページについて
本書はインターネットで訂正情報や一部サンプルファイルの提供をしています。ブラウザから技術評論社ホームページ（http://gihyo.jp/book/）に
アクセスして、「本を探す」で「スクラッチプログラミングの図鑑」と入力して検索してください。詳しくは本書の使い方（6ページ）を参照して
ください。

●本書へのご意見、ご感想は、技術評論社ホームページ（http://gihyo.jp/）または以下の宛先へ書面にてお受けしております。電話でのお問い合わ
せにはお答えいたしかねますので、あらかじめご了承ください。

〒162-0846 東京都新宿区市谷左内町21−13
株式会社技術評論社書籍編集部 「スクラッチプログラミングの図鑑【Scratch 3.0 対応版】」係
FAX：03-3267-2271

カバー　　　　●江口修平
編集・DTP　●BUCH+
本文イラスト●熊アート
編集協力　　　●東京情報大学の学生の皆さん、横浜国立大学の学生の皆さん

まなびのずかん
親子でかんたん　スクラッチプログラミングの図鑑
【Scratch 3.0 対応版】

2019年 11 月 27 日　初版　第 2 刷発行

著　者　松下孝太郎、山本光
発行者　片岡　巌
発行所　株式会社技術評論社
　　　　東京都新宿区市谷左内町21-13
電　話　03-3513-6150　販売促進部
　　　　03-3267-2270　書籍編集部
印刷・製本　大日本印刷株式会社

定価はカバーに表示してあります。
本書の一部または全部を著作権法の定める範囲を超え、無断で複写、複製、
転載、テープ化、ファイル化することを禁じます。
© 2019 松下孝太郎、山本光
造本には細心の注意を払っておりますが、万一、乱丁（ページの乱れ）や落
丁（ページの抜け）がございましたら、小社販売促進部までお送りください。
送料小社負担にてお取り替えいたします。
ISBN978-4-297-10686-7 C3055
Printed in Japan